Ulrich Kutschera

Tatsache Evolution

Was Darwin nicht wissen konnte

Mit 103 s/w-Abbildungen

Deutscher Taschenbuch Verlag

FSC

Mix
Produktgruppe aus vorbildlich
bewirtschafteten Wäldern und
anderen kontrollierten Herkünften

Zert.-Nr. GFA-COC-001298
www.fsc.org
© 1996 Forest Stewardship Council

Der Inhalt dieses Buches wurde auf einem nach den
Richtlinien des Forest Stewardship Council zertifizierten
Papier der Papierfabrik Munkedal gedruckt.

Originalausgabe
Januar 2009
3. Auflage März 2010
Deutscher Taschenbuch Verlag GmbH & Co. KG,
München
© 2009 Deutscher Taschenbuch Verlag GmbH & Co. KG,
München
Abbildungen: Archiv des Autors
Umschlaggestaltung: Claus Lehmann
Umschlagbilder: Archiv des Autors
Satz: Olaf Benzinger, Lektyre Verlagsbüro, Germering
Gesetzt aus der Trump Mediaeval 10/12,5˙
Druck und Bindung: Kösel, Krugzell
Gedruckt auf säurefreiem, chlorfrei gebleichtem Papier
Printed in Germany · ISBN 978-3-423-24707-8

Inhalt

Vorwort

Neben der Bibel hatte im christlichen Kulturkreis bisher kaum ein Buch eine derartige Wirkung wie Charles Darwins *Origin of Species* (1859, 6. Auflage 1872). Das vor 150 Jahren erstmals veröffentlichte, schwer verständliche Werk wird zwar häufig zitiert, aber im Gegensatz zur »Heiligen Schrift« selten im Detail studiert. In diesem Buch zum »Darwin-Jahr 2009«, das aus einem Seminar für Studierende der Biologie an der Universität Kassel hervorgegangen ist, wird dargelegt, was Darwin wirklich sagte, wo er sich geirrt hat und welche seiner fünf Theorien zum Artenwandel durch nachfolgende Forschungen bestätigt werden konnten. In einem biographischen Teil ist das Leben und wissenschaftliche Gesamtwerk von Darwin beschrieben, der als »Mozart der Biologie« gewürdigt wird. Ich werde darlegen, welche Rolle der Zufall in der etwa 3500 Millionen Jahre andauernden Evolution gespielt hat, und in diesem Zusammenhang immer wieder auf statistisch betrachtet sehr unwahrscheinliche Zufallsereignisse hinweisen, die sich im Verlauf der letzten Jahre tatsächlich ereignet haben. Weiterhin wird umfassend begründet, warum die Evolutionsforscher das Andersartigwerden der Organismen im Verlauf der Jahrmillionen seit langem als Tatsache akzeptiert haben.

Nach Beschreibung der auch auf der Ebene der Gene nachgewiesenen natürlichen Selektion wird die Weiterentwicklung von Darwins klassischer Deszendenztheorie über den Neo-Darwinismus bis zur modernen *Evolutionsbiologie* geschildert, die heute ein System verschiedener Theorien aus den Lebens- und Erdwissenschaften darstellt. Hierbei werden auch die Biographien und Werke einiger anderer bedeutender Evolutionsforscher, die noch immer im Schatten von Darwin stehen, vorgestellt. Der Leser erfährt u. a., warum selbstloses (altruistisches) Verhalten nicht im Widerspruch zu Darwins Selektionsprinzip steht, dass die sich stetig wandelnde Erde tatsächlich exakt 4527 Millionen Jahre alt ist und warum es in der Natur kein intelligentes Design gibt. Wir werden außerdem alle bedeutenden Theorien des Biologen und Geologen Charles Darwin kennen lernen und begründen, warum der britische Privatgelehrte einer der vielseitigsten und genialsten Naturforscher seiner Zeit war.

In allen Kapiteln wurden Darwins englischsprachige Originalwerke zu Grunde gelegt. Da es nicht möglich ist, sämtliche im veralteten Englisch des 19. Jahrhunderts geschriebene Sätze exakt in unsere moderne deutsche Sprache zu übertragen, habe ich an einigen Stellen das Original zitiert und meine sinngemäße Übersetzung in Klammern beigefügt. Die weniger problematischen »Darwin-Passagen« wurden ohne Aufführung des Originaltextes ins Deutsche übertragen. Diese Vorgehensweise möchte ich mit einem folgenschweren Übersetzungsfehler rechtfertigen, der noch heute Nachwirkungen zeigt. Das im November 1859 erschienene »Artenbuch« *On the Origin of Species by Means of Natural Selection, or the Preservation of Favoured Races in the Struggle for Life* wurde bereits 1860 von H. G. Bronn in Deutschland unter der Überschrift *Charles Darwin, Über die Entstehung der Arten im Thier- und Pflanzen-Reich durch natürliche Züchtung, oder Erhaltung der vervollkommneten Rassen im Kampfe um's Daseyn* veröffentlicht und insbesondere von Ernst Haeckel popularisiert. Zwei Begriffe wurden hier sinnentstellt (bzw. falsch) übersetzt. Unter dem Wortpaar »Favoured Races« verstand Darwin »optimal an die Umwelt angepasste Varietäten«, und der »Struggle for Life« bedeutet »Daseins-Wettbewerb«. Von Personen, die über kein biologisches Fachwissen verfügen, wurden Darwins »begünstigte Rassen« mit dem so genannten »Sozial-Darwinismus«, der sich auf die Spezies Mensch bezieht, in Verbindung gebracht. Zur Abstammung des Menschen äußerte sich Darwin (1859/1872) aber nur beiläufig in einem Nebensatz. Der »Kampf ums Dasein« wurde ebenfalls immer wieder von politisch »rechts« wie »links« eingestellten Personengruppen als Parole missbraucht. Bei Darwin geht es jedoch nicht primär um Konfrontationen zwischen aggressiven Tieren, sondern im Wesentlichen um das Hinterlassen von Nachkommen, wobei der Biologe auch Pflanzen, die bekanntlich nicht miteinander kämpfen, als Beispiele des »Struggle for Life« anführt.

Die an anderer Stelle bereits ausführlich »gewürdigten« christlichen Evolutionsgegner (Kreationisten) wurden mehrfach im Text erwähnt, ohne jedoch deren widerlegte Argumente ein weiteres Mal aufzugreifen. Da ich in den letzten Jahren wiederholt von verunsicherten Schülern zur Frage nach der Zuverlässigkeit moderner Altersdatierungs-Methoden angeschrieben wurde, habe ich in einem Kapitel den Kreationismus im Zusammenhang mit der Erdalters-Problematik thematisiert. Dieser Aspekt des modernen »Anti-Evolutionismus« wurde bisher in der deutschsprachigen Literatur noch nicht systematisch behandelt.

Im letzten Kapitel wird eine neue integrative Theorie vom Verlauf und den Antriebskräften der Evolution in allen fünf Organismen-Reichen der Erde vorgestellt. Dieses *Synade-Modell* der Makroevolution basiert auf der Symbiogenese, die für den Ursprung der ersten Mehrzeller verantwortlich war, der natürlichen Selektion und der Dynamischen Erde, d. h. geologischen Prozessen wie der Kontinental-Drift und dem damit in Verbindung stehenden Vulkanismus. Diese neue Sicht der Evolution führt weit über Darwins klassische Theorien hinaus, ohne jedoch den Grundprinzipien, die der geniale Urvater der Evolutionsforschung vor 150 Jahren publiziert hat, zu widersprechen.

Wie eingangs erwähnt, basiert dieses Buch auf einer Lehrveranstaltung, die ich über mehrere Jahre hinweg an der Universität Kassel durchgeführt habe. Im Verlauf der Zeit ist der Text aus meinen Aufzeichnungen und den zahlreichen, für Vorlesungen und eingeladene Gastvorträge konzipierten Bild-Vorlagen in kleinen Schritten (graduell) zu dem vorliegenden Zehn-Kapitel-Opus »evolviert«. Ich danke Frau O. Brand (Schreibarbeit) und Frau H. Hage (Grafik- und Fotoarbeiten) für ihre Hilfe bei der Erstellung der Endfassung des reichlich bebilderten Manuskripts und dem Lektorat des *Deutschen Taschenbuch Verlags* für konstruktive Zusammenarbeit. Wie beim Verfassen der Anfang 2008 erschienenen 3. Auflage meines Lehrbuchs *Evolutionsbiologie* habe ich die letzten Korrekturen und Ergänzungen während eines Forschungsaufenthaltes an der kalifornischen Stanford University (Carnegie Institution for

Science) vorgenommen. An meinem Zweit-Arbeitsplatz in den USA habe ich unbegrenzt Zugang zu sämtlichen Monographien und internationalen Fachzeitschriften aus den Bio- und Geowissenschaften, so dass dieses Buch zu Darwins 200. Geburtstag (12. Februar 2009) auf dem aktuellen Stand unseres Faktenwissens erscheinen kann.

Obwohl dieses Sachbuch über den Rahmen einer populären Einführung hinaus geht, ist bereits wenige Monate nach Auslieferung der Erstauflage, der ein geringfügig korrigierter Nachdruck folgte, eine dritte Auflage notwendig geworden. Ich habe Details korrigiert und kleine Schönheitsfehler ausgebessert, jedoch keine inhaltlich relevanten Änderungen vornehmen müssen. Das im letzten Kapitel vorgestellte »Synade-Modell der Makroevolution« wurde inzwischen in einem referierten Journal veröffentlicht und ist somit Bestandteil der internationalen Fachliteratur (s. das Zitat Kutschera 2009). Leider musste auf Seite 93 ein trauriger Zusatz eingefügt werden. Am 2. Februar 2009, zehn Tage vor Darwins 200. Geburtstag, ist mein akademischer Lehrer und Mentor auf dem Gebiet der Evolutionsbiologie, der Zoologe Prof. em. Dr. Dr. h. c. Günther Osche, im Alter von 83 Jahren gestorben. Ich habe als Student Osches Freiburger Vorlesungsreihen zur Evolution der Organismen und Speziellen Zoologie der Wirbellosen gleich mehrfach besucht und wurde vom ihm zwei Jahre lang persönlich betreut. Ohne diese solide Grundausbildung und meine unter Herrn Osches Anleitung durchgeführten Studien zur Populationsdynamik und Evolution der Brutpflege bei aquatischen Anneliden (Schwerpunkt Süßwasserregel) wäre mein Berufsweg anders verlaufen und somit auch dieses Buch nicht entstanden. Die vorliegende nachgebesserte 3. Auflage ist daher dem Andenken des Zoologen und Evolutionsforschers Günther Osche gewidmet.

Stanford, im September 2009   U. Kutschera

1. Einführung: Charles Darwin, Alfred Wallace und das Selektionsprinzip

Als ich am 22. Juni 2007 den Verlagsvertrag zu diesem Buch unterschrieben habe, erhielt ich am selben Tag von einer mir unbekannten Person ein Protestschreiben mit dem folgenden Inhalt: »Der an Schärfe zugenommene Feldzug der deutschen Evolutionsbiologen, mit der Zielstellung, gegen alle modernen Erkenntnisse von Forschung und Wissenschaft zu Felde zu ziehen, und das nur aus dem Grund heraus, den persönlichen Erfolg nicht in Frage zu stellen, sollte uns alle zum Widerstand aufrufen. Prinzipiell ist die Darwinsche Evolutionstheorie mit ihrer Grundaussage, dass natürliche Selektion und zufällige Mutationen für die Entstehung und Weiterentwicklung des Lebens verantwortlich seien, weder mit der Realität noch mit allen neueren wissenschaftlichen Erkenntnissen in Einklang zu bringen, mehr noch, sie ist schlicht und einfach falsch. Sollten Sie anderer Meinung sein, verweise ich auf meine Homepage.« Auf der empfohlenen Internetseite sind laienhafte Ausführungen zur Biologie der Organismen sowie pseudowissenschaftliche Thesen und Postulate zu finden. Der Autor propagiert einen naiven, wörtlich verstandenen biblischen Schöpfungsglauben, den so genannten Kreationismus (Abb. 1.1), der mit ausgeprägtem Sendungsbewusstsein dargeboten wird und mit biologischen Sachverhalten durchsetzt ist. Schlussfolgerung: »Die Ehre, diesen Planeten mit Leben erfüllt zu haben, gehört nur Gott, und wahrhaftig niemand anderem.«

Die ständige Durchmischung bzw. Verwechslung von belegten Tatsachen, d. h. Fakten, und fiktiven Glaubensinhalten (Dogmen) ist typisch für derartige Internetpräsentationen zum Themenbereich »Schöpfung und Evolution«. Solche Darbietungen werden allerdings oft in einem erstaunlich professionellen »Design« erstellt, wobei diese elegante äußere Form im Widerspruch zum mangelhaften Inhalt steht. Ein Ziel dieses Buches ist es daher, die Tatsache der biologischen, (organismischen)

Abb. 1.1: Die kreationistische Sicht vom Ursprung der Lebensformen, veranschaulicht am Beispiel des biblischen Schöpfungsmythos. Die Bildserie zeigt die Erschaffung der Erde, der Tiere und des Menschen im Verlauf von sechs Tagen durch den allmächtigen Schöpfer-Gott (nach einem Holzschnitt aus einer alten Bibel).

Evolution und die wichtigsten erklärenden Theorien zum dokumentierten Artenwandel als logisch voneinander getrennte Sachverhalte darzulegen. Die zur Illustration herangezogenen Beispiele entstammen der Originalliteratur, wobei zur Vertiefung einzelner Aspekte u. a. auf ein aktuelles Lehrbuch zur Evolutionsbiologie verwiesen wird (Kutschera 2008 a).

Populäre Irrtümer zu Darwins klassischem Theoriensystem

Der oben zitierte Briefausschnitt liefert ein repräsentatives Bild vom noch immer weit verbreiteten Kenntnisstand zum Themenbereich »Charles Darwin und die moderne Evolutionsbiologie«. Vier Irrtümer des anonymen Autors sollen hier exemplarisch hervorgehoben werden.

1. Das Wort *Evolution* kommt in der Erstauflage von »Darwins Artenbuch« *On the Origin of Species* (1859), auf die sich der Verfasser der oben wiedergegebenen Zeilen bezieht, kein einziges Mal vor. Darwin führt in diesem Werk seine *Deszendenztheorie* ein, die im 19. Jahrhundert auch als Abstammungs-, Entwicklungs-, Transmutations- oder Transformationslehre bezeichnet wurde. Der Begriff Evolution – wörtlich verstanden: das Auswickeln eines verborgenen Gegenstandes – hatte damals noch eine andere Bedeutung (Individualentwicklung, d. h. *Ontogenese*) und wurde von Darwin erst nach 1870 gelegentlich als Synonym für Stammesentwicklung einer bestimmten Organismengruppe (*Phylogenese*) benutzt.

2. Die Entstehung des Lebens (d. h. der Ursprung der ersten Proto-Zellen, auch *chemische Evolution* oder *Biogenese* genannt) wird in Darwins Artenbuch an keiner Stelle wissenschaftlich behandelt. Darwin betont explizit, der Ursprung der ersten Lebensformen sei für ihn kein Thema, obwohl der Naturforscher in unpublizierten Briefen eine noch heute diskutierte Hypothese zu dieser Frage formuliert hatte (s. Kapitel 4).

3. Der Begriff *Mutation* (spontan auftretende somatische oder erbliche genetische Variation) wurde erst 1901 eingeführt und war Darwin, der 1882 starb, unbekannt. Die Ursachen der biologischen Variabilität in Fortpflanzungsgemeinschaften von Tieren und Pflanzen (*Populationen*) blieben für den britischen Naturforscher zeitlebens ein unlösbares Rätsel (s. Kapitel 3).

4. Im ersten Kapitel seines »Artenbuchs« weist Darwin darauf hin, dass die von A. R. Wallace und ihm entdeckte natürliche Selektion *eine*, jedoch nicht die *einzige* Ursache des Formenwandels sei. Daher maß er z. B. auch der geschlechtlichen Zuchtwahl (*sexuelle Selektion*) eine große Bedeutung bei – diese Darwinsche Theorie konnte Jahrzehnte später durch Verhaltensforschungen an einer Vielzahl verschiedener Tierarten bestätigt werden.

Der eingangs wiedergegebene Briefausschnitt dokumentiert somit exemplarisch, dass die Grundaussagen von Darwins Artenbuch oft falsch verstanden und dann in entstellter Form verbreitet werden.

In diesem einführenden Kapitel wollen wir Leben und Werk von Darwin und dessen Kollegen Alfred Russel Wallace kennen lernen. Beiden Urvätern der den Artenwandel zumindest teilweise erklärenden *Selektionstheorie,* und somit einer *wissenschaftlichen Biologie,* gebührt dieselbe Beachtung. Charles Darwin, nicht jedoch Wallace, ist noch zu Lebzeiten zur Schlüsselfigur der Evolutionsforschung geworden. Die Hauptgründe für diese ungleiche Bewertung der Leistungen der beiden Naturforscher sollen im letzten Abschnitt dargelegt werden.

Darwin und Wallace: Literaturübersicht zu den Biographien

Zu Leben und Werk von Charles Robert Darwin (1809 – 1882) (Abb. 1.2), der seinen zweiten Vornamen auf Publikationen weggelassen hat, gibt es eine unüberschaubar große Zahl an Veröffentlichungen, so dass man seit vielen Jahren von der »Darwin-Buchindustrie« spricht. In den letzten Jahren sind u. a. neben einer zweibändigen, über tausend Druckseiten umfassenden Biographie (Browne 2002) die folgenden englischsprachigen Bücher zu Teilaspekten von Darwins Leben und wissenschaftlichem Werk veröffentlicht worden.

Im Jahr 2001 publizierte eine Dozentin die erste umfassende Würdigung des Lebens und der Leistungen der Ehefrau Charles Darwins, Emma Wedgwood (1808–1896) (Healey 2001). Im selben Jahr ist eine Monographie zum Leben und der Bedeutung von Darwins Tochter Anne Elizabeth (1841–1851) erschienen. In diesem Buch wird ausführlich dargelegt, dass nach Annes tragischem Tod (vermutliche Ursache: Tuberkulose) der trauernde Vater Charles, der nicht in der Lage war, an der Beerdigung seines geliebten Kindes teilzunehmen, zum Atheisten wurde: »Nach Annies Tod begrub Charles seinen christlichen Glauben« (Keynes 2001).

Bereits zwei Jahre später wurde wieder eine Monographie publiziert, die ausschließlich jene Jahre beschreibt, während welcher sich der britische Naturforscher nahezu ausschließlich mit den Rankenfußkrebsen (Cirripedia) beschäftigt hat (1846 bis 1854; 1854 ist das Erscheinungsjahr des zweiten Teils dieser umfassenden Monographie; Darwin 1851/1854). Es wird dargelegt, dass Darwins intensive Beschäftigung mit der Systematik und Biologie einer speziellen Tiergruppe für die Ausarbeitung der Deszendenztheorie von großer Bedeutung war (Stott 2003). Im selben Jahr ist ein Buch über das tragische Schicksal von Kapitän Robert FitzRoy (1805 – 1865, Tod durch Suizid) erschienen, jenen Mann, der mit Charles Darwin eine fünfjährige Schiffs-Weltreise mit der *Beagle* durchgeführt hat (Nichols 2003). Zu den Finkenvögeln des Galapagos-Archipels wurde bereits vor Jahrzehnten eine Monographie verfasst, in der der Begriff »Darwin-Finken« geprägt wurde (Lack 1947). Weniger bekannt ist, dass 2004 ein Buch mit dem Titel *Darwins Fische* erschienen ist, in dem alles, was Darwin zeitlebens zur Biologie der Wirbeltierklasse der Pisces geschrieben hat, zusammengefasst und kommentiert ist (Pauly 2004).

Von besonderer Bedeutung ist ein Buch zur Einschätzung von Charles Darwin als Geologe (Herbert 2005). In diesem Werk wird u. a. hervorgehoben, dass sich Darwin im Jahr 1836, d. h.

Abb. 1.2: Stadien in der Entwicklung (Ontogenese) eines großen Naturforschers. Charles Darwin (1809 – 1882) als siebenjähriges Kind (A), als Mann mittleren Alters (ca. 1858) (B) und kurz vor seinem Tod (ca. 1880) (C).

nach seiner Rückkehr von der Weltreise, als »Geologe« bezeichnet hat. Erst in den folgenden Jahren entwickelte sich der *Earth Scientist* (Erdwissenschaftler) zum *Biologist* (Zoologen/ Botaniker) und wurde später zu einem der vielseitigsten Biowissenschaftler seiner Zeit. Ein 2006 erschienenes Werk zur graphischen Gestaltung in Darwins Büchern ist als Kuriosität zu nennen (Smith 2006). Der Autor analysiert die Art und Weise, wie Darwin seine wissenschaftlichen Theorien in graphischer Form dargestellt hat. Abschließend sei auf ein noch »exotischeres« Buch eines Finanzwissenschaftlers hingewiesen (Moore 2007). Unter dem Titel *Darwins Erben* wird dem Leser vermittelt, warum Wirtschaftsunternehmen nur durch Innovationen langfristig am Markt überleben. Mit Leben und Werk des Naturforschers Charles Darwin hat dieses »Finanzbuch« allerdings kaum etwas zu tun.

Dieser kurze Überblick, in dem nur die wichtigsten Werke angesprochen sind, soll zeigen, dass über Charles Darwins Biographie im Grunde alles Wesentliche mehrfach gesagt wurde. Im Folgenden wollen wir daher nur einen kurzen Überblick vermitteln, wobei u. a. die von Darwins Ur-Enkelin Nora Barlow (1885 – 1989) im Jahr 1958 herausgegebene *Autobiographie* sowie neuere Standardwerke zu Grunde gelegt wurden (Barlow 1958, Steinmüller 1985, Desmond und Moore 1991, Hemleben 1996, Wuketits 2005, Engels 2007). Einige Aspekte, die in den oben referierten Monographien angesprochen sind, fließen in unsere Kurzbiographie ein.

Bis vor einigen Jahren war über Leben und Werk von Alfred Russel Wallace (1823 – 1913) nur wenig Aktuelles veröffentlicht. Ab 2001 sind jedoch eine Reihe von biographischen Würdigungen erschienen, auf der die hier wiedergegebene Kurz-Biographie basiert (Raby 2001, Shermer 2002, Kutschera 2003 a, Slotten 2004). Weiterhin habe ich als Informationsquelle die Autobiographie (*My Life*) des Naturforschers verwendet, die jedoch nicht in allen Punkten zuverlässig ist (Wallace 1905).

Charles Darwin und die Transmutation-Notebooks

Wir wollen das Leben von Darwin (Abb. 1.2) der Übersicht wegen in vier Abschnitte einteilen: Kindheit und Jugend (1809 bis 1831), die Welt-Umsegelung (1831 bis 1836), die Jahre als Evolutionsforscher, Geologe und Zoologe (1837 bis 1872) sowie die Zeit als Botaniker und Pflanzenphysiologe (1872 bis 1882).

Kindheit und Jugendjahre (1809 bis 1831): Charles Robert Darwin wurde am 12. Februar 1809 als zweiter Sohn des wohlhabenden Arztes Robert Waring Darwin (1766 – 1848) und seiner Ehefrau Susannah Wedgwood (1765 – 1817) in Shrewsbury (England) geboren (s. Abb. 1.4). Das Ehepaar hatte sechs Kinder, zwei Söhne und vier Töchter; Charles war der Zweitjüngste. Bereits als Heranwachsender interessierte sich Charles Darwin für Naturkunde und wurde als Student zu einem fanatischen Insektensammler (Schwerpunkt Käferkunde, *Coleopterologie*, s. Kapitel 5). Zu erwähnen sei an dieser Stelle, dass sein Großvater, Erasmus Darwin (1731 – 1802), als praktischer Arzt und Autor naturwissenschaftlicher Schriften (Lehrgedichte) bereits recht präzise Vorstellungen zur Anpassung und Abstammung der Organismen publiziert hatte. Nach dem Tod der Mutter (1817) wurde der achtjährige Charles eingeschult (Vorschule in Shrewsbury, die von dem Reverend G. Case, Minister der *Unitarian Chapel*, geleitet wurde); er wechselte 1818 in die Internatsschule des Dr. Butler. 1825 musste der Schüler Charles diese Lehranstalt wegen mangelnder Leistungen verlassen. Sein Vater tadelte den 16-jährigen Teenager mit den folgenden Worten: »Du hast kein anderes Interesse als schießen, Hunde und Ratten fangen, und du wirst dir selbst und der ganzen Familie zur Schande.«

Ab Oktober desselben Jahres studierte Charles gemeinsam mit seinem älteren Bruder Erasmus auf Anordnung des Vaters an der Universität Edinburgh das Fach Humanmedizin (1825 bis 1827). Darwin brach das Studium nach zwei Jahren ab, weil er u. a. als sensibler Mensch die damals durchgeführten Operationen an Patienten, die nicht narkotisiert waren, nicht ertragen konnte. Nach einer Paris-Reise studierte Darwin von 1828 bis

1831 am *Christ's College* in Cambridge das Fach Theologie. Dort lernte er einen seiner wichtigsten akademischen Lehrer kennen, den Theologen und Botanik-Professor Johns Stevens Henslow (1796–1861) und trat mit dem Geologen Adam Sedgwick (1785 – 1872) in Kontakt. Während der vier Jahre in Cambridge studierte Darwin nebenbei Zoologie, Botanik und Geologie und erwarb sich hiermit das naturwissenschaftliche Fachwissen seiner Zeit. Darwin war somit als Theologe und Naturwissenschaftler (Zoologe, Botaniker, Geologe) qualifiziert, obwohl er seinen akademischen Abschluss im erstgenannten Fach absolviert hatte. In seiner *Autobiographie* beschreibt Darwin die Anforderungen zu seinem Bakkalaureus-Artium-Examen (B. A.) auf dem Gebiet der Theologie. Er hatte als junger bibeltreuer Christ (Abb. 1.1) mit Gewinn die Werke des Theologen William Paley (1743 – 1805) studiert und im Januar 1831 seinen akademischen Grad in Cambridge erworben – als Absolvent im unteren Leistungsdrittel. Nun hätte Darwin sich auf eine Pfarrstelle in der Anglikanischen Kirche von England bewerben und ein ruhiges Leben führen können, aber der Zufall führte den jungen Mann in die weite Welt.

Die Weltreise (1831 bis 1836): Auf Empfehlung seines Mentors J. S. Henslow eröffnete sich für den 22-jährigen examinierten Theologen die Möglichkeit, als Naturforscher an einer mehrjährigen Schiffsreise teilnehmen zu können, die unter der Leitung des Kapitäns Robert FitzRoy stattfand und mit dem legendären Vermessungs-Schiff *H.M.S. Beagle* durchgeführt wurde (Abb. 1.3). Am 27. Dezember 1831 erfolgte die Abfahrt von Davenport (Plymouth), mit den folgenden Stationen:

1832, Januar/Februar: Kapverdische Inseln, Insel St. Paul, Fernando Noronha; Südamerika, Brasilien, Argentinien: Bahia (San Salvador); April bis November: Rio de Janeiro, Montevideo, Buenos Aires; im Dezember wurden die Falkland-Inseln besucht (Tierra del Fuego).

1833, März/April: Südamerika, Chile: Feuerland-Inseln, Maldonado; August bis Dezember: El Patagones am Rio Negro, Buenos Aires, Montevideo, Port Desire.

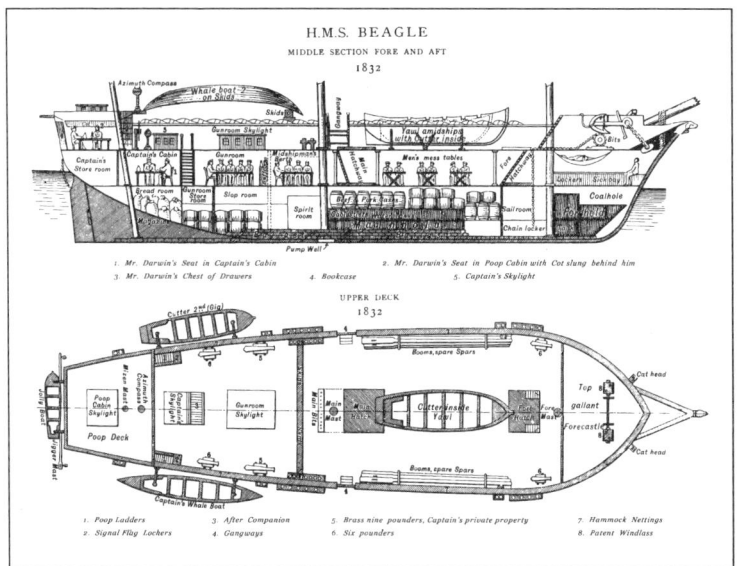

Abb. 1.3: Zeichnung des legendären Vermessungsschiffes *H.M.S. Beagle*, auf dem Charles Darwin unter der Führung von Kapitän Robert FitzRoy vom 27. Dezember 1831 bis zum 2. Oktober 1836 als Naturforscher seine Reise um die Welt durchgeführt hatte.

1834, Januar bis März: Port St. Julian, Fort Famine, Falkland-Inseln; April bis Dezember: Patagonien, Cape Turn, Insel Chiloe, verschiedene Orte in Chile (Santiago).

1835, Januar bis März: San Carlos (Insel Chiloe), Valdivia, Cordilleren, Mendoza; April bis Dezember: Santiago und Valparaiso, Coquimbo, Iquique (Peru), Lima; September: Galapagos-Inseln, Tahiti, Neuseeland. Am 20. Februar erlebte Darwin in Valdivia ein großes Erdbeben, das ihn nachhaltig beeindruckt hatte und sein »Bild von der Erde« veränderte (s. Kapitel 7).

1836, Januar bis April: Australien: Sydney, King George Sound, Keeling- und Kokos Inseln; Juli bis Oktober: Mauritius, Kapstadt, Ascension, Bahia, Pernambuco (Brasilien).

Am 2. Oktober 1836 kehrte das Team über die Azoren und Falmouth (Cornwall) nach England zurück. Zwei Tage später erreichte Charles Darwin nach einer Abwesenheit von fünf Jahren und zwei Tagen seine Geburtsstadt Shrewsbury und freute sich sehr darüber, wieder zu Hause zu sein. Im Dezember 1836 ordnete er seine Sammlungen in Cambridge, wo Darwin ein Jahr lang in der Fitzwilliam Street lebte. Im März 1837 übersiedelte er nach London; dort wohnte er zwei Jahre lang, bis zu seiner Heirat, in der Marlborough Street. Darwins Weltreise ist als Erlebnisbericht 1839 in Buchform erschienen. Die 1845 vollständig umgearbeitete 2. Auflage seiner Reiseerinnerungen machte den Autor weltberühmt (Darwin 1839/1845).

Evolutionstheoretiker, Geologe und Zoologe (1837 bis 1872): Im Herbst 1836 begann Darwin damit, seine Ideen und Notizen zur Abstammung der Arten systematisch zu ordnen. Im Juli 1837 erfolgte die Niederschrift seines ersten Notizbuchs, in dem er Fakten bezüglich des »Artenproblems« zusammenfasste. Diese »Transmutation Notebooks« sind von großer Bedeutung und werden in Kapitel 3 behandelt. Die Problematik der Arten-Transmutation, bereits 1837 als »Origin of Species« bezeichnet, fesselten den damals 28-jährigen Forscher die nächsten zwanzig Jahre hinweg. Insbesondere gewisse Fossilien aus Südamerika sowie die Artenzusammensetzung auf den Galapagos-Inseln hatten ihn zur Ausarbeitung seiner revolutionären Thesen inspiriert.

Im Oktober 1838, d. h. 15 Monate nachdem Darwin mit den Aufzeichnungen seiner gesammelten Belege begonnen hatte, las er zur Entspannung ein Buch des Ref. Thomas Malthus (1766 bis 1834) über das Bevölkerungswachstum der Menschen (*An Essay on the Principle of Population, 1798*) (Abb. 1.6). Wie aus Darwins *Autobiographie* hervorgeht, war der Forscher darauf vorbereitet, den Daseinswettbewerb (»struggle for life«) anzuerkennen, der für ihn aus Naturbeobachtungen an Tier- und Pflanzenpopulationen offensichtlich war. Das entscheidende Zitat in Darwins Selbst-Biographie lautet wie folgt: »It at once struck me that under these circumstances favourable variations would tend to be preserved, and unfavourable ones to be destroyed. The result of this would be the formation of new species. Here then I had at last got a theory by which to work.« (»Es wurde mir in einem Moment klar, dass unter diesen Umständen günstige Varianten erhalten bleiben, während ungeeignete Varietäten zerstört werden. Dadurch entstehen neue Arten. Ich hatte eine Theorie entwickelt, mit der ich arbeiten konnte.«) Die Kernaussage der zwanzig Jahre später (1858) gemeinsam mit A. R. Wallace veröffentlichten Selektionstheorie hatte hier ihren Ursprung. Im Jahr 1838 wurde Darwin zum Sekretär der *Geologischen Gesellschaft von England* ernannt. Er übte dieses einzige Amt, das er jemals begleitet hatte, nur ungern aus und war froh, als er diese Verpflichtung später wieder abgeben konnte.

Im Januar 1839 heiratete der 30-jährige Darwin seine erste Cousine Emma Wedgwood (1808 – 1896); durch diese Verbindung wurde sein zu erbendes Vermögen nochmals deutlich vermehrt, so dass Darwin von nun an als wohlhabender Privatgelehrter leben konnte. Im selben Jahr erschien sein bereits erwähntes erstes Buch, das unter dem deutschen Titel *Reise eines Naturforschers um die Welt* noch immer im Handel verfügbar ist (Darwin 1839/1845).

Im September 1841 übersiedelte Darwin mit seiner wachsenden Familie von London in das kleine Dorf Downe, Grafschaft Kent (etwa zwei Kutschenstunden von der Hauptstadt entfernt) und kaufte dort eine ansprechende Villa mit großer Gartenanlage (Down House, seit 1999 für Besucher aus aller Welt zugänglich) (Abb. 1.5). Seine Frau Emma gebar ihm zwischen 1839 und 1856 zehn Kinder (Abb. 1.4), von denen drei früh verstorben sind. Der Tod seiner geliebten Tochter Anne Elizabeth (1841 – 1851) erschütterte ihn derart, dass er zum Atheisten wurde (s. oben). Sein Lieblings-Sohn Francis (1848 bis 1925) unterstützte den alternden Darwin bei der Durchführung pflanzenphysiologischer Experimente; er war später in London als Dozent tätig und veröffentlichte Briefe u. a. Dokumente seines Vaters (z. B. zwei Essays zum Artenproblem, s. Darwin 1909). Der drei Jahre ältere Sohn George Howard Darwin (1845 bis 1912) war als Professor der Naturwissenschaften in Cambridge tätig und wurde u. a. durch seine Theorien zum Ursprung des Mondes und der Gezeiten bekannt (s. Kapitel 6).

FAMILY TREE OF CHARLES DARWIN

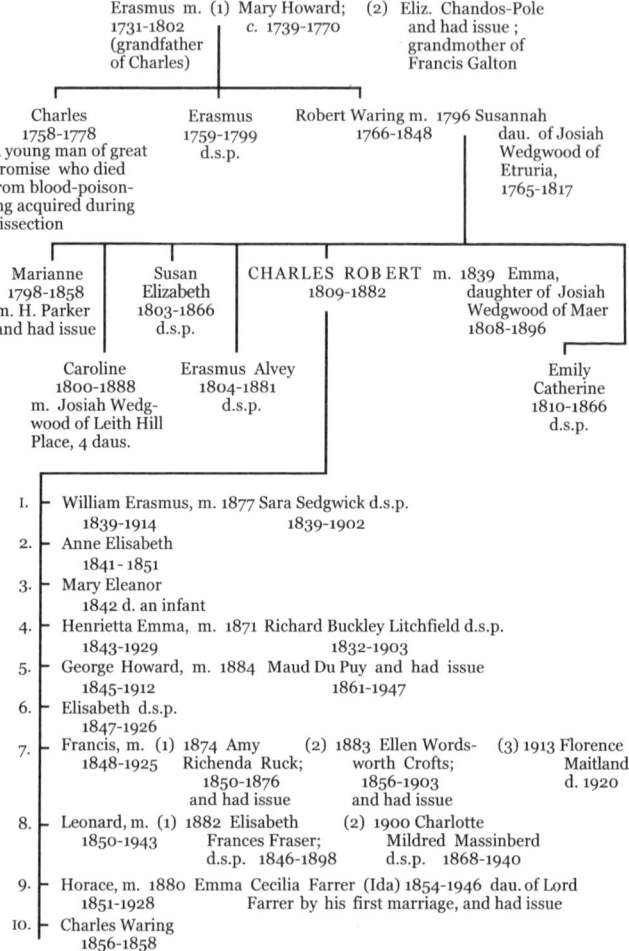

Abb. 1.4: Der Stammbaum der Familie Darwin. Der Begriff »Issue« bedeutete in der Sprache des 19. Jahrhunderts »Nachkommen« (nach Barlow, N.: *The Autobiography of Charles Darwin*. London, 1958).

In dem Dörfchen Downe verbrachte der 32-jährige Gelehrte die restlichen vier Lebensjahrzehnte und widmete seine Arbeitskraft im Wesentlichen der Ausarbeitung seiner 16 Fachbücher. Darwins zweites Werk mit dem deutschen Titel *Über den Bau und die Verbreitung der Korallen-Riffe* (Darwin 1842) war im Jahr des Umzugs erschienen. In den Jahren 1846 bis 1854 arbeitete der Forscher eine umfassende Monographie der

Abb. 1.5: Charles Darwins Anwesen Down House (A), wo der Gelehrte ab 1841 bis zu seinem Tod (1882) ein zurückgezogenes Einsiedlerleben im Kreise seiner Familie geführt und u. a. über Visitenkarten (B) mit der Außenwelt korrespondiert hat. Das Arbeitszimmer des Evolutionsforschers (C) ist heute als Museumsraum zugänglich (nach verschiedenen Schriften aus dem Jahr 1920).

Rankenfußkrebse aus (Darwin 1851/1854). Wie er in seinen *Lebenserinnerungen* schreibt, war diese Arbeit von erheblichem Wert für ihn, denn »I had to discuss in the *Origin of Species* the principles of natural classification« (»Ich musste im Buch *Origin of Species* die Prinzipien der natürlichen Klassifikation der Lebewesen diskutieren«). 1858 veröffentlichte Charles Darwin gemeinsam mit A. R. Wallace einen Doppel-Aufsatz zur Selektionstheorie, die dann ein Jahr später in erheblich erweiterter Form als Buch erschienen ist (*On the Origin of Species*, 1859; 6. Ed., 1872; im Folgenden zitiert als Darwin 1859/1872; Originaltitel s. Abb. 1.11). Im Jahr 1868 erschien das zweibändige Buch mit dem deutschen Titel *Variation der Tiere und Pflanzen im Zustande der Domestikation* (Darwin 1868); drei Jahre später folgte das ebenfalls zweibändige Werk zur *Abstammung des Menschen* (Darwin 1871). Diese Buch-Trilogie (Darwin 1859, 1868, 1871), in fünf Einzelbänden erschienen, enthält Darwins Gesamtwerk zur Deszendenztheorie (Abstammungslehre) (s. Kapitel 3).

Botaniker und Pflanzenphysiologe (1872 bis 1882): Mit der 6. und letzten Auflage von Darwins *Origin of Species* (1872) ging die Ära als Evolutionstheoretiker langsam zu Ende. Neben seiner jahrzehntelangen Beschäftigung mit der Biologie der Regenwürmer (zusammengefasst in Darwin 1881) sowie der Veröffentlichung eines Buchs über die *Gemütsbewegungen bei den Menschen und den Tieren* (Darwin 1872) widmete der Naturforscher seine Rest-Lebenszeit im Wesentlichen der Ausarbeitung botanisch-pflanzenphysiologischer Werke (Darwin 1875, 1876, 1877,1880). Als besonders originelle Leistung gilt Darwins umfassende Monographie über die *Bewegungsvorgänge bei Pflanzen*, die er mit seinem Sohn Francis erarbeitet hatte (Darwin 1880), wobei Sohn George Howard in der Danksagung als Zeichner und Grafiker genannt wird (s. Kapitel 4).

Vier Jahrzehnte lang, bis zu seinem Tod am 19. April 1882, lebte der kränkliche, schüchterne Naturforscher im Kreise seiner großen Familie. Über Darwins Krankheiten wurde viel spekuliert. Eine aktuelle Diagnose der hinterlassenen Dokumente

(Schriften, Briefe) legt nahe, dass Darwin nach Abschluss seiner Weltreise, während der er von verschiedenen Seekrankheiten geplagt wurde, unter Angstzuständen und Platzangst litt. Er fühlte sich z. B. nicht in der Lage, in einer größeren Gruppe von Menschen zu verweilen, und hielt kaum öffentliche Vorträge. So soll er seine Villa (Abb. 1.5), in der er als Eremit mit umfangreichem Personal wohnte, nur in Begleitung seiner Frau Emma verlassen haben. Aus diesen psychisch bedingten, immer wiederkehrenden Angstzuständen entwickelten sich körperliche Beschwerden wie Übelkeit und Kopfschmerzen.

Trotz dieser gesundheitlichen Probleme arbeitete Darwin mit großer Hingabe bis zu seinem Tod an seinen Werken. Neben den 16 eigenständigen Fachbüchern (Darwin 1839/1845, 1842, 1844, 1846, 1851/1854, 1859/1872, 1862, 1867/1875, 1868, 1871, 1872, 1875, 1876, 1877, 1880, 1881), die in 19 Einzelbänden mit ergänzenden Schriften publiziert wurden, hat der Naturforscher über 100 Zeitschriftenaufsätze und Separat-Drucke veröffentlicht, auf die nicht näher eingegangen werden kann. Als einziger Kurzbeitrag soll hier die bereits erwähnte Doppel-Veröffentlichung (Darwin und Wallace 1858) besprochen werden, die am Ende dieses Kapitels analysiert wird.

Alfred Russel Wallace und der Ternate-Essay

Das Leben von A. R. Wallace (Abb. 1.7) kann, analog zu jenem von Darwin, in vier Abschnitte eingeteilt werden: Kindheit und Jugend (1823 bis 1848), die Amazonas- und Malaysien-Reise (1848 bis 1862), die Jahre als Evolutionstheoretiker und Biogeograph (1863 bis 1889) und die Zeit als Spiritualist und Sozialphilosoph (1890 bis 1913).

Kindheit und Jugendjahre (1823 bis 1848): Alfred Russel Wallace wurde am 8. Januar 1823 als achtes von neun Kindern in bescheidenen Verhältnissen in Usk, Gwent (früher Monmouthshire, England) geboren. Sein Vater, ein studierter Jurist, der seinen Beruf nie ausgeübt und ein ererbtes Vermögen verloren hatte, versuchte, die wachsende Familie über wenig erfolgreiche

Thomas R. Malthus: An Essay on the Principle of Population (1798)
"The power of population is indefinitely greater than the power of the earth to produce subsistence for man. Population, when unchecked, increases in a geometrical ratio. Subsistence increases only in an arithmetical ratio. ...
By that law of our nature which makes food necessary for the life of man, the effects of these two unequal powers must be kept equal. This implies a strong and constantly operating check on population from the difficulty of subsistence.
This difficulty must fall somewhere and must necessarily be severely felt by a large portion of mankind".

Abb. 1.6: Der Sozialökonom Thomas R. Malthus (1766 – 1834) und die entscheidenden Sätze aus seinem Hauptwerk *Ein Essay über das Prinzip des Bevölkerungswachstums* (1798): »Das Vermögen des Bevölkerungswachstums ist viel größer als die Fähigkeit der Erde, Nahrungsmittel für die Menschen zu produzieren. Das ungehinderte Bevölkerungswachstum nimmt in geometrischer, die Nahrungsmittelproduktion in arithmetischer Rate zu ...« Dieses »Prinzip von Malthus«, aus welchem »eine Bevölkerungsbremse durch Schwierigkeiten bei der Nahrungsmittelversorgung« resultiert, hatte Darwin und Wallace unabhängig voneinander zur Formulierung der Selektionstheorie veranlasst.

Unternehmungen zu finanzieren. Nach einem Umzug nach Herford (1828) besuchte Alfred die dortige *Grammar School*, die er wegen der problematischen finanziellen Lage der Familie (u. a. Vermögensverlust) zu Weihnachten 1836 verlassen musste. Der 13-Jährige wurde zu seinem älteren Bruder John nach London geschickt, wo er u. a. mit Anhängern des utopischen Sozialisten Robert Owen (1771 – 1858) in Kontakt kam – eine Erfahrung, die ihn nachhaltig prägen sollte. Trotz der finanziell angespannten Lage der großen Familie, einiger tragischer Todesfälle (vier seiner fünf älteren Geschwister starben jeweils vor ihrem 23. Lebensjahr) und der wenig motivierenden Schulerfahrung war die Bilanz dieser Jahre positiv: Alfreds Vater war zeitweise in der örtlichen Bibliothek beschäftigt und verschaffte seinem Sohn den Zugang zu gehaltvoller Fachliteratur, die er im Selbst-Studium geistig verarbeitete.

Im Herbst 1837 verließ er London und wechselte zu seinem ältesten Bruder William nach Bedfordshire, wo der 14-Jährige im Landvermessungsbüro seines Erziehungsberechtigten angelernt wurde. Nach Abbruch einer Uhrmacherlehre arbeitete er bis 1843 – dem Todesjahr des Vaters – bei seinem Bruder William, der jedoch bereits Anfang 1845 starb. Der 16-jährige Alfred befasste sich neben seiner Freiland-Tätigkeit als Landvermesser mit Naturkunde (Botanik, Geologie) und besuchte entsprechende Vortragsveranstaltungen. Nachdem im Herbst 1843 die Vermessungsgeschäfte immer schlechter liefen, musste Alfred entlassen werden. Er war daraufhin als Grundschullehrer in Leicester tätig (1844/1845); dort las er in der Bibliothek u. a. das bereits zitierte Werk zum Bevölkerungswachstum von T. Malthus (Abb. 1.6). Wallace kehrte nach dem Tod seines Bruders William nach Bedfordshire zurück, um die Landvermessungstätigkeit fortzuführen.

1844 lernte der 21-jährige Alfred den zwei Jahre jüngeren Insektensammler Henry Walter Bates (1825–1892) kennen, der ihn für die Insektenkunde (Entomologie) begeisterte – wie Darwin wurde auch Wallace ein enthusiastischer Käfersammler. Um 1845 las der junge Wallace die Reiseberichte von Charles Darwin, Alexander von Humboldt (1769–1859) und anderer Naturforscher. Insbesondere ein Buch über eine Exkursion in das Amazonas-Gebiet inspirierte den Naturkundler derart, dass er mit seinem Freund H. W. Bates eine professionelle, sich selbst finanzierende Naturkunde-Sammelexkursion nach Südamerika/Malaysien organisierte. Dort verfasste er seinen berühmten Aufsatz zum Selektionsprinzip.

Amazonas- und Indonesien-Reise (1848 bis 1862): Am 25. April 1848 verließen der 25-jährige Wallace und der 23-jährige Bates England, um am 28. Mai in Belém (damals Pará, Südamerika) ihre Pläne zu realisieren. Zwei Jahre arbeiteten sie im Team, danach aus unbekannten Gründen getrennt. Wallace erkundete den mittleren Amazonas und die Rio-Negro-Region, Bates erforschte elf Jahre lang die südlicheren Regionen und wurde als Entdecker einer Form der Insekten-Tarnfärbung (Bates-Mimikry) ein weltbekannter Evolutionsbiologe, dessen Publikationen noch heute zitiert werden.

Wallace blieb vier Jahre lang im Amazonasgebiet; er sammelte Naturgegenstände, zeichnete (als Landvermesser) Karten unerkundeter Urwaldregionen und dachte über die Ursachen des Artenwandels nach. Insbesondere das in den 1840er-Jahren gelesene, auch von Darwin geschätzte Buch des Geologen Charles Lyell (1797 – 1875), *Principles of Geology* (1842), inspirierte ihn wegen des dort formulierten Prinzips des Uniformismus. Er studierte auch die Sprachen der Ureinwohner und freundete sich mit den ihn unterstützenden Südamerikanern an. Im Juli 1852 kehrte der immer wieder an Tropenkrankheiten leidende Wallace per Schiff nach England zurück. Im August brach ein Feuer aus, das Schiff sank und Wallace musste den »Daseinswettbewerb in der Natur« am eigenen Leib ertragen (Darwin blieb eine derartige Erfahrung zeitlebens erspart). Er erreichte über ein Rettungsboot, das heftigen Stürmen ausgesetzt war, am 1. Oktober 1852 das englische Festland – seine Naturaliensammlung und die Dokumente, mit Ausnahme einiger Zeichnungen, waren verloren (Abb. 1.8 A).

Nachdem dann auch ein erster publizierter Reisebericht nicht den erhofften kommerziellen Erfolg brachte, war für den 29-Jährigen die Situation hoffnungslos. Er startete daher eine zweite Exkursion in die Inselgruppe des Malaiischen Archipels, dessen Insekten- und Vogelwelt damals weitgehend unerforscht war. Mit Unterstützung durch die *Royal Geographical Society* erreichte Wallace am 20. April 1854 Singapur, von wo aus er eine achtjährige Exkursionsreise startete.

Während dieser Jahre besuchte Wallace alle Inseln des Malaiischen Archipels, sammelte 125 660 Einzelstücke (zumeist Arten), darunter nahezu eintausend unbeschriebene Spezies, und fasste seine Erkenntnisse in der 1869 erschienenen Monographie *The Malay Archipelago* zusammen – eines der besten Reise-Bücher über das Indonesien seiner Zeit. In einer 1855 erschienenen Publikation, die als »Sarawak-Paper« bekannt wurde, postulierte Wallace einen langsamen, graduellen Artenwandel in der Natur, wobei er eine Stammbaumdarstellung andeutete. Jedoch erst sein 1858 im Fieber-Rausch verfasster »Ternate-Essay« enthielt einen hypothetischen Mechanismus der Spezies-Transformation: Da alle Tiere gemäß dem Prinzip von T. Malthus (Abb. 1.6) zu viele Nachkommen produzieren, kommt es zu einem »struggle for existence« (Daseinswettbewerb), bei dem pro Generation nur wenige übrig bleiben, die dann die optimal an die Umwelt adaptierten Varietäten (bzw. Spezies) der Population repräsentieren. Der 1858 verfasste Essay von Wallace wurde noch im gleichen Jahr gemeinsam mit zwei Aufsätzen seines Briefpartners Charles Darwin publiziert. Eine Analyse dieser Darwin-Wallace Doppelveröffentlichung (1858) folgt im nächsten Abschnitt.

Wallace studierte während all dieser Jahre als Forschungsreisender die geographische Verbreitung der Tiere und ist u. a. aufgrund einer zweibändigen Monographie zu diesem Thema zum Begründer der Zoogeographie geworden. Eine Zone zwischen den zoogeographischen Regionen Südostasiens und Australiens wurde ihm zu Ehren »Wallace-Linie« genannt. Im Februar 1862 verließ Wallace den Malaiischen Archipel und kehrte nach England zurück.

Evolutionstheoretiker und Biogeograph (1863 bis 1889): Als der 39-jährige Wallace am 1. April 1862 in seinem Heimatland ankam, hoffte er, sich als Privatgelehrter und Schriftsteller niederlassen zu können. Es kehrte aber keine Ruhe ein, da sich der Mit-Entdecker des Prinzips der natürlichen Selektion (dieser Begriff fehlt allerdings in seinem Ternate-Essay) von Darwins Thesen in mancherlei Beziehung entfernt hatte und dem Spiritualismus zuwandte (s. unten). 1864 publizierte er eine Arbeit zum Ursprung der Menschenrassen mit Bezug zur Theorie der natürlichen Selektion; es folgten seine berühmten Werke zur Biologie der Tiere des Malaiischen Archipels und zur Biogeographie (*The Malay Archipelago*, 1869, mit seinen Studien der Paradiesvögel und Orang-Utans sowie den Erfahrungen mit den Ureinwohnern; *The Geographical Distribution of Animals*, 1876, mit einer Erstbeschreibung zoogeographischer Regionen der Erde, die noch heute gilt). Diese und andere Werke machten A. R. Wallace weltberühmt – er galt als einer der wichtigsten Naturforscher (*Naturalists*) von England.

Im Herbst 1885 wurde Wallace eingeladen, in den USA eine Serie von Vorträgen zum Thema »Darwinismus« zu halten – diese sechsmonatige Nordamerika-Tour führte u. a. zu einer persönlichen Bekanntschaft mit dem Industriellen Leland

Abb. 1.7: Alfred Russel Wallace (1823 – 1913) im Malaiischen Archipel. Der Naturforscher sitzt an einem Tisch vor jener Hütte, wo er 1858 im Fieberrausch seine Gedanken zur Selektionstheorie gesammelt und zusammengefasst hatte (nach Evstafieff-A.R. Wallace I970179, Down House, Kent).

Stanford (1824 – 1893), dem Begründer der nach seinem früh verstorbenen Sohn benannten Elite-Universität im US-Bundesstaat Kalifornien. Ein aus dieser Vortrags-Serie hervorgegangenes Buch (*Darwinism*, 1889) wird in Kapitel 3 angesprochen.

Spiritualist und Sozialphilosoph (1890 bis 1913): Bereits als heranwachsender Teenager und junger Mann (ca. zwischen 1837 und 1844) kam Wallace mit »geisteswissenschaftlichen« Utopien und Phänomenen in Kontakt. Der 13-Jährige hatte prägende Beziehungen zu Anhängern des Sozialisten Robert Owen; er besuchte im Alter von 21 Jahren Schauveranstaltungen zum »Mesmerismus«, die ihn vom Wahrheitsgehalt der vorgetragenen »übernatürlichen Phänomene« überzeugten. Vermutlich unter dem Einfluss seiner Ehefrau Annie Mitten (1848 bis 1914), die ihm drei Kinder gebar, wandelte sich sein logischrationales Weltbild ab ca.1864 in eine pseudoreligiös-spiritisti-sche Richtung. Bereits 1874 war Wallace zur Enttäuschung sei-ner Fachkollegen mit einer Schrift mit dem Titel *Miracles and Modern Spiritualism* hervorgetreten, in der er u. a. obskure Din-ge wie das »Tischerücken« usw. als reale Phänome verteidigte. Wallace war aber niemals wirklich religiös oder gar ein Kreatio-nist – seine spiritualistischen Ansichten verband er mit einem klaren Bekenntnis zum Naturalismus, den er entsprechend ergänzt sehen wollte. Seine insbesondere in späteren Schriften immer wieder angesprochene »Theorie des Spiritualismus«, die u. a. aussagte, dass das Konzept der natürlichen Selektion unzu-reichend sei, die intellektuell/moralische Seite des Menschen zu erklären (Wallace 1889), überzeugten seine Fachkollegen aller-dings nicht.

In seinen Schriften zur Sozialphilosophie – Wallace war poli-tisch betrachtet zeitlebens ein Sozialist – vertrat er Utopien einer egalitären und gleichzeitig gerechten Gesellschaft, in der es keine Vererbung von Vermögenswerten (Immobilien usw.) geben sollte – hier klingt Wallaces Ablehnung einer Lamarck-schen »Vererbung erworbener Körpereigenschaften« nach (s. unten). Diese spiritualistisch-esoterischen bzw. sozialistisch-politischen Publikationen untergruben das solide naturwissen-schaftliche Gesamtwerk von Wallace derart, dass die Originali-tät seiner Beiträge zur Evolution, Biogeographie und Systematik der Organismen nach seinem Tod (7. November 1913) in Vergessenheit geraten sind. Die Leistungen des Naturforschers Wallace wurden u. a. in einer Serie unabhängiger Publikationen wiederentdeckt, auf die hier verwiesen werden soll (Raby 2001, Shermer 2002, Kutschera 2003 a, 2008 b, Slotten 2004; s. Abb. 1.12).

Wir werden in Kapitel 3 darlegen, dass Wallace seinem Kolle-gen Darwin in manchen Beziehungen wissenschaftlich überle-gen war und heute als Mitbegründer der um 1900 formulierten Neo-Darwinschen Theorie gewürdigt wird (Kutschera und Niklas 2004).

Die Doppel-Publikation Darwin und Wallace 1858: Eine vergleichende Analyse

Im Februar 1858, nach fast vierjähriger Reise, lag der 35-jährige Alfred Wallace wieder einmal schwer erkrankt auf der Holzpritsche seiner Palmenblatt-Hütte im tropischen Regenwald, auf der indonesischen Insel Halmahera (Abb. 1.7). Während heftiger Fieberattacken, die von den Malaria-Erregern in seinem Blut ausgelöst wurden, kombinierte der Naturforscher das lange von ihm verinnerlichte Malthussche Prinzip des exponentiellen Bevölkerungswachstums (Abb. 1.6) mit dem Phänomen der biologischen Variabilität zu einem hypothetischen Mechanis-

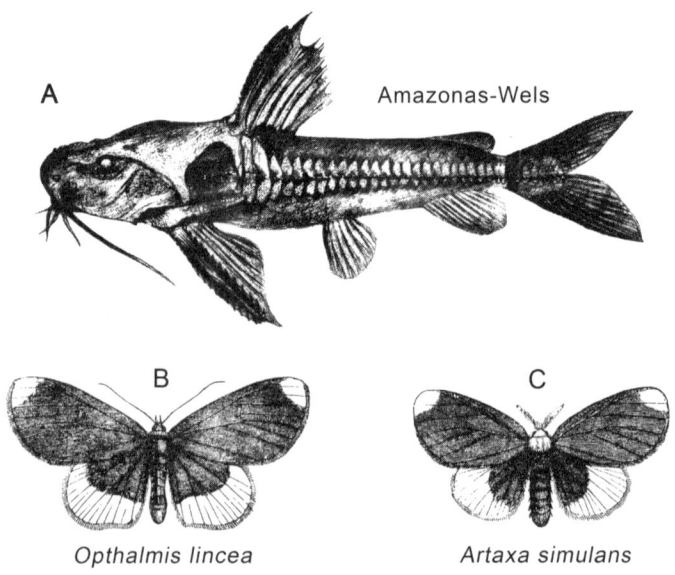

A   Amazonas-Wels

B

Opthalmis lincea

C

Artaxa simulans

Abb. 1.8: Skizze eines Süßwasserfisches (Wels, Familie Doradidae), die Alfred Russel Wallace beim Schiffsunglück 1852 vor den Fluten retten konnte (A). Nahezu alle anderen Gegenstände versanken im Meer, so dass der Naturforscher bei seiner Rückkehr aus Brasilien mittellos in England ankam. Die untere Abbildung zeigt Überlebensstrategien bei Insekten nach A. R. Wallace (B, C). Eine verbreitete Motten-Art (B) enthält chemische Abwehrsubstanzen, die das Insekt für Fressfeinde unvertilgbar machen. Dieser Falter wird durch eine zweite, nicht giftige Spezies imitiert (C, nach Originalzeichnungen von A. R. Wallace).

On the Tendency of Species to form Varieties; and on the Perpetuation of Varieties and Species by Natural Means of Selection. By Charles Darwin, Esq., F.R.S., F.L.S., & F.G.S., and Alfred Wallace, Esq. Communicated by Sir Charles Lyell, F.R.S., F.L.S., and J. D. Hooker, Esq., M.D., V.P.R.S., F.L.S, &c.

[Read July 1st, 1858.] London, June 30th, 1858.

MY DEAR SIR,—The accompanying papers, which we have the honour of communicating to the Linnean Society, and which all relate to the same subject, viz. the Laws which affect the Production of Varieties, Races, and Species, contain the results of the investigations of two indefatigable naturalists, Mr. Charles Darwin and Mr. Alfred Wallace.

Abb.1.9: Reproduktion des Titels und des ersten Abschnittes der Darwin-Wallace-Originalpublikation, veröffentlicht am 20. August 1858 im Fachjournal *Proceedings of the Linnean Society London, Zoology*, Band 3, Seiten 45 – 62. Im ersten Satz wird hervorgehoben, dass es hierbei um die »Gesetze, die für die Produktion von Varietäten, Rassen und Arten verantwortlich sind« geht. Darwin und Wallace werden im Text lobend als »zwei unermüdliche Naturforscher« bezeichnet (Hauptinhalte s. Abb. 1.13).

mus, der für die Entstehung neuer Varietäten und Arten in wild lebenden Tier-Populationen verantwortlich sein könnte. An die damals auch von vielen Naturforschern noch weitgehend akzeptierten Schöpfungsakte des biblischen Gottes (Abb. 1.1) glaubte der erfahrene Biologe Wallace schon lange nicht mehr – der offensichtliche Daseinswettbewerb (bzw. Überlebenskampf) im dicht besiedelten Urwald hatte sich in seinem Bewusstsein fest verankert. Das Tierleben in der freien Natur »offenbarte« Wallace ein von ihm entdecktes neues Naturgesetz.

Innerhalb weniger Tage fasste Wallace seine revolutionäre Theorie unter dem Titel *On the Tendency of Varieties to Depart Indefinitively from the Original Type* (»Über die Tendenz der Varietäten, sich unbegrenzt von ihrem ursprünglichen Typus zu entfernen«) zusammen. Am 9. März 1858 sandte er seinen Essay von der Molukken-Insel Ternate mit einem Begleitbrief an den Privatgelehrten Charles Darwin im englischen Kent, mit dem er seit zwei Jahren einen Briefwechsel pflegte. Als die

»Urwald-Sendung« drei Monate später bei Darwin ankam, löste dieses Manuskript bei dem introvertierten Naturforscher eine Schockreaktion aus – obwohl der Begriff »Natural Selection« dort nicht vorkam, enthielt diese Abhandlung nach Darwins damaliger Ansicht eine im Prinzip gleichartige Theorie zur Arten-Transformation durch natürliche Auslese, wie sie der 49-jährige Brite unveröffentlicht seit zwei Jahrzehnten in der Schublade vorliegen hatte.

Das 20-seitige Manuskript von Wallace enthält, ausgehend von den Thesen des Sozialökonomen Malthus (Abb. 1.6), die klare Schlussfolgerung, dass das Leben wilder Tiere ein Kampf ums Dasein sei: ›The life of wild animals is a struggle for existence.‹ Eine einfache Kalkulation zeigt, dass sich die Tiere im Freiland »in geometrischer Rate« vermehren; ohne eine »Bevölkerungsbremse«, bei der die schwächeren und weniger perfekt organisierten untergehen, würde die Natur aus dem Gleichgewicht kommen: »A simple calculation will show that in fifteen years each pair of birds would have increased to nearly ten millions! … It is evident, therefore, that each year an immense number of birds must perish« (Übersetzung s. Abb. 1.13). Weiterhin führte Wallace in seinem Manuskript das Konzept der Anpassung (Adaptation) an die Umwelt ein und illustriert diese These am Beispiel der Tarnfärbung von Insekten (Abb. 1.8 B, C).

Darwin fasste in großer Eile zwei seiner unpublizierten Manuskripte zusammen, in denen er das Prinzip der Abstammung mit Abänderung durch natürliche Selektion umrissen hatte. In seinem Aufsatz spricht er u. a. von »Millionen an Generationen, die verstreichen müssen, um Änderungen in der Zusammensetzung wild lebender Populationen herbeizuführen«. Weiterhin geht er auf das Konzept der geschlechtlichen Zuchtwahl (sexuelle Selektion) und die künstliche Selektion (Tierzucht) ein. Auch Darwins Konzept des Aussterbens von Arten wird hier schon thematisiert: Der Naturforscher vertrat die Ansicht, dass neue Arten die existierenden, weniger geeigneten Lebensformen verdrängen: »Each new variety or species, when formed, will generally take the place of, and thus exterminate its less well-fitted parent« (Übersetzung s. Abb. 1.13).

Abb. 1.10: Alfred R. Wallace contra Charles Darwin, illustriert am Beispiel der Evolution der Langhalsgiraffe (*Giraffa camelopardalis*). Die ständig von Löwen bedrohten Giraffen-Herden fressen den ganzen Tag über, wobei die Tiere von Baum zu Baum ziehen und hierbei nur die oberen Blätterschichten abweiden, obwohl sie auch weiter unten fressen könnten. Eine aktuelle Untersuchung hat ergeben, dass Giraffen durch Abweiden der obersten Blattlagen die Konkurrenz zu kleineren afrikanischen Savannen-Säugetieren vermeiden. Nach der Selektionstheorie von Darwin und Wallace überleben bevorzugt jene Individuen großer Populationen in ihren Nachkommen, die zufallsbedingt die längsten Hälse hatten. Im Gegensatz zu Wallace glaubte Darwin an erbliche Effekte, die durch erhöhten Organgebrauch hervorgerufen werden sollen. Das reine Variations-Selektions-Konzept, wie es Wallace postuliert hatte, konnte später bestätigt werden. Bis heute gibt es keine empirischen Belege für die Darwin-Lamarcksche These von der Vererbung erworbener Körpereigenschaften.

Hier klingt bereits der Begriff »fitness« durch, der erst in der 1865 erschienenen 4. Auflage von Darwins Artenbuch eingeführt wurde.

Ein systematischer Vergleich der 1858 veröffentlichten Darwin-Wallace-Publikationen (Abb. 1.9), deren Hauptinhalte in Abb. 1.13 in deutscher Übersetzung zusammengefasst sind, lieferte bemerkenswerte Resultate. Obwohl Darwin in seiner *Autobiographie* rückblickend geschrieben hatte, dass der Essay von Wallace exakt seine eigene Theorie enthalten würde, kann man die nachfolgend aufgelisteten gravierenden Unterschiede feststellen (Kutschera 2003 a):

1. Wallace unterschied zwischen domestizierten und natürlichen Arten – Haustiere betrachtete er als »abnormal«, die nicht als Modellsysteme für Freiland-Populationen dienen können. Im Gegensatz dazu war für Darwin die Analogie künstliche/natürliche Selektion von entscheidender Bedeutung.

2. Wallace berücksichtigte nur Tiere (Vertebraten, Insekten) bei der Beschreibung des »struggle for existence«, während Darwin auch Pflanzen mit einbezog.

3. Wallace betonte die Kompetition der Tiere in Bezug zur Umwelt (Wettbewerb bzw. Kämpfe gegen Feinde und konkurrierende Arten), während Darwin insbesondere die innerartlichen Verteilungskämpfe hervorhob (intraspezifische Interferenz).

4. Wallace lehnte das Konzept einer Vererbung erworbener Körpereigenschaften (d. h. die Kernthese von J.-B. de Lamarck) ab und hob in seinem Ternate-Essay diesen Punkt in deutlichen Worten hervor: »Die Hypothese von Lamarck, dass fortschreitende Änderungen in den Arten durch aktive Versuche der Tiere, ihre Organe durch Übung zu modifizieren, hervorgebracht werden, wurde wiederholt von verschiedenen Autoritäten zum Spezies- und Varietäten-Problem widerlegt« (sinngemäße Übersetzung des in antiquiertem Englisch verfassten Aufsatzes). A. R. Wallace war somit bereits 1858 davon überzeugt, dass es keine Vererbung erworbener Körpereigenschaften gibt. Der Naturforscher bezieht sich in seinem Essay u. a. auf das Beispiel der Langhalsgiraffen und erklärt

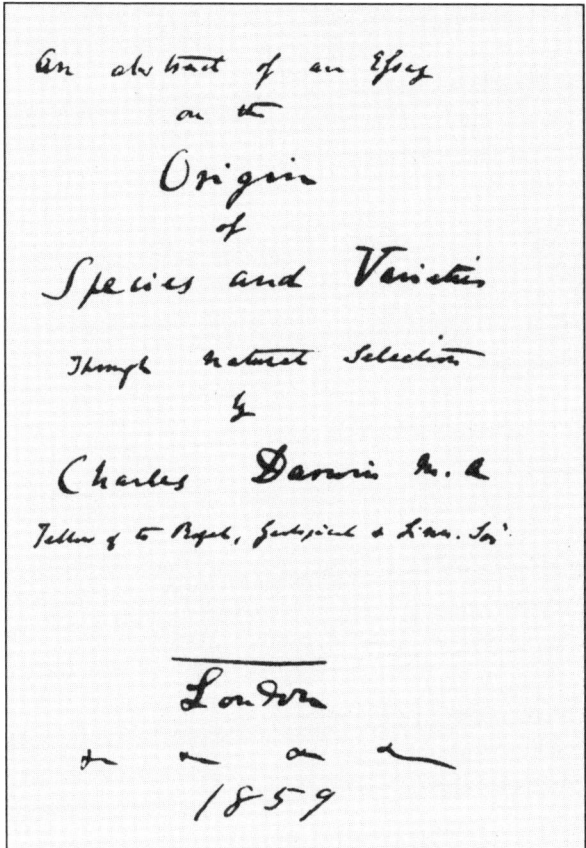

Abb. 1.11: Original-Titelentwurf von Charles Darwin, verfasst im Frühjahr 1859. Das Artenbuch sollte unter der Überschrift »An Abstract of an Essay on the Origin of Species and Varieties through Natural Selection« erscheinen (»Ein Auszug eines Essays über den Ursprung der Arten und Varietäten durch natürliche Auslese«). Der Verleger hat den Autor dazu verpflichtet, einen anderen Buchtitel zu wählen.

die ungewöhnliche Anatomie dieser Großsäuger der afrikanischen Savannen über zufallsbedingte Variabilität und natürliche Selektion (Abb. 1.10) (zur Evolution der Giraffen, s. Kutschera 2004). Charles Darwin war hingegen zeitlebens von der Lamarckschen These einer Vererbung erworbener Eigen-

schaften überzeugt und formulierte zur Erklärung des »Giraf-
fen-Phänomens« und analoger Beobachtungen seine »Pangenesis-Hypothese« (s. Kapitel 3).

5. Wallace erwähnte in keinem Satz den Faktor Zeit, während
Darwin geologische Zeiträume und die Generationen-Folgen
(Tausende bis Millionen) berücksichtigte. Hier kam die
Erfahrung des Geologen Darwin zum Ausdruck – das evolu-
tionäre Denken in »Äonen« geht letztlich auf diesen briti-
schen Naturforscher zurück.

6. Bereits 1858 wurde von Darwin die *sexuelle Selektion* als
Triebkraft des Artenwandels postuliert, während Wallace
diese zweite Form der natürlichen Auslese noch nicht erkannt hatte (in späteren Schriften lieferte Wallace jedoch eine
Erklärung für dieses biologische Phänomen, die unserer heutigen Interpretation sehr nahe kommt).

Es sei nochmals hervorgehoben, dass bei Wallace der Schlüssel-
begriff *Natural Selection* nicht vorkommt, den Darwin jedoch
in seinem Aufsatz mehrfach benutzte. Wallace führte allerdings
die Begriffe *Adaptation* und *Population* ein, die bei Darwin
(1858) noch fehlen. Keiner der beiden Autoren erwähnte ein
einziges Mal das Wort *Evolution*, ein Begriff, den sie allerdings
in späteren Schriften gelegentlich verwendet haben. Es sei an
dieser Stelle darauf hingewiesen, dass der Begriff *Spezies* (Art)
von keinem der beiden Autoren in dieser Doppel-Veröffentlichung exakt definiert wurde (Darwin und Wallace 1858).

Charles Darwin veranlasste auf Empfehlung seiner Freunde
Charles Lyell (1797 – 1875) und Joseph Hooker (1817–1911),
dass die Manuskripte nacheinander auf einer Tagung der
Linnean Society of London vorgelesen wurden. Am 1. Juli 1858
wurden dann alle drei Manuskripte vorgetragen: zwei unpubli-
zierte Auszüge aus Darwins Handschriften-Archiv sowie der
Ternate-Essay von Wallace. Die Tagung wurde von 30 Personen
besucht – Wallace und Darwin waren abwesend, der Erstere
wegen einer Erkrankung und der Letztere wegen des Todes seines zehnten Kindes (Charles Waring, 1856 – 1858) (Abb. 1.4).

Nach dem Verlesen der drei Artikel, die kurz darauf im
Druck erschienen sind (Abb. 1.9), kam es zu keiner Diskussion

Darwin-Wallace principle of natural selection

SIR — In their Correspondence 'Celebrations for Darwin downplay Wallace's role' (*Nature* **451**, 1050; 2008), G. W. Beccaloni and V. S. Smith question why Alfred Russel Wallace's achievements have been overshadowed by those of Charles Darwin, despite their discovery together of natural selection and its significance for the transformation of species (C. Darwin & A. R. Wallace *J. Proc. Linn. Soc. Lond.* **3**, 45–62; 1858). I think the reasons for this are threefold.

First, Darwin's 1859 book *On the Origin of Species* describes the theory of descent with modification by means of natural selection in much more detail than is found in his short essay with Wallace, published the previous year. The book became a bestseller and was translated into many languages. *Nature*'s archives reveal the immediate impact of Darwin's monograph — see, for instance, T. H. Huxley's anniversary Editorial ('The coming of age of *The Origin of Species*' *Nature* **22**, 1–4; 1880), but this made no mention of Wallace's contribution.

Second, Wallace had always acknowledged the priority of Darwin with respect to their joint discovery published in 1858. He used the term 'darwinism' as a synonym for 'the darwinian theory of natural selection' and popularized it (A. R. Wallace *Darwinism* Macmillan, London, 1889). To my knowledge, 'wallaceism' is a term that has never been coined.

Finally, Wallace was heavily involved with spiritualism by the 1860s. He confirmed his belief in miracles and defended so-called supernatural phenomena, such as 'table-tapping', for the rest of his long life. This seriously undermined his credibility as a scientist, and cast a shadow over his brilliant theoretical work of 1858 on the struggle for existence in wild animal populations.

What can we do to rehabilitate Wallace and to acknowledge his important contributions to evolutionary biology? The 'Darwin–Wallace principle of natural selection' could be substituted for the old-fashioned 'darwinism', which smacks more of a political ideology than a modern scientific theory. This simple change in terminology might restore balance to the Darwin-dominated view of the history of the life sciences.

U. Kutschera
Institute of Biology, University of Kassel,
Heinrich-Plett-Strasse 40,
D-34109 Kassel, Germany

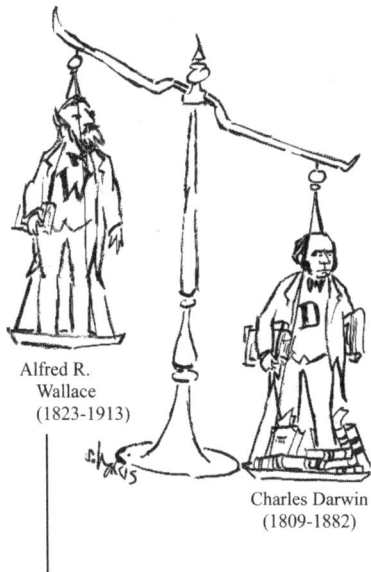

Alfred R. Wallace (1823-1913)

Charles Darwin (1809-1882)

Abb. 1.12: Das Darwin-Wallace-Prinzip der natürlichen Selektion, dargestellt in einem englischsprachigen Original-Beitrag. Der Aufsatz wurde wegen der eindrucksvollen Graphik, die das Ungleichgewicht in der Bedeutung von Wallace und Darwin veranschaulicht, reproduziert (nach Kutschera, U.: *Nature* 453, 27, 2008).

im Vortragssaal. Weder der Präsident der *Linnean Society* noch
einer der Anwesenden hatte bemerkt, dass diesmal etwas
Außergewöhnliches vorgetragen worden war. Im darauf folgenden Mai (1859) wurde vom Präsidenten dieser Wissenschafts-
Society rückblickend bemerkt, dass »im letzten Jahr keine be-
sonderen Entdeckungen« abgehandelt wurden. Erst die im
November 1859 im Druck erschienene Buchfassung von Darwins Thesen-System (*On the Origin of Species*, Originaltitel s.
Abb. 1.11) löste in bibeltreuen Kreisen die bekannte öffentliche
Anti-Darwin-Reaktion aus, die bis heute anhält (Kutschera
2004, 2007 a, 2008 a).

Spiritismus contra Wissenschaft: Das Darwin-Wallace-Prinzip der natürlichen Selektion

Warum wurden die Arbeit von Wallace (1858) sowie seine diesbezüglichen Buchveröffentlichungen (Wallace 1889 u. a. Werke)
bis heute als zweitrangige Leistungen angesehen? Anders formuliert, warum hat sich der im 19. Jahrhundert eingeführte
Begriff *Darwinismus* bis heute erhalten, während kein Biologe
vom »Wallaceismus« spricht? Zwei offensichtliche Gründe können angeführt werden: der große Erfolg von Darwins 1859
erschienenem »Artenbuch« und die Tatsache, dass Wallace die
Priorität von Darwin immer anerkannt hatte. So gebrauchte er
z. B. das Wort Darwinismus als Synonym für »die Darwinsche
Theorie der natürlichen Selektion« und trug hiermit zu dessen
Verbreitung bei. Die Hinwendung des Forschungsreisenden A.
R. Wallace zum Spiritismus (und somit zur Esoterik) war jedoch
der entscheidende Faktor. Wallace verteidigte ab 1864 das später als Betrug entlarvte »Tischerücken« und andere angeblich
übernatürliche Wunder gegen rationale Argumente.

Das folgende wenig bekannte Zitat soll die Ablehung verdeutlichen, der Wallace dennoch ausgesetzt war. Der bedeutende
deutsche Zoologe Ernst Haeckel (1834 – 1919), der u. a. als Begründer der Stammbaum-Analytik (*Phylogenetik*) und der evolutionären Embryologie (*Entwicklungsbiologie*) in die Geschichte
der Biologie eingegangen ist, bewertete in einem seiner Haupt-

werke die wissenschaftlichen Leistungen von A. R. Wallace bezüglich seiner Mit-Entdeckung des Selektionsprinzips wie folgt: »Unabhängig von Darwin war auch sein jüngerer Landsmann, der berühmte Reisende Alfred Wallace, auf denselben Gedanken gekommen. Doch hat er die artbildende Wirksamkeit der natürlichen Züchtung bei Weitem nicht so klar erkannt und so allseitig entwickelt wie Darwin. Immerhin enthalten die Schriften von Wallace (insbesondere über Mimikry usw.) manche hübsche originale Beiträge zur Selektions-Theorie. Leider ist dieser talentvolle Naturforscher später geisteskrank geworden und spielt jetzt nur noch als Gespensterseher und Geisterbeschwörer eine Rolle in den spiritistischen Schwindel-Gesellschaften von London« (Haeckel 1877). Dieses Urteil zeigt, dass die Hinwendung zum Spiritismus den Ruf des Naturforschers Wallace bereits zu Lebzeiten massiv untergraben hatte (Abb. 1.12).

Ein Beispiel aus unserer Zeit möge diese Schlussfolgerung verdeutlichen. Ein ehemaliger Forschungsleiter für Zellbiologie, Rupert Sheldrake (geb. 1942), hatte sich, nach einer soliden Karriere als Fachwissenschaftler, ab ca. 1982 gewissen esoterischen Lehren zugewandt und in Sachbüchern u. a. den »Siebten Sinn der Tiere« sowie imaginäre »Morphische Felder« beschrieben. Sheldrakes Thesen sind bis heute durch keinerlei empirische Fakten belegbar. Durch diese und andere populär-»wissenschaftliche« Ausführungen hat Sheldrake seinen Ruf als ernst zu nehmender *Scientist* verspielt. Seine Bücher werden in der naturwissenschaftlichen Fachliteratur daher nicht mehr diskutiert. Um die Leistungen von A. R. Wallace auf dem Gebiet der Evolutionsbiologie gebührend anzuerkennen und somit den Naturwissenschaftler zu rehabilitieren, wurde vorgeschlagen, den Begriff »Darwinismus«, der eher an eine politische Ideologie als ein wissenschaftliches Konzept erinnert, durch »Darwin-Wallace-Prinzip der natürlichen Selektion« zu ersetzen (Kutschera 2008 b). Der betreffende illustrierte Kurzbeitrag im Wissenschaftsmagazin *Nature* ist in Abb. 1.12 reproduziert; das Schema in Abb. 1.13 fasst die wesentlichen Inhalte dieses Naturgesetzes in den umständlichen Worten ihrer Urväter zusammen.

Nach diesem kurzen historischen Abriss zu Leben und Werk von Charles Darwin (Abb. 1.2, 1.5) und Alfred Russell Wallace

1. Überproduktion an Nachkommen (Prinzip von R. Malthus):

C. Darwin: „Jedes Lebewesen (sogar der Elefant) vermehrt sich mit derartiger Rate, dass innerhalb einiger Jahre ... die Erde mit den Nachkommen eines Paares besiedelt wäre".

A. R. Wallace: „Eine einfache Rechnung zeigt, dass innerhalb von fünfzehn Jahren jedes Vogelpaar auf nahezu zehn Millionen Individuen angewachsen wäre".

2. Daseinswettbewerb, begrenzte Ressourcen und Variabilität:

C. Darwin: „Nur wenige von jenen, die jährlich geboren werden, können überleben und ihre Art propagieren (struggle for life) ... gelegentlich werden Individuen mit geringfügiger Variation in Körpermerkmalen geboren".

A. R. Wallace: „Die Zahlen derer, die jährlich sterben, müssen immens sein ... jene, die überdauern, können nur jene mit der perfekten Gesundheit und Kräftigkeit sein (struggle for existence) ... Varietäten kommen häufig vor".

3. Arten-Transformation entlang der Zeitachse:

C. Darwin: „Jede neue Varietät oder Art, die entsteht, wird den Lebensraum seiner weniger gut angepassten Vorläuferform einnehmen und diese zum Aussterben bringen".

A. R. Wallace: „Eine neue Varietät wäre in jeder Beziehung besser angepasst, um seine Sicherheit zu gewährleisten und seine individuelle Existenz sowie jene seiner Rasse fortzuführen".

Abb.1.13: Die zentralen Aussagen des Darwin-Wallace-Prinzips der natürlichen Selektion, basierend auf der Original-Doppelveröffentlichung aus dem Jahr 1858 (s. Abb.1.9) in sinngemäßer Übersetzung.

(Abb. 1.7) wollen wir im nächsten Kapitel die Geschichte der Evolutionsbiologie verlassen und einen Exkurs in das Gebiet der *Wissenschaftstheorie* vornehmen. Die dort zusammengetragenen Informationen sind allgemein verständlich bis populär geschrieben, da es mir darum ging, den Unterschied zwischen Tatsachen (Fakten) und erklärenden Interpretationen (Hypothesen, Theorien) an möglichst vielen Beispielen zu verdeutlichen sowie das populäre »Zufallsargument« zu widerlegen.

2. Tatsachen, Theorien und der Zufall in der Biologie

Wir wollen dieses abstrakte Thema zur Veranschaulichung mit einem Ereignis aus dem realen Leben einleiten. An einem späten Nachmittag fährt bei tief stehender (blendender) Sonne in einer deutschen Großstadt eine 80-jährige Frau beim Beschleunigen mit ihrem Auto gegen einen sperrig geparkten Lastkraftwagen: Es knallt heftig – Tauben fliegen auf, zwei Hunde bellen, Schulkinder, die am Straßenrand warten, schreien vor Entsetzen; zahlreiche erwachsene Passanten sind schockiert und laufen sofort zum Unfallwagen. Nachdem Polizei und Krankenwagen den Unfall sowie das Opfer inspiziert haben, steht fest, dass nur ein erheblicher Blechschaden entstanden, jedoch kein verletzter Mensch zu beklagen ist. Die alte Dame war angeschnallt und kam mit einigen blauen Flecken, einer kaputten Brille und einem Schock davon. Fußgänger und andere Verkehrsteilnehmer wurden nicht beeinträchtigt.

Im Protokoll der Polizei steht am nächsten Tag das Folgende: »Würzburg, Sanderring, Höhe Universität, 25. Juli 2001 – um 16.22 Uhr rammte eine pensionierte Beamtin (Lehrerin, 80 Jahre alt) bei einer Anfahrgeschwindigkeit von etwa 25 km/h einen parkenden Lkw. Der Personenkraftwagen (VW Polo, Baujahr 1994) musste wegen eines Blech- und Betriebsschadens abgeschleppt werden. Personen wurden nicht verletzt.« Fünf Unfallzeugen (erwachsene Würzburger Bürger, die am Straßenrand standen) wurden verhört; obwohl es geringfügige Unterschiede im nacherzählten Unfallverlauf gibt, sind die Angaben in den fünf niedergeschriebenen Protokollen nahezu gleich lautend.

Was hat diese Geschichte aus dem realen Leben mit dem Thema »Evolution« zu tun? Obwohl der 25.7.2001 lange verstrichen ist, gibt es niedergeschriebene Zeugenberichte (*Dokumente*) über ein Ereignis, welches tatsächlich stattgefunden hat. Der Unfallwagen ist heute längst hergerichtet, die Brille

ersetzt, die blauen Flecken der Fahrerin verheilt. Dennoch zwei-
felt niemand daran, dass der Unfall in der Tat stattgefunden
hat: Die Lkw-Rammung am 25.7.2001 ist eine dokumentierte
Tatsache (d. h. ein *Faktum*). Die Ursache dieses »historischen
Ereignisses« (Auffahrunfall) ist hingegen nur auf Grundlage von
Zeugenaussagen rekonstruierbar: Alle fünf Protokolle unterstützen die Hypothese, dass die alte Dame bei überhöhter
Anfahrgeschwindigkeit und blendendem Sonnenlicht einen
halb auf der Straße geparkten Lkw gerammt hatte. Diese
»Sonnen-Blend-Theorie« des Auffahrunfalls ist somit ein gesi-
chertes Hypothesen-System und erklärt die Ursache eines spezifischen Ereignisses der Vergangenheit. Aus Dokumenten, ein
reales Ereignis beschreibend (d. h. Zeugenberichten), wird eine
vorläufige Interpretation abgeleitet (*Hypothese*); sich gegensei-
tig ergänzende Hypothesen werden zu einer *Theorie* kombiniert, die einen realen Vorgang, der wirklich stattgefunden hat,
erklärt. Mit der fünffach unabhängig belegten »Theorie der tief
stehenden, blendenden Sonne als Ursache des Auffahr-Unfalls
am 25.7.2001« war der Fall für die Würzburger Polizei erledigt.

In diesem Kapitel wollen wir die naturwissenschaftliche
Methodik des Erkenntnisgewinns rekapitulieren, historische
mit experimentellen Wissenschaften miteinander vergleichen
und die Bedeutung von Zufallsereignissen diskutieren. Zunächst soll ein Beispiel aus der Musikgeschichte dargestellt werden, um die eingangs beschriebenen Zusammenhänge nochmals zu verdeutlichen.

Darwin, Mozart und die Dokumentar-Biographie

Der 20-jährige Student der Theologie und Naturwissenschaften
Charles Darwin war ein Freund der klassischen Musik. Insbesondere die Sinfonien von Wolfgang Amadeus Mozart (1756
bis 1791) (Abb. 2.1) begeisterten ihn derart, dass er in Cambridge regelmäßig Konzerte besuchte. Erst Jahrzehnte später
gestand Darwin ein, dass ihm aufgrund der langen, intensiven
Beschäftigung mit wissenschaftlichen Fragestellungen das
ursprüngliche Interesse an klassischer Musik mit der Zeit ab-

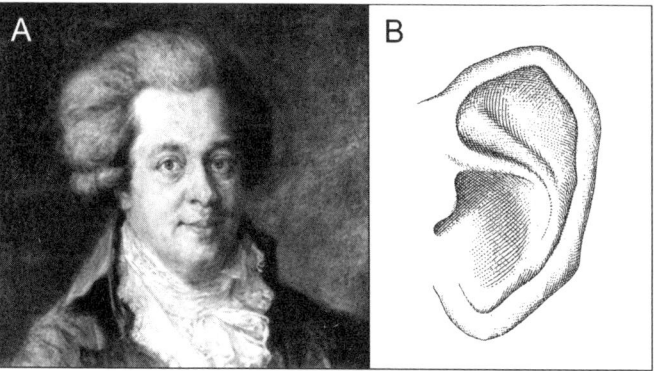

Abb. 2.1: Wolfgang Amadeus Mozart (1756 – 1791), gemalt am 6. November 1790. Dieses Bild wurde erst Anfang 2005 in der Berliner Gemäldegalerie vermeldet und am 27. Januar, dem Geburtstag Mozarts, dem Publikum vorgestellt. Es zeigt den Komponisten 13 Monate vor seinem Tod (A). Zeichnung von Mozarts ungewöhnlichen Ohren, nach einem Aquarell aus dem 19. Jahrhundert (B). Man beachte die obere Ohrspitze, die an jene eines Säugetiers erinnert.

handengekommen sei (Barlow 1958). In diesem Zusammenhang sollte erwähnt werden, dass Darwin bei Hauskonzerten die Wirkung von Musik (Schallwellen) auf Pflanzen und Tiere (Regenwürmer) untersucht hatte – mit negativem Resultat.

In der letzten Auflage seines Artenbuchs erwähnt Darwin den Wiener Komponisten in Kapitel XII (Instinct) in dem folgenden Zusammenhang: »If Mozart, instead of playing the pianoforte at three years old with wonderfully little practice, had played a tune with no practice at all, he might truly be said to have done so instinctively.« Darwin möchte hiermit zum Ausdruck bringen, dass Mozart im Wesentlichen instinktiv, d. h. durch ererbte Eigenschaften, über seine außergewöhnlichen Fähigkeiten verfügt hatte: Er war ein »geborenes Musik-Genie«.

Der Wiener Privatgelehrte Otto Erich Deutsch (1883 – 1967) gilt als Begründer der Dokumentar-Biographie und somit als »Urvater« des Prinzips der *historischen Rekonstruktion* in den Musikwissenschaften. Durch Sammlung von Lebens-Dokumenten bedeutender Komponisten, chronologische Anordnung derselben und Auflistung datierbarer Ereignisse, die aus zusätzlichen Quellen entnommen werden, kann ein Bild vom Leben erstellt werden, welches dem realen (vergangenen) Dasein der verstorbenen Person nahekommt. Unter zusätzlicher Verwendung von Bildmaterial (Zeichnungen, Gemälde, Fotos) können diese Biographien mit Anschauungsmaterial angereichert werden. Jede Dokumentar-Biographie ist allerdings lückenhaft, da weder jeder einzelne Tag noch jedes Ereignis im Leben des ›Titelhelden‹ im Nachhinein belegbar sind.

Leben und Tod von Wolfgang Amadeus Mozart: Die drei Theorien

Der Lebenslauf des in Salzburg geborenen Komponisten, Pianisten und Kapellmeisters Wolfgang Amadeus Mozart (1756 bis 1791) konnte auf Grundlage umfassender Dokumente im Detail rekonstruiert werden (Deutsch und Eibl 1981) (Abb. 2. 2). Bereits im fünften Jahr nach seiner Geburt als siebtes und letztes Kind des Komponisten Leopold Mozart (1719 – 1787) und seiner Frau Anna Maria geb. Pertl (1720 – 1778) wurde der Knabe Wolfgang Gottlieb (= Amadeus) als außergewöhnlich begabtes Wunderkind erkannt – sein Vater hat ihn daher auf sämtlichen Wissensgebieten als Privatlehrer ausgebildet. Von den sechs Mozart-Geschwistern überlebte nur ein Mädchen, Maria Anna (Nannerl) (1751 – 1829), die als Klavierlehrerin bekannt wurde. Die Stationen von Mozarts kurzem, aber ereignisreichem Leben können in vier Abschnitte unterteilt werden.

Die Kindheits- und Jugendjahre (1756 – 1771) verbrachte Wolfgang mit seiner Familie, im Wesentlichen als reisender ›Wunder-Musiker‹: Entbehrungsreiche Tourneen durch Westeuropa und Italien, auf denen eigene Kompositionen vorgestellt wurden, brachten Ruhm und Anerkennung, aber keine Anstellung. Mit der Ernennung zum besoldeten Konzertmeister der Salzburger Hofkapelle (1772 – 1777) begann das Berufsleben des 16-Jährigen, der bis 1781 u. a. als Hoforganist angestellt war. Nach Kündigung dieser Stelle war Mozart von 1781 bis 1791 als frei schaffender (oft auch reisender) Künstler in Wien tätig. Trotz wachsender Anerkennung als genialer Komponist war seine wirtschaftliche und persönliche Lage bedrückend.

Von Mozarts sechs leiblichen Kindern überlebten nur zwei Söhne (Abb. 2.2). Erst im Todesjahr 1791 gab es Anzeichen für eine berufliche Wende zum Besseren. Mit der erfolgreichen Uraufführung seiner letzten Oper *Die Zauberflöte* am 20. September 1791 hoffte der Komponist, endlich eine bezahlte Anstellung finden zu können, doch am 20. November erkrankte Mozart und wurde bettlägerig. Er starb 15 Tage später (5. Dezember 1791, 55 Minuten nach Mitternacht) im Alter von 35 Jahren und 10 Monaten. Mozart wurde, angeblich aus Kostengründen, ohne Kennzeichnung der Stelle in einem Massengrab beigesetzt (16 Särge in vier Schichten). Als man 1808 erstmals bestimmen wollte, wo Mozarts sterbliche Reste ruhen, gab man die Suche auf, weil die Massengräber alle zehn Jahre umgeschichtet wurden. Bis heute wurden von W. A. Mozart keine sterblichen Überreste gefunden. Eine Sensationsmeldung im US-Wissenschaftsjournal *Science* (12. November 2004), man hätte Mozarts Schädel zur DNA-Analyse ausfindig gemacht, konnte nicht bestätigt werden.

Mozart hinterließ über 600 höchst originelle Kompositionen, die im so genannten Köchel-Verzeichnis (KV) aufgelistet sind (z. B. Requiem KV 626, unvollendet), sowie die bereits erwähnten beiden Söhne. Der ältere, nur mäßig begabte Mozart-Sohn Karl Thomas war als Beamter in Mailand tätig. Mozarts in seinem Todesjahr geborenes jüngstes Kind, Franz Xaver (1791 – 1844), wurde, nachdem es sich als musikalisch begabt erwiesen hatte, von Mozarts Frau Constanze (1762 – 1842) umgetauft. Unter dem neuen Namen »Wolfgang Amadeus Mozart jun.« erzielte »Mozart d. J.« als Pianist bescheidene Erfolge; seine nur wenig über dem zeitgenössischen Durchschnitt liegenden Klavierkompositionen blieben jedoch zeitlebens unveröffentlicht. Beide Mozart-Söhne hinterließen keine Kinder, d. h. die Komponisten-Reihe Leopold, Wolfgang Amadeus und Franz Xaver Mozart starb nach der dritten Generation aus (Abb. 2.2).

Wolfgang Amadeus Mozart verfügte über das, was man heute als »absolutes Gehör« bezeichnet: Dieser geniale Mann konnte nach Hören einzelner Töne deren absolute Lage auf der Tonskala benennen (z. B. Kammerton a = 440 Hertz). Mozarts extrem sensibles Innenohr stand im Widerspruch zur äußeren Ohren-Form. Wie in einem historischen Beitrag ausgeführt, waren »die Gesichtszüge und Ohren des Sohnes Wolfgang denen des Vaters ähnlich ... Diese Ohrenform wurde auch auf seinen jüngsten Sohn vererbt«(Gerber 1898). Diesem Aufsatz ist zu entnehmen, dass Mozarts Ohren (Abb. 2.1) eine außergewöhnliche Gestalt hatten: Die obere Hälfte war zu einer Spitze ausgezogen und erinnert den Evolutionsbiologen an die Ohrenform eines Säugetiers (z. B. Fuchs). Gerber (1898) bezeichnete Mozarts Ohren als »Missbildung«, die nicht nur sehr unschön sei, »sondern auch auf einer tieferen Entwicklungsstufe stehen geblieben ist«. Darwin (1871) hat im Zusammenhang mit der Form des menschlichen Ohrs eine selten vorkommende, nach innen hervortretende Spitze beschrieben, die später als »Darwins Ohr-Höcker« bezeichnet wurde. Das in Abb. 2.1 dargestellte Ohr des Komponisten Wolfgang Amadeus (und Franz Xaver) Mozart erinnert an diese von Darwin beschriebene Struktur, die der Naturforscher auch als »Spitzohr eines gewöhnlichen Säugetiers« bzw. als »Affenohr« bezeichnet hat (*Atavismus*, s. Kutschera 2008 a).

Woran ist der 35-jährige W. A. Mozart am 5. Dezember 1791 gestorben? Im Totenbuch wird »hitziges Friesel Fieber« genannt, eine wenig konkrete Diagnose (Deutsch und Eibl 1981). Mozart-Forscher haben daher zahlreiche Spekulationen und Hypothesen formuliert; einige wurden am 27. Januar 2007 (250. Geburtstag von W. A. Mozart) im *Deutschen Ärzteblatt* und der *Ärzte Zeitung* zusammengefasst. Wir wollen im Folgenden drei auf Dokumenten basierende Theorien (d. h. Erklärungen der Todesursache) beschreiben und bewerten.

Gemäß der *Giftmord-Theorie* (1.), die erstmals am 12. Dezember 1791 im Berliner *Musikalischen Wochenblatt* formuliert wurde, soll Mozart von einem Neider mit quecksilber- oder arsenhaltigen Substanzen getötet worden sein. Als Giftmörder wurden u. a. der Komponist Antonio Salieri (1750 bis 1825) und der Hofkanzlist Franz Hofdemel verdächtigt (Landon 1992). Die *Selbstvergiftungs-Theorie* (2.) wurde in den 1960er-Jahren in die Diskussion gebracht und dann von L. Köppen

(2004) umfassend begründet. Mozart soll sich im Sommer 1791 mit einer damals grassierenden Geschlechtskrankheit (Syphilis) angesteckt und diese durch Selbst-Medikation behandelt haben. Durch Überdosierung mit Quecksilber-Sublimat soll Mozart seine Nieren derart geschädigt haben, dass er kurz darauf an Organversagen gestorben ist. Die wenig spektakuläre *Infektions-Theorie* (3.) wurde von H. Landon (1992) zusammenfassend dargestellt und basiert auf zahlreichen Dokumenten. Bei einem Besuch in der Wiener Freimaurer-Loge am 18. November 1791 habe sich der bereits geschwächte Mozart mit einer durch Streptokokken (rundliche Bakterien) ausgelösten Infektionskrankheit angesteckt, an der zu dieser Zeit viele Bürger der Stadt gestorben sind. Diese epidemieartige Krankheit löste letztendlich das gut belegte Nierenversagen aus. In Kombination mit den damals noch üblichen mystisch-magischen Glaubenssätzen basierenden Aderlässen (Venensektionen, verbunden mit kalten Umschlägen) starb der an hohem Fieber leidende Mozart innerhalb weniger Stunden.

Welche der drei Theorien (bzw. Hypothesen) erklärt den Tod des Komponisten in bester Näherung? Die Hypothese (1.) gilt heute als widerlegt (Landon 1992); für Theorie (2.) sprechen einige Befunde, aber diese Belege (Evidenzen) sind nur indirekter Natur. Die Streptokokken-Infektions-Theorie (3.), kombiniert mit der damals nur pseudowissenschaftlichen Aderlass-Therapie, steht im Einklang mit vielen Dokumenten und erklärt die Todesursache des Komponisten meiner Ansicht nach am überzeugendsten.

Eine kleine Mozart-Phylogenie

Welchen Bezug haben die hier referierten Befunde aus der Mozart-Forschung zum Thema »Evolution der Organismen«? Diese Frage soll in Form von sechs Schlussfolgerungen beantwortet werden.

1. Wie Gerber (1898) ausführt, waren die Gesichtszüge und Ohren der drei Komponisten Leopold, Wolfgang Amadeus und

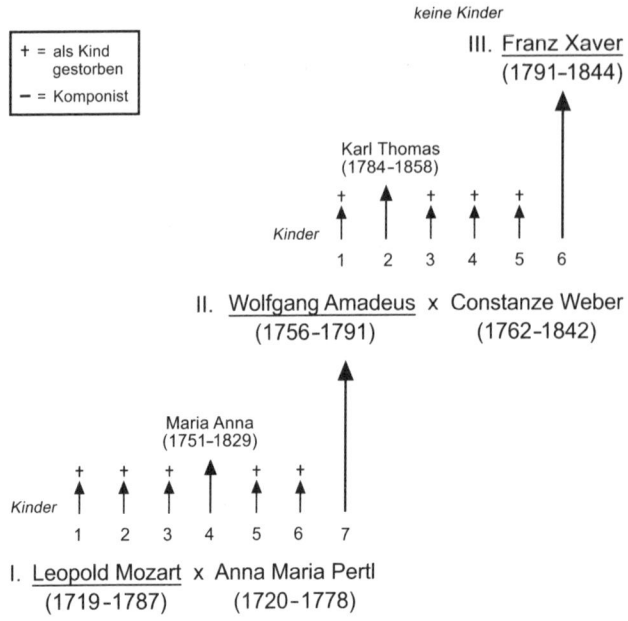

Abb. 2.2: Schematische Darstellung der drei Komponisten-Generationen (I., II., III.) aus der Familie Mozart, veranschaulicht in Form eines Stammbaums (Phylogenie). Es wird deutlich, dass die meisten der damals geborenen Kinder früh gestorben sind. Die männliche Abstammungsreihe Mozart starb mit den kinderlosen Söhnen Karl Thomas und Franz Xaver Mitte des 19. Jahrhunderts aus.

Franz Xaver Mozart einander sehr ähnlich. Dies zeigt, dass außergewöhnliche anatomische Merkmale, wie z. B. eine untypische Ohrenform (Abb. 2.1), auf die Nachkommen vererbt werden können. Die musikalische Begabung (bzw. Genialität) wurde ebenfalls vom Vater auf den Sohn übertragen, allerdings mit unterschiedlicher »Effizienz«: Leopold war ein alltäglicher, Wolfgang Amadeus ein herausragender und Franz Xaver ein knapp über dem Durchschnitt angesiedelter Komponist. Die beiden Merkmale wurden über die männliche Keimbahn vererbt (s. Abb. 3.7, S. 86).

2. Wie die hier wiedergegebene Mozart-Generationenabfolge (Abb. 2.2) dokumentiert, überlebten in der vorwissenschaftlichen Zeit Europas von sechs bis sieben geborenen Kindern

pro Ehepaar nur wenige – die Mehrzahl starb in früher Kindheit an verschiedenen, meist bakteriellen *Infektionskrankheiten* (s. auch den Stammbaum von Charles Darwin, Abb. 1.4, S. 26). Biologisch formuliert: Die natürliche Selektion eliminierte die immunschwachen Menschen aus der betreffenden *Homo-sapiens*-Population (Prinzip der Überproduktion an Nachkommen, gefolgt vom Überleben der an die jeweilige, u. a. mit pathogenen Mikroben kontaminierten Umwelt angepassten Individuen).

3. Die Eltern waren bei der Geburt ihres ersten Kindes etwa 25 und bei der des letzten Nachkommen 30 bis 36 Jahre alt (Daten zur Erstgeburt sind in Abb. 2.2 nicht aufgenommen). Die *Generationszeit* beim Menschen betrug somit bereits im 18. Jahrhundert etwa 30 Jahre: Durchschnittlich alle drei Jahrzehnte wird eine neue Kinder- bzw. Enkel-Generation geboren, die nach Ableben ihrer Vorfahren diese ersetzt.

4. Abstammungsreihen (*Generationen-Abfolgen*) können versiegen und dann ganz abbrechen, sobald die Kinderzahl einen minimalen Schwellenwert unterschritten hat (graduelles *Aussterbe-Ereignis*). Da in der dritten Generation keine Kinder mehr geboren wurden, ist die »Mozart-Linie« mit dem Ableben der beiden Söhne ausgestorben (kein Weiterleben der Eltern in einer nachfolgenden Kinder-Generation).

5. Dokumentationen historischer Ereignisse aus der fernen Vergangenheit führen zu eindeutigen Erkenntnissen. Die uns heute nur noch in Umrissen zugängliche, abstrakte Person Wolfgang Amadeus Mozart (Abb. 2.1) hat *tatsächlich* gelebt und ist am 5.12.1791 *wirklich* gestorben. Diese Aussagen können wir heute mit Sicherheit treffen, obwohl es weder eine Grabstelle noch Skelettreste gibt. Sämtliche historischen Belege, die wir auch als »Mozart-Beweise« bezeichnen können, sind indirekter Natur.

6. Als allgemeine Schlussfolgerung kann der folgende Merksatz formuliert werden: Wissenschaftliche *Theorien* erklären reale Sachverhalte (bzw. Tatsachen). Die hier formulierte Infektions-Aderlass-Theorie von W. A. Mozarts Tod wird durch eine Reihe unabhängiger Dokumente belegt und erklärt das rasche Ableben des großen Komponisten auf schlüssige

Weise. Es sei allerdings ausdrücklich darauf hingewiesen, dass auch diese Theorie verfeinerbar ist und durch weitere, bisher unentdeckte historische Dokumente ergänzt bzw. modifiziert werden könnte, was allerdings eher unwahrscheinlich erscheint. Eine exakte, lückenlose Kausalkette (Unwohlsein Mozarts – Bettlägerigkeit – Tod) ist mangels ausreichender Belege im Detail heute nicht mehr rekonstruierbar.

Wolfgang Amadeus Mozart d. Ä. war einer der originellsten und vielseitigsten Komponisten der Menschheitsgeschichte. Ein Vergleich seiner Kompositionsleistungen mit den naturwissenschaftlichen Werken von Charles Darwin wird im Epilog zu Kapitel 10 vorgenommen und die bereits im *Vorwort* erwähnte Gleichstellung dieser genialen Männer begründet.

Methodischer Naturalismus und das Unsichtbare in der Biologie

Noch zu Lebzeiten W. A. Mozarts waren auf Traditionen und kirchlich-politische Autoritäten basierende Ansichten und Lebensregeln in der europäischen Ständegesellschaft weit verbreitet. So genannte »Glaubens-Wahrheiten«, wie z. B. biblische Dogmen, wurden auch von gebildeten Bürgern vertreten, so dass Kritik an denselben als »Gotteslästerung« bezeichnet und geahndet wurde. Erst im Zuge der *Aufklärung*, die als Geistes- und Kulturbewegung im 19. Jahrhundert mit dem Aufkommen der experimentellen Naturwissenschaften ihren krönenden Abschluss gefunden hatte, wurde das *Vernunftprinzip* immer populärer. Der Philosoph Immanuel Kant (1724 – 1804) hat in einer Schrift aus dem Jahr 1784 diese im 16. Jahrhundert einsetzende Bewegung wie folgt gekennzeichnet:

»Aufklärung ist der Ausgang des Menschen aus seiner selbst verschuldeten Unmündigkeit. Unmündigkeit ist das Unvermögen, sich seines Verstandes ohne Leitung eines anderen zu bedienen.« Die Autonomie des Verstandes (d. h. das logisch-rationale Denkvermögen) und damit gekoppelt die Vernunft stand somit im Zentrum dieser Geistesbewegung, die in den aufkei-

menden Naturwissenschaften zu einer strikten Trennung nicht
belegbarer Glaubensinhalte vom gesicherten Faktenwissen geführt hat.

In der Pflanzenphysiologie wurde die Überwindung der alles
(und somit nichts) erklärenden »Lehre von der Lebenskraft« mit
den Hauptwerken der Botaniker Julius Sachs (1832 – 1897) und
Wilhelm Pfeffer (1845 – 1920) vollzogen (Kutschera 2002),
während in der noch jungen Evolutionsforschung Darwin und
Wallace (1858) diese Entwicklung einleiteten. So genannte
»schöpfungstheoretische Ursprungslehren« wurden in Darwins
Artenbuch, das ein Jahr später publiziert wurde, diskutiert und
widerlegt. Beim Lesen dieses Werkes (Darwin 1859/1872) wundern wir uns heute, warum der Autor so oft die auf biblischen
Wundern basierende »theory of creation« diskutiert und ad
absurdum geführt hat. Es ist offensichtlich, dass Darwin mit
diesem Buch ein rein naturalistisches Theorien-System entwickeln wollte – Darwin und Wallace wurden daher bereits zu
Lebzeiten in der populären Presse als »eminent British naturalists« bezeichnet.

Was ist ein *Naturalist*? Dieser Begriff hat außerhalb der
Naturwissenschaften eine vielfältige Bedeutung: So bezeichneten sich z. B. die ersten Anhänger der Freikörper-Badekultur
(FKK) als »Naturalisten«. Mit ästhetisch-dogmatischen »Natür-
lichkeits-Lebensregeln«, die bis in die Öko-Welle des 21. Jahrhunderts reichen, hat unser Fachterminus allerdings nichts zu
tun. Darwin, Wallace u. a. große *Scientists* waren Naturforscher, die gemäß einem Satz von Kant alle Vorgänge auf über-
prüfbare Naturtatsachen zurückgeführt haben – ohne Einbeziehung übernatürlicher Wirkfaktoren (Bunge und Mahner
2004, Mohr 2008). Dieses naturalistische Vernunftprinzip der
Realwissenschaften ist als »ontologische Null-Hypothese« zu
betrachten: Solange es keine Belege für das Wirken metaphysi-
scher Kräfte (Götter, Geister, Designer) gibt, ignoriert der nach
den Kausalzusammenhängen suchende Forscher diese »nur
geglaubten« Entitäten. Da sich der Naturwissenschaftler ausschließlich auf das durch Dokumente und Experimente belegbare Faktenmaterial beruft, kann der Naturalismus auch als
methodische Beschränkung auf das Nachweisbare definiert wer-

den (methodischer bzw. methodologischer Naturalismus). Bei
Darwin (1859/1872) zieht sich der Begriff »facts« (Fakten,
Tatsachen) wie ein roter Faden durch das lange Buch, wobei Interpretationen (Hypothesen, Theorien) folgen. Ausführliche Be-
gründungen, warum der ontologische (bzw. methodische)
Naturalismus weder eine Ideologie noch eine »Alternativ-Reli-
gion« ist, sind in den von A. Beyer und M. Neukamm verfassten Kapiteln im Sammelband Kutschera (2007 a) nachlesbar (s.
auch den Anhang »Ist der atheistische Evolutionismus eine
Ersatzreligion?« in der 2007 erschienenen 2. Auflage der Streit-
schrift Kutschera 2004).

Es ist allgemein bekannt, dass in den Naturwissenschaften
das beobacht- und analysierbare Tatsachenmaterial immer
detaillierter und umfassender wird. So hat man zu Beginn des
19. Jahrhunderts z. B. erkannt, dass mit Abwässern ver-
schmutztes Flusswasser mit zahlreichen »Urtierchen« durchsetzt ist (Abb. 2.3). Diese Kleinstlebewesen wurden damals als
»Infusorien« bezeichnet, ein heute nicht mehr gebräuchlicher
Sammelbegriff, unter dem einzellige Algen, Amöben, Bakterien
bis hin zu den Süßwasserpolypen zusammengefasst sind.
Darwin geht in seinem Hauptwerk nur an wenigen Stellen auf
diese Ur-Lebewesen ein. Heute wissen wir, dass die Bakterien
bezüglich ihrer Biomasse die unsichtbare »Organismen-
Mehrheit« ausmachen (Kutschera und Niklas 2004). Die Evolution der Organismen spielt sich somit auch heute noch im
Wesentlichen auf dem Niveau sich vermehrender, mit unbe-
waffnetem Auge unsichtbaren Mikroben ab (s. Kapitel 10). Diese verborgenen phylogenetischen Entwicklungsprozesse werden
weltweit u. a. im Rahmen der »Experimentellen Evolutionsforschung« analysiert, was Darwin nicht wissen konnte
(Kutschera 2008 a).

Die Entdeckung neuer Kleinstlebewesen, die als Arten (bzw.
bakterielle Ökotypen) in der Fachliteratur beschrieben werden,
basiert oft auf Zufällen. Da der Zufallsbegriff in populären
Diskussionen zum Thema Evolution eine große Rolle spielt,
soll diese Thematik im nächsten Abschnitt behandelt werden.

Abb. 2.3: Entdeckung so genannter Infusorien (Mikroorganismen) im verschmutzten Wasser eines Flusses, ca. 1825. Zu Darwins Zeit war die Erforschung mikroskopischer Kleinstlebewesen noch unterentwickelt. Nachdem man die enorme Vielfalt der Mikroben (einschließlich der Bakterien) unter Verwendung immer besserer Mikroskope entdeckt und bekannt gemacht hatte, gab es die hier abgebildeten entsetzten Reaktionen (nach einem Stich von William Heath, der 1828 unter dem Titel *Das Wasser der Themse* veröffentlicht wurde).

Zufall, Chaos und die Wahrscheinlichkeitsgesetze

Zufälle gibt es im Leben! Am 17. August 2007, als ich damit begonnen hatte, die ersten Notizen zu diesem Buchabschnitt zu sammeln, erschien in der *Stuttgarter Zeitung* ein Artikel mit dem Titel »Zufallsprodukt der Evolution – oder nicht?«. Dieser unqualifizierte, nicht weiter diskussionswürdige Beitrag gipfelte in der Bemerkung: »Es macht also einen Unterschied, ob wir uns als Zufallsprodukt der Evolution oder als Ziel eines Schöpfungsaktes verstehen. Eben deshalb muss weiter über den Darwinismus gestritten werden.« (In der Biologie streitet schon lange niemand mehr über »den Darwinismus«; zur Weiterentwicklung von Darwins klassischem Thesen-System zur modernen Evolutionsbiologie, s. Kapitel 3.)

In der Woche, in der ich dieses »Zufalls-Unterkapitel« niedergeschrieben habe, war ich zu den »20. Bremer Universitäts-Gesprächen« eingeladen. Das Rahmenthema lautete wie folgt: »Der Mensch – Krone der Schöpfung oder Zufallsprodukt der Evolution?« Weiterhin entdeckte ich während dieser Tage zufällig im Internet zwei Ankündigungen unter folgenden nahezu gleich lautenden Titeln: »Universität Göttingen, Öffentliche Ringvorlesung im Wintersemester 2007/08: Evolution – Zufall und Zwangsläufigkeit der Schöpfung«; ein für März 2008 angekündigter Einzelvortrag trug die Überschrift »Faszination Leben. Wir sind kein reiner Zufall! – Evolution und Kreationismus«. Das in Kapitel 1 (S. 15) beschriebene, »unglaublich-aberwahre« Zufallsereignis sei an dieser Stelle nochmals in Erinnerung gerufen. Nach Auflistung dieser Zufälle (weitere Folgen in anschließenden Kapiteln) soll in diesem Abschnitt der Zufallsbegriff in der Biologie erläutert, definiert und bewertet werden.

Im Leben des Menschen und anderer Organismen gibt es determinierte und zufällige Vorkommnisse. Diese so genannten *Ereignisse* sind in aller Regel die Folge anderer Vorgänge: Sie stehen zueinander in einem Ursache-Wirkungs-Verhältnis (Kausalitätsprinzip). Man kann nun zwischen genau vorhersagbaren und »nur wahrscheinlichen« Ereignissen unterscheiden. Mit Bezug auf den Menschen soll das folgende Beispiel angeführt werden: Wenn wir das Bedürfnis verspüren, Musik zu hören, schalten wir vorsätzlich das Radio ein. Das zweite Ereignis (Musik-Berieselung) ist die Folge des ersten (Einschaltknopf auf »an« gedrückt). Dieser streng determinierte (d. h. bestimmte) Vorgang ist allerdings, bezogen auf einen typischen Tagesverlauf, eher die Ausnahme. Die Mehrzahl der Erlebnisse sind Zufallsereignisse, so wie z. B. der eingangs beschriebene Würzburger Verkehrsunfall, der mit einer gewissen Wahrscheinlichkeit vorhersagbar, nicht jedoch determiniert war. Weiterhin ist z. B. das Wetter zum Großteil auf zufällige physikalisch-chemische Prozesse zurückführbar. Lokal betrachtet können zufallsbedingt z. B. kaum vorhersehbare heftige Regen- oder Schneefälle eintreten, die »mit Blitz und Donner wie aus heiterem Himmel« in unser praktisches Leben eingreifen (Tarassow 1998).

Neben den eher seltenen streng determinierten Ereignissen spielen somit zufällige Vorkommnisse im Leben eine große Rolle (man trifft z. B. unerwartet beim Einkaufen auf einen entfernten Verwandten, wird ohne Schirm klatschnass usw.). Zur Erläuterung dieses Sachverhalts soll das Würfelspiel angesprochen werden. Ein Würfel mit sechs Flächen ergibt beim Fallenlassen (Ursache) ein Zufallsergebnis: Die Zahlen (Wirkungen) 1, 2, 3, 4, 5 und 6 werden mit gleicher Wahrscheinlichkeit gewürfelt (erzielt). Aus wiederholt durchgeführten und protokollierten Würfelspielen kann man empirisch eine Trefferwahrscheinlichkeit von 1 zu 6 ableiten.

Aus dem oben Gesagten folgt: Der Zufall ist kein reines *Chaos*, sondern ihm liegen bestimmte Ursachen zugrunde. Die spezifischen Gesetzmäßigkeiten, welche die Zufallsereignisse beschreiben, sind die *Wahrscheinlichkeitsgesetze*. Üblicherweise herrscht der Irrglaube, der Zufall sei nichts anderes als ein ursachenloses, undeterminiertes Chaos (»nur blinder, reiner Zufall«). Die nachfolgenden Beispiele sollen zeigen, dass dies jedoch nicht der Fall ist.

Es ist eine Alltagserfahrung, dass unwahrscheinliche Ereignisse im realen Leben dennoch immer wieder eintreten: Ohne diese gäbe es z. B. keine Gewinner im Zahlenlotto (*Deutsches Lottospiel*, 6 aus 49). Die Wahrscheinlichkeit, bei diesem Glücksspiel 6 Richtige zu erraten, beträgt statistisch betrachtet 1 zu 13 838 816 (ca. 1 zu 14 Millionen), oder anders formuliert, sie liegt bei 0,000 006 4360 % (d. h. sehr nahe bei null). Am 13. April 1999 ereignete sich ein bemerkenswerter Zufall, der zum ersten Mal in der damals 41 Jahre langen Geschichte des deutschen Zahlenlottos eingetreten war. Die Zahlenreihe im Samstagslotto lautete 2, 3, 4, 5, 6, 26. Dies ist allen Berechnungen zufolge genauso extrem unwahrscheinlich – fünf aufeinanderfolgende Zahlen (die 2 bis zur 6) sollten statistisch betrachtet »so gut wie niemals« fallen – sie fielen dennoch. Es gab in dieser Woche allerdings große Enttäuschungen: 38 008 Spieler tippten bundesweit »fünf Richtige« und erhielten daher statt der sonst üblichen 7000 bis 15 000 DM nur 380 DM. Wie ist dieses Paradoxon zu erklären? Lottoexperten wissen, dass viele Spieler ihr Glück mit den angeblich »unmöglichen«

Zahlenfolgen 1, 2, 3, 4, 5, 6 oder 44, 45, 46, 47, 48, 49 versuchen. Diese »Fünferblock-Tipp-*Theorie*« erklärt das *Faktum*, dass am 13. April 1999 insgesamt 38 008 Spieler Glück hatten; sie bekamen aber wegen der großen Zahl der Gewinner nur relativ wenig Geld ausbezahlt. Auch der »Sechser« wurde damals 31 Mal getroffen und mit nur 233 000 DM belohnt. Anders formuliert: Lotto-Millionäre gab es in dieser Woche keine.

Ergänzend soll ein weiteres extrem unwahrscheinliches Ereignis, das am 14. September 2003 über die Deutsche Presseagentur verbreitet wurde, der Vergangenheit entrissen werden. Eine 18-jährige Frau hatte in Dallas (US-Bundesstaat Texas) zwei Paar identische Zwillinge zur Welt gebracht. Die Geburt derartiger Vierlinge ist sehr unwahrscheinlich. Nach Angaben des *Baylor University Medical Center* beträgt die Chance, zwei Paar identische Zwillinge als Vierlinge zu bekommen, 1 zu 30 Millionen. Noch unglaublicher ist dieser Fall: Am 18. August 2004 wurde in der Lokalpresse berichtet, eine ältere Frau sei im Garten beim Aufhängen der Wäsche von einem walnussgroßen metallischen Steinbrocken aus dem Weltall (Meteoriten) getroffen und leicht verletzt worden – dies ist ein extrem unwahrscheinliches Ereignis, zu dem mir keine statistischen Daten vorliegen.

Abschließend sei erwähnt, dass am 9. Dezember 2007 – in der Woche der Fertigstellung dieses »Darwin-Zufalls-Kapitels« – ein Namensvetter unseres Titelhelden in sämtlichen großen Tageszeitungen Europas für Schlagzeilen gesorgt hatte. So berichtete z. B. die *Welt Online* unter der Rubrik »Vermischtes« die folgende Titelgeschichte: »Großbritannien: John Darwin war es leid, tot zu sein.« Es ging hierbei um einen Plan, durch einen groß angelegten Betrugsversuch private Schulden abzubauen. Leider landete der für Jahre tot erklärte britische Kanufahrer John Darwin mit seiner Ehefrau Anne im Gefängnis. Vor ihrer Verhaftung erzählte Anne Darwin (die zufälligerweise den Vornamen von Charles Darwins früh verstorbener Tochter trägt, durch deren tragischen Tod im Alter von zehn Jahren der Vater zum Atheisten wurde) die Geschichte ihres tot geglaubten Mannes, der plötzlich »von den Toten zurückgekehrt« sei. Diese Story vom Betrüger-Ehepaar Darwin ging zu einem Zeitpunkt durch die deutschen Medien, als man im Kreise der Evolutionsbiologen erste konkrete Planungen für das »Darwin-Jahr 2009« vornahm. Ergänzend möchte ich anführen, dass mir in exakt jener Woche, in der ich die Grafiken zu Darwins Rankenfußkrebsen (Cirripedia) erstellt habe (Abb. 4.1, S. 104) im Magazin *Der Spiegel* (Ausgabe vom 24. September 2007) zufällig ein Artikel aufgefallen ist, in dem diese Tiere wie folgt umschrieben waren: »Schock auf Sylt: Höchst sonderbare Wesen sind in den vergangenen Wochen am Strand ... aufgetaucht. Besorgte Urlauber trugen die gruseligen Tiere in Eimern und Tüten zur Schutzstation Wattenmeer, um sie identifizieren zu lassen. Auch die Schicki-Micki-Gäste der strandnahen Gourmet-Hütte Sansibar ekelten sich – nicht wissend, dass die angeschwemmten Meeres-Aliens nah verwandt sind mit einer südländischen Delikatesse. Denn in Wahrheit handelt es sich um bojenbildende Entenmuscheln, die aus weit wärmeren Gewässern stammen.« Die Tatsache, dass es sich bei den Cirripedia um Darwins Lieblings-Wirbellose handelt, denen er acht arbeitsreiche Lebensjahre gewidmet hatte, wurde in diesem bebilderten Artikel selbstverständlich nicht erwähnt.

Fazit: Ereignisse, die statistisch betrachtet eigentlich »niemals« eintreten sollten, kommen im *realen Leben* bei ausreichend großer Stichprobenzahl (z. B. viele Millionen Lottospieler usw.) dennoch vor und können in aller Regel durch die Wahrscheinlichkeitsgesetze berechnet oder zumindest charakterisiert werden.

Arten als Zufallsprodukte der Evolution und der Mendelismus

Wir wollen nach diesen allgemeinen Ausführungen auf das Thema Evolution« zurückkommen. Wie in Kapitel 3 dargelegt, werden in Populationen (d. h. sich fortpflanzende Kollektive von Organismen) durch ungerichtete Zufallsereignisse (genetische Rekombination, erbliche Mutationen) stetig neue Varianten produziert, die sich bezüglich ihrer erblichen Ausstattung

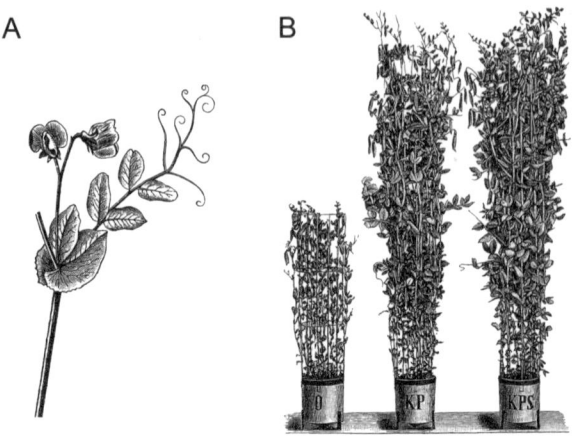

A

B

Abb. 2.4: Die Gartenerbse (*Pisum sativum*) als Versuchsobjekt in der Pflanzenphysiologie und der Vererbungswissenschaft (Genetik). Stängelstück mit zwei
Blüten und gefiedertem Blatt mit fadenförmigen Ranken (A). Charles Darwin
hat u. a. die Bewegungsvorgänge der Ranken erforscht und beschrieben. In Ab-
und Anwesenheit von Mineralsalzen (Töpfe mit der Beschriftung 0 bzw.
KP oder KPS) wachsen Erbsen im Düngemittelexperiment zu variablen
Beständen (Populationen) heran (B). Gregor Mendel verwendete Erbsenpflanzen
für systematische Kreuzungsversuche und hat auf Grundlage von etwa 355
künstlichen Befruchtungen und Anzucht von 12 980 Bastardpflanzen im Jahr
1865 seine Vererbungsgesetze formuliert, die Darwin zeitlebens unbekannt
geblieben sind.

und Erscheinungsform (Geno- und Phänotyp) voneinander
unterscheiden. Die Lebewesen konkurrieren um begrenzte
Ressourcen der Umwelt und unterliegen daher der natürlichen
Selektion. Diese Auslese erfolgt gemäß dem Anpassungsgrad
der Individuen, d. h. die Evolution typischer Makroorganismen
(Tiere, Pflanzen) basiert auf der nicht zufälligen Selektion unge-
richtet entstandener Zufalls-Varianten. Hierbei kommt es nicht
generell zur Auslese immer komplizierterer Organismen, sondern zum Überleben der besser angepassten Individuen. Würde
die Evolution notwendigerweise mit einer »Höherentwicklung«
verbunden sein, so gäbe es heute keine Bakterien und andere
Einzeller mehr – diese »primitiven« Organismen dominieren
jedoch die Biosphäre (s. Kapitel 10).

Jede Bakterien-, Algen-, Pilz-, Pflanzen- oder Tier-Art auf unserem Planeten ist ein einzigartiges Produkt der Evolution, da die *Speziation*, wie auch die in Kapitel 8 und 10 dargestellte *Symbiogenese* (primäre *Endosymbiose* im Urozean), letztendlich auf einer Kette von Zufallsereignissen basiert. Allerdings gibt die gerichtete (dynamische) Selektion die Entwicklungslinien vor: Variation und Selektion (d. h. Zufall und Notwendigkeit) stehen im gegenseitigen Abhängigkeitsverhältnis zueinander. Der populäre Spruch von der »Darwinschen Zufallstheorie« basiert auf Unkenntnis dieser Zusammenhänge.

In Kapitel 3 werden wir die von Gregor Mendel (1822 – 1884) an Erbsenpflanzen (Abb. 2.4) erarbeiteten Vererbungsgesetze ansprechen. Die erste Mendelsche Regel (Spaltungsgesetz) soll hier, verbunden mit der erst nach Mendels Tod formulierten *Chromosomentheorie der Vererbung*, zur Verdeutlichung von Zufall und Notwendigkeit in der Evolution herangezogen werden (Abb. 2.5). Die Befruchtung einer Erbsenpflanze (Spermientransfer über den Pollenschlauch zur im Stempel der Blüte befindlichen Eizelle) besteht in einem Verschmelzen von männlichen (väterlichen) und weiblichen (mütterlichen) Gameten mit einfachem Chromosomensatz (n) zu einer diploiden Zygote (2 n) (Nachkommen mit doppeltem Chromosomensatz). Hierbei gibt es vier Möglichkeiten (A und a symbolisieren dominante und rezessive Erbfaktoren oder Gene): AA: Fusion des männlichen A-Gameten mit dem weiblichen A-Gameten; Aa: Fusion des männlichen A-Gameten mit dem weiblichen a-Gameten. Entsprechendes gilt für aA und aa (AA, Aa, aA, aa = diploide Zygoten). Die Buchstaben A und a stehen hierbei für Geschlechtszellen (Eier, Spermien, d. h. Gameten), die dominante (A) bzw. rezessive (a) erbliche Merkmals (Gen)-Varianten (d. h. Allele) auf einem Chromosom tragen.

Gemäß unserem Kreuzungs- bzw. Gameten-Fusionsschema (Abb. 2. 5) sind alle vier Möglichkeiten gleich wahrscheinlich. In einer großen Population von Erbsenpflanzen (über 1000 Individuen) werden AA- und aa-Zygoten je 1/4 und Aa- und aA-Zygoten zusammen die Hälfte ausmachen (AA + Aa + aA + aa = 100 %). Die dominanten Allele in den Varianten AA, Aa, aA bestimmen das Erscheinungsbild (Phenotyp) der Erbsenpflan-

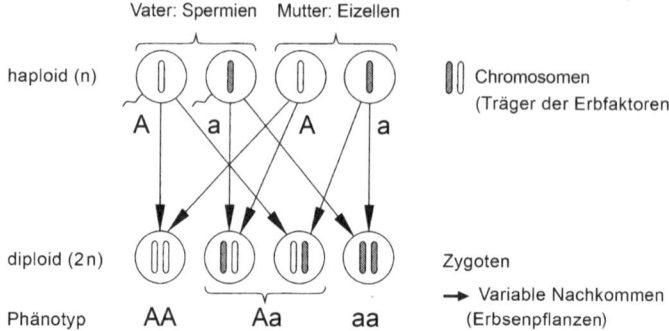

Abb. 2.5: Zufall, Notwendigkeit und Verwandtschaftsgrad auf dem Erbsenfeld.
In einer großen Population von Erbsenpflanzen kommt es zur zufallsbedingten
Verschmelzung männlicher und weiblicher Gameten (Spermien und Eizellen,
produziert von der Vater- und Mutterpflanze), die jeweils über einen einfachen
(haploiden) Chromosomensatz verfügen (n). Es resultieren diploide befruchtete
Eizellen (Zygoten, 2 n), aus denen die Nachkommen hervorgehen. Die
Erbfaktoren (Gene) A und a bestimmen die Erscheinungsform (Phänotyp) der
herangewachsenen individuellen Pflanzen bzw. die Färbung der Körner (AA, Aa,
aA: gelbe; aa: grüne Samenfarbe). Das Schema zeigt darüber hinaus ganz allgemein, dass bei diploiden Organismen (z. B. der Mensch) die Zygoten (bzw.
Nachkommen) jeweils zu 50 % mit dem Vater bzw. der Mutter genetisch identisch (verwandt) sind, da eines der beiden Chromosomen vom jeweiligen männlichen bzw. weiblichen Vorfahren stammt. Dieser Verwandtschaftsgrad von 50 %
gilt auch für die vier Geschwister (Phänotypen AA, Aa, aA, aa).

zen (z. B. gelbe Samenfarbe); rezessive Genvarianten kommen
nur in Kombination miteinander (aa) zum Ausdruck (z. B. aa =
grüne Samenfarbe).

Die Wahrscheinlichkeit, mit der ein Individuum mit domi-
nantem Phänotyp in der Population entsteht, ist somit 3 zu 4
(AA, Aa, aA), die Wahrscheinlichkeit für rezessive Pflanzen ist
1 zu 4 (aa). Das Verhältnis gelber zu grüner Erbsenkörner, vererbt von der Eltern- zur Nachkommengeneration, ist daher
etwa 3 zu 1, und bezogen auf die Genotypen 1 zu 2 zu 1 (erstes
Mendelsches Gesetz).

Schlussfolgerung: In realen Populationen (z. B. Erbsen, s. Abb.
2.4) entstehen Zygoten (und daraus hervorgegangene Pflanzen,
d. h. Nachkommen) durch zufällige Fusion eines männlichen
und weiblichen Gameten aller Varianten. Eine große Anzahl

derartiger *Zufalls*-Verschmelzungen gehorcht *notwendigerweise* einem Wahrscheinlichkeitsgesetz, das in der ersten Mendelschen Regel zum Ausdruck kommt. Diese hier besprochene Zufalls-Kombination der Erbanlagen ist eine von mehreren Ursachen für die biologische Variabilität (Details s. Kapitel 3).

Die zweite Mendelsche Regel (Kombinationsgesetz), zwei oder mehrere Merkmale berücksichtigend (z. B. gelbe oder grüne Samenfarbe *plus* runde oder kantige Form), führte im Kreuzungsexperiment zum Abstammungs-Verhältnis 9 zu 3 zu 3 zu 1 (Futuyma 1998). Diese im Jahr 1865 publizierten Erkenntnisse (Mendelsche Gesetze bzw. Regeln) erklärten erstmals einfache Vererbungsvorgänge – sie blieben dennoch über Jahrzehnte hinweg unbekannt. Hätte Charles Darwin diesen durch zahlreiche weiterführende Untersuchungen bestätigten *Mendelismus* gekannt, so wäre die Geschichte der Evolutionsbiologie anders verlaufen. Darwin hätte sein verfehltes Vererbungsprinzip (Pangenesis-Hypothese) wohl niemals formuliert und wäre vermutlich auch nicht weiterhin ein Anhänger der Lamarckschen Vererbungsmechanismen geblieben (s. Kapitel 3).

Nach der Wiederentdeckung der Mendelschen Gesetze im Jahr 1900 wurden diese für Einzelpflanzen (Individuen) formulierten Vererbungsregeln auf Fortpflanzungsgemeinschaften (Populationen) frei lebender bzw. domestizierter Organismen übertragen (Populationsgenetik). Durch Kombination eines inhaltlich korrigierten und erweiterten »Neo-Darwinismus« (um 1900 als *Weismannismus* bezeichnet) mit dem *Mendelismus* entstand 1937 der *Dobzhanskyismus*. Diese Weiterentwicklung hin zu einer modernen, umfassenden Theorie der biologischen Evolution der Tiere und Pflanzen ist im nächsten Kapitel beschrieben.

3. Von Darwin zur Evolutionsbiologie: Design ohne intelligenten Planer

Der Verleger John Murray III. (1808 – 1892), Enkel des Gründers des gleichnamigen Fachverlags, war ein geschickter Geschäftsmann. Nachdem Charles Darwin ihm Anfang 1859 sein Manuskript mit dem Titel *An Abstract of an Essay on the Origin of Species and Varieties through Natural Selection* (»Ein Auszug eines Essays über den Ursprung der Arten und Varietäten durch natürliche Auslese«) angeboten hatte, bestand dieser darauf, einen prägnanteren Buchtitel zu wählen (s. Abb. 1.11, S. 41). Zum einen, so Murray, sei ein Buch mit etwa 500 Druckseiten kein »Auszug« (*Abstract*), zum anderen wisse kein Leser, was denn unter *Natural Selection* zu verstehen sei. Darwin schlug daher Alternativen vor.

Am 24. November 1859 ist dann die erste Auflage von Darwins Artenbuch unter dem vom Verleger festgelegten, verkaufsfördernden Titel *On the Origin of Species by Means of Natural Selection, or the Preservation of Favoured Races in the Struggle for Life* im Buchhandel erschienen (Abb. 3.1); die 1250 gedruckten Exemplare waren am selben Tag ausverkauft. Auch die Anfang 1860 gedruckte, nahezu unveränderte 2. Auflage (3000 Exemplare) war bald nicht mehr lieferbar. Eine deutsche Übersetzung dieser Neuauflage ist noch im selben Jahr über Fachbuchhandlungen verbreitet worden (Bronn 1860, s. Junker 2008). Erst in der 1861 erschienenen erweiterten 3. Auflage fügte Darwin einen historischen Rückblick zum Ursprung der Arten bei, der in späteren Nachdrucken der Erstauflage in die »1859er Urfassung« in den Vorspann aufgenommen wurde. In diesem »Historical Sketch of the Progress of Opinion on the Origin of Species« belegt Darwin, dass weder die *Evolution an sich* (vom Autor als »Deszendenz mit Modifikation, d. h. Abstammung mit Abänderung« umschrieben) noch das *Selektionsprinzip* von ihm als Erstem entdeckt wurden. Zu Beginn dieses Supplements betonte Darwin sinngemäß, dass bis 1858

Abb. 3.1: Reproduktion des Originaltitels von Darwins Artenbuch (1. Auflage 1859) und eine aktuelle diesbezügliche Karikatur, einen Affen beim Studium dieses Werkes darstellend. Obwohl die Abstammung des Menschen in diesem Jahrhundert-Opus nur beiläufig in einem Satz erwähnt ist, wird die »Affe-Mensch-Problematik« oft mit dem Titel *On the Origin of Species* in Verbindung gebracht (Links: Faksimile der Erstauflage, 1859. Rechts: nach einer Zeichnung aus der Zeitschrift *Laborjournal*, 2006).

viele Naturforscher der Ansicht waren, die Arten seien konstante »Schöpfungseinheiten«, die unabhängig voneinander auf übernatürliche Art und Weise »in die Welt gesetzt« worden wären. Dieses Konzept wurde von Darwin als »theory of creation« (Schöpfungstheorie) bezeichnet. Der Autor weist aber darauf hin, dass einige wenige Naturforscher bereits vor ihm der Ansicht waren, die Arten hätten Abänderungen (Modifikationen) durchlaufen – die heute existierenden (rezenten) Lebensformen seien die Nachkommen von Vorläufervarietäten.

Im Folgenden wollen wir uns auf die 6. und letzte (definitive) Auflage von Darwins Artenbuch beziehen, die unter dem Titel *The Origin of Species by Means of Natural Selection, or the Preservation of Favoured Races in the Struggle for Life* im Januar 1872 erschienen ist (die Präposition *On* wurde weggelassen). In späteren Nachdrucken der 6. Auflage wurden nur die ersten vier Worte als Kurztitel abgedruckt (*The Origin of Species*, 1872).

Evolutionskonzepte vor Charles Darwin

Wie bereits dargelegt, hatte der 28-jährige Darwin nur wenige Monate nach seiner Rückkehr von der fünfjährigen Weltreise auf dem Vermessungs-Schiff *H.M.S. Beagle* (1837) mit den Aufzeichnungen zum »Artenproblem« begonnen. Aus diesen uns heute zugänglichen »Transmutation of Species-Notebooks« und weiteren Dokumenten geht hervor, dass der Naturforscher bereits 1838, d. h. 20 Jahre vor der ersten Veröffentlichung seiner Thesen, das Selektionsprinzip klar erkannt und ausformuliert hatte. Im Jahr 1844 war dann ein 230 Seiten umfassendes Manuskript fertiggestellt, das den Titel »Natural Selection« trug. Im Falle eines vorzeitigen Todes des Autors sollte dieses Manuskript veröffentlicht werden; für diese »Opus posthum-Aktion« stellte Darwin damals eine beachtliche Geldsumme bereit. Nachdem der Biologe dann 1858 genötigt worden war, gemeinsam mit A. R. Wallace in einer Doppel-Publikation das Prinzip der natürlichen Selektion im Schnellverfahren als Zeitschriftenaufsatz zu publizieren, stellte er aus seinem umfassenden Manuskript-Archiv (Titel: »The Unfinished Book«, Überschrift: »Natural Selection«) einen Auszug (*Abstract*) her, der dann im November 1859 als Buch erschienen ist (Originaltitel, s. Abb. 1.11, S. 41).

Die Bedeutung von A. R. Wallace als Mit-Entdecker der natürlichen Selektion wurde bereits in Kapitel 1 hervorgehoben. In diesem Abschnitt wollen wir darüber hinaus auf drei bedeutende Darwin-Vorgänger eingehen und deren noch heute relevante Thesen kurz rekapitulieren.

Im bereits eingangs angesprochenen »Historical Sketch« listete Darwin nach der Erwähnung von Aristoteles (384 – 322 v. Chr.) und Georges Buffon (1707 – 1788), die sich nicht konkret zur »Transformation of Species« (Arten-Transformation) geäußert hatten, neben A. R. Wallace insgesamt 29 Autoren auf. Diese Naturforscher hatten unabhängig voneinander bereits *vor* Darwin den Artenwandel (Evolution an sich) und/oder das Prinzip der natürlichen Selektion postuliert, jedoch ihre Thesen oft nur vage formuliert. Nach einer ausführlichen Würdigung des französischen Biologen Jean-Baptiste de Lamarck (1744 bis

1829) als Urvater des Abstammungsprinzips erwähnt Darwin seinen Großvater Erasmus, der bereits 1794 in seinem Werk *Zoonomia* die Grundgedanken von Lamarck diskutiert haben soll. Vermutlich war Charles Darwin von den »evolutionistischen Ansichten« seines Großvaters mehr beeinflusst, als er zeitlebens zugegeben hatte. Die Tatsache, dass sich der bereits etablierte Begriff »Darwinismus« als Synonym für den Inhalt seines Buches *On the Origin of Species* (Abb. 3.1) nach 1859 sofort durchsetzte, ist vermutlich in erster Linie den »darwinistischen Publikationen« seines schriftstellerisch tätigen Vorfahren zu verdanken.

Charles Darwin führt berühmte Namen unter seinen 29 geistigen »Urahnen« auf, darunter Richard Owen (1804 – 1892) und Karl Ernst von Baer (1792 – 1876), die in späteren Jahren der Selektionstheorie kritisch gegenüberstehen sollten; zwei renommierte Größen seiner Zeit fehlten jedoch in Darwins Liste: Carl von Linné (Carolus Linnaeus) (1707 – 1778) und Georges Cuvier (1769 – 1832) (Abb. 3.2).

Der Arzt und Naturforscher Linné ist als Begründer der modernen Systematik des Tier- und Pflanzenreiches über die von ihm geprägte binäre Nomenklatur (Gattungs- und Artname zur Kennzeichnung einer Spezies, z. B. Mensch, *Homo sapiens*) neben Darwin zu einer Schlüsselfigur der modernen Biologie geworden. Linnaeus glaubte allerdings, die Arten wären nach einem »göttlichen Plan« erschaffen worden und somit konstante, nicht wandelbare »Schöpfungseinheiten der Natur«. In der 1758 erschienenen 10. Auflage seines Hauptwerks *Systema Naturae* stellte er den Menschen (*H. sapiens* Linnaeus 1758) folgerichtig in die Klasse der Säugetiere (Mammalia; Ordnung Primates, Herrentiere). Diese Einordnung unserer Spezies in das Tierreich erregte bei seinen theologisch indoktrinierten Kollegen heftigen Widerspruch – der »schöpfungsgläubige« Linné verteidigte seine »evolutionistische« Position dennoch mit großer Vehemenz. Was Darwin nicht wissen konnte: Zum 300. Geburtstag von Linné (Juni 2007) würdigte das Wissenschaftsmagazin *Nature* den von ihm ignorierten schwedischen »Kreationisten« mit einer umfassenden Serie von Publikationen. Der Autor dieses Buches führte in einem Kurzbeitrag die-

Étienne Geoffroy Saint–Hilaire   Jean-Baptiste de Lamarck

Carl von Linné   Georges Cuvier

Abb. 3.2: Vom biblischen Schöpfungsmythos zum naturwissenschaftlich erklärten Artenwandel. Bedeutende Naturforscher, die an eine Erschaffung der
Lebewesen geglaubt haben (untere Portraits: Carl von Linné, 1707 – 1778, und
Georges Cuvier, 1769 – 1832). Wissenschaftler, die vor Darwin eine graduelle
Transformation der Arten (d. h. Evolution) postuliert hatten, sind oben abgebildet (Etienne Geoffroy Saint-Hilaire, 1772 – 1844, und Jean-Baptiste de Lamarck,
1744 – 1829).

ser *Nature*-Artikel-Reihe den Begriff »Linnésche Taxonomie« ein und kennzeichnete die klassische Systematik als Basisdisziplin der modernen, molekular ausgerichteten Biologie (Kutschera 2007 c).

Der neben Linnaeus abgebildete Anatom Georges Cuvier (Abb. 3.2) übertrug das Linnésche Klassifikations-System der Lebewesen auf ausgestorbene (*fossile*) Organismen (z. B. Skelette von Wollhaar-Mammuts) und wurde zu einem der Begründer der Fossilienkunde (Paläontologie) (s. Kapitel 7). Cuviers geologisch-paläontologische Studien führten den Forscher zur Formulierung einer speziellen Variante der *Katastrophentheorie*: Die erschaffenen und daher konstanten Arten sollen in regelmäßigen Zeitabständen von Naturkatastrophen vollständig ausgelöscht und dann über Schöpfungsakte des biblischen Gottes neu kreiert worden sein. Der christliche Schöpfungsmythos, mit der Sintflut als bisher letzter Katastrophe, stand im Zentrum dieses religiösen Thesen-Systems, das als *Cuvierismus* bezeichnet werden kann. Zur »Ehrenrettung« von Cuviers Theorie, der die Paläontologie u. a. aus Naturbeobachtungen (verbunden mit seinen religiösen Ansichten) begründet hatte, sei angemerkt, dass wir seit etwa 1980 wissen, dass es im Verlauf der Erdgeschichte *tatsächlich* gewaltige Katastrophen (Massenaussterbe-Ereignisse) gegeben hat, von denen Darwin ebenfalls noch nichts wissen konnte (s. Kapitel 7).

Im Jahr 1796 wurden G. Cuvier, Etienne Geoffroy Saint-Hilaire (1772 – 1844) sowie der bereits erwähnte J.-B. de Lamarck als Professoren an das neu gegründete Pariser *Institut Nationale* berufen. Die drei Gelehrten (Abb. 3.2) vertraten ganz unterschiedliche Ansichten und trugen u. a. auch kontroverse öffentliche Debatten aus, die unter der Rubrik »Pariser Akademiestreit der Jahre 1830 bis 1832« bekannt geworden sind. Insbesondere der Zoologe Geoffroy Saint Hilaire, der nach vergleichendem Studium der Strukturen lebender und fossiler Tiere eine »Theorie von der Einheit des Bauplanes« formulierte und über ein »Prinzip der Analogien« zur Überzeugung von der Arten-Transformation gelangt war, stritt sich mit dem »Katastrophisten-Kreationisten« Cuvier öffentlich über Jahre hinweg. Wie sein Kollege Lamarck hatte Geoffroy Saint-Hilaire somit *vor* Darwin (1859) den Artenwandel (d. h. die Evolution an sich) als realhistorischen Prozess erkannt.

Zu den Ursachen (»Antriebskräften«) der Spezies-Transformationen lieferten die Pariser Biologen allerdings zwei gänzlich verschiedene Hypothesen (bzw. Theorien). Der heute weniger bekannte Geoffroy Saint-Hilaire postulierte eine *direkte* Einwirkung gewisser Umweltfaktoren auf die Organismen (*Geoffroyismus*), während Lamarck in seinem Hauptwerk *Philosophie Zoologique* (1809) erbliche, durch Gebrauch/Nichtgebrauch erworbene Körpereigenschaften für den Artenwandel verantwortlich gemacht hatte (*Lamarckismus*). Dieser auch von Darwin akzeptierte Mechanismus, der von Lamarck mit einem hypothetischen »Vervollkommnungstrieb« verbunden wurde (»Psycho-Lamarckismus«), ist im nächsten Abschnitt dargestellt (Lamarck-Darwinsches Vererbungsprinzip).

Abschließend sei erwähnt, dass Darwin neben den hier aufgelisteten Naturforschern einen weiteren prominenten Vorgänger hatte. Der Geologe James Hutton (1726 – 1797) formulierte bereits 1794 indirekt ein Selektionsprinzip, welches dem Darwinschen Thesensystem recht nahekam. Da Hutton allerdings an eine göttliche Erschaffung der Lebensformen geglaubt hatte, sind seine Ausführungen weitgehend unbeachtet geblieben.

Das Artenbuch 1859/1872: Fünf Theorien und die Abtrennung des Wissens vom Glauben

In den meisten biologiehistorisch-wissenschaftstheoretischen Abhandlungen zu Darwins Hauptwerk (Abb. 3.1) wird dieses »Jahrhundert-Buch« als rein naturwissenschaftliche Schrift behandelt. Diese Interpretation ist jedoch nicht korrekt: Darwins Buch enthält auch theologische Inhalte, die oft übersehen oder ignoriert werden (Cosans 2005). In diesem Abschnitt werde ich nachweisen, dass der Theologe und Naturforscher Charles Darwin, der noch bis zum Ende seiner Weltreise (1836) an biblisch-christliche Mythen geglaubt hatte, in diesem Buch die Abtrennung der damals populären Schöpfungs-Vorstellungen von wissenschaftlichen Fakten und deren Interpretation vollzogen hat: Religiöse Glaubensinhalte (bzw. Dogmen) und wissenschaftliche Fakten (bzw. Theorien) werden im Artenbuch strikt auseinandergehalten.

Diese Aussage soll mit einer vergleichend-quantitativen Analyse der Erstauflage (Darwin 1859) mit dem 6. und definitiven Druck des Werkes, der Anfang 1872 erschienen ist, belegt werden. Die 15 Kapitel (I – XV) trugen 1872 die folgenden Überschriften (mit meinen hinzugefügten sinngemäßen Übersetzungen):

I. Variation under Domestication (Biologische Variabilität bei domestizierten Lebewesen);

II. Variation under Nature (Variabilität der Organismen unter natürlichen Lebensbedingungen);

III. Struggle for Existence (Der Daseinswettbewerb);

IV. Natural Selection; or the Survival of the Fittest (Natürliche Auslese oder das Überleben der am besten Angepassten);

V. Laws of Variation (Gesetzmäßigkeiten der Variabilität);

VI. Difficulties of the Theory (Offene Fragen zur Deszendenztheorie);

VII. Miscellaneous Objections to the Theory of Natural Selection (Verschiedene Einwände gegen die Selektionstheorie);

VIII. Instinct (Angeborene Eigenschaften bei Tieren);

IX. Hybridism (Bastardierungsvorgänge bei Pflanzen und Tieren);

X. On the Imperfection of the Geological Record (Über die Lücken in den Fossilreihen);

XI. On the Geological Successions of Organic Beings (Über die geologische Abfolge fossil erhaltener Organismen);

XII. und XIII. Geographical Distribution (Geographische Verbreitung der Lebewesen auf der Erde, mit einer Fortsetzung);

XIV. Mutual Affinities of Organic Beings: Morphology – Embryology – Rudimentary Organs (Beziehungen zwischen den verschiedenen Organismen: Morphologie, Embryologie, rudimentäre Organe);

XV. Recapitulation and Conclusion (Wiederholung und Schlussfolgerung).

Die folgenden Begriffe (bzw. Wortfolgen) sind in meiner Analyse in beiden Auflagen quantifiziert worden (Häufigkeit; manchmal treten diese Worte bzw. Phrasen auf einer Seite bis zu drei Mal auf; sie wurden hier dennoch als »Einzeltreffer« gezählt):

1. Begriff »evolution«: 1. Auflage 1859: kein einziges Mal (mit Ausnahme des letzten Wortes ... »evolved«); 6. Aufl. 1872: 8 Mal; »evolutionist«: 3 Mal.

2. Phrase »descent with modification«: 1. Aufl. 1859: 21 Mal; 6. Aufl. 1872: 23 Mal.

3. Phrase »survival of the fittest«: 1. Aufl. 1859: kein einziges Mal; 6. Aufl. 1872: 16 Mal (der Autor H. Spencer, von dem diese Formulierung stammt, wird 6 Mal genannt).

4. Begriff »creation« (bzw. »created«): 1. Aufl. 1859: 44 Mal; 6. Aufl. 1872: 68 Mal.

Diese vergleichend-quantitative Analyse führt uns zu den folgenden drei allgemeinen Schlussfolgerungen:

1. *Deszendenztheorie*: Es ist sachlich falsch, unter Verweis auf die 1859 erschienene Erstauflage *On the Origin of Species* von »Darwins Evolutionstheorie« bzw. dem »survival of the fittest« (Überleben der am besten an die Umwelt angepassten Individuen, populär fälschlicherweise als »Überleben des Stärkeren« übersetzt) zu sprechen. Der Begriff »fitness« (in der modernen Evolutionsbiologie ein Synonym für den individuellen »Lebenszeit-Fortpflanzungserfolg«) wurde von dem Philosophen Herbert Spencer (1820 – 1903) geprägt und von Darwin in späteren Auflagen als Synonym für »natural selection« übernommen. In der 6. Auflage (1872) beschreibt Darwin diesen Sachverhalt z. B. in Kapitel III wie folgt: »I have called this principle, by which each slight variation, if useful, is preserved, by the term Natural Selection, in order to mark its relation to man's power of selection. But the expression often used by Mr. Herbert Spencer, of the Survival of the Fittest, is more accurate, and is sometimes equally convenient.« Darwin betont an dieser Stelle die von ihm eingeführte Analogie »künstliche Selektion durch den Menschen, d. h. Prinzip der Tier- und Pflanzenzucht (Abb. 3.3) – natürliche Selektion im Freiland (wildlebende Population)«. Dieses aus Fakten abgeleitete »Darwin-Wallace-Prinzip der

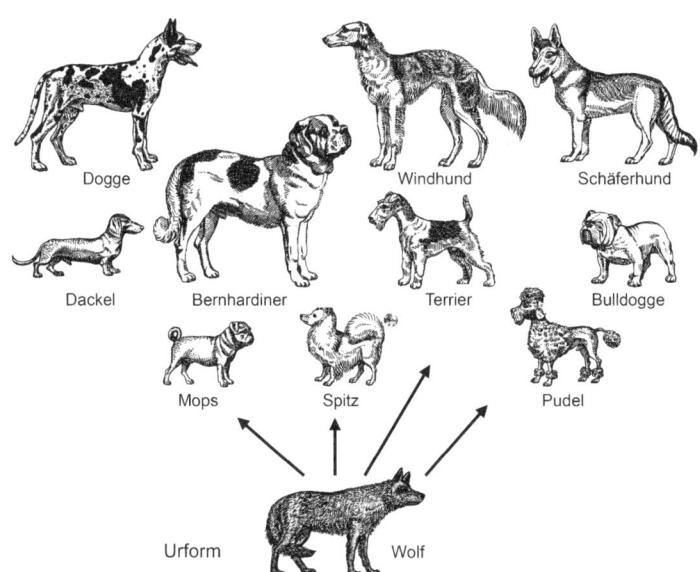

Abb. 3.3: Tierzucht, illustriert am Beispiel der Abstammung der Haushunde (*Canis familiaris*) vom Wolf (*Canis lupus*). Darwin zitiert in seinem Artenbuch sowie in den beiden folgenden dazugehörigen Werken die Prinzipien der künstlichen Zuchtwahl und schließt daraus auf Vorgänge in der freien Natur (natürliche Selektion).

natürlichen Zuchtwahl« (s. Kapitel 1) wird im nächsten Abschnitt vertiefend behandelt.

2. *Definition des Begriffs Evolution*: Charles Darwin lieferte u. a. in der 6. Auflage (1872) die noch heute gültige allgemeinste Definition von »biologischer (organismischer) Evolution«, indem er von der »theory of descent with modification« sprach. Evolution *sensu* Darwin (1872) ist somit »Deszendenz mit Modifikation«, d. h. »Abstammung mit Abänderung« im Verlauf vieler Generationen-Abfolgen. In Kapitel X der 6. Auflage (1872) erwähnt Darwin in einem Satz die »theory of evolution through natural selection«; in der Zusammenfassung (Kapitel VX) folgt dann die Bemerkung, dass »almost every naturalist admits the great principle of evolution« – »fast alle Naturforscher akzeptieren heute (d. h. 1872) das große Prinzip der Evolution«.

3. *Widerlegung des biblischen Mythos von der Erschaffung der Arten*: Die Tatsache, dass Darwin in der ersten und der letzten Auflage seines Artenbuchs (1859/1872) den Begriff »creation« (Schöpfung) 44 bzw. 68 Mal erwähnt, belegt eindeutig, dass es ihm primär darum ging, ein biblisches Dogma zu widerlegen (s. z. B. ein Briefzitat von Charles Darwin in Kapitel 4). Diese 44- bzw. 68-fache Erwähnung bzw. Diskussion des Schöpfungsglaubens ist der christlich-religiöse Inhalt von Darwins Hauptwerk. Das Wort »Bible« wird allerdings vom Autor an keiner Stelle erwähnt, obwohl Darwin in seiner Autobiographie mehrfach auf die Bibel (insbesondere das Alte Testament) einging (Barlow 1958). Als examinierter Theologe wusste Darwin zu gut, dass er die »Heilige Schrift« nicht angreifen durfte: Die Kreationisten seiner Zeit hätten dem ängstlich-zurückgezogen le-

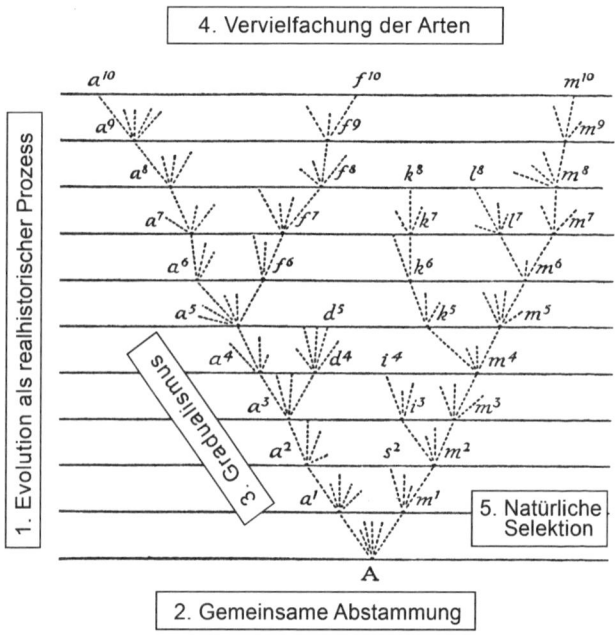

Abb. 3.4: Reproduktion eines Ausschnittes des Stammbaum-Diagramms in Darwins Artenbuch mit der Einfügung seiner fünf Theorien, die als Kästen dargestellt sind (nach Darwin, C.: *The Origin of Species*. 6. Ed., London, 1872).

benden Naturforscher wohl großen Ärger bereitet (Protestaufmärsche vor seinem Anwesen usw.). Diese Konfrontation wollte Darwin u. a. mit Zugeständnissen an die Akte des »Schöpfers« vermeiden, wie wir später noch im Detail erfahren werden.

Die Darwinschen Theorien zum Artenwandel und deren Weiterentwicklung

Der bedeutende Evolutionsbiologe Ernst Mayr (1904 – 2005) hat 1964 anlässlich des 100. Geburtstags des Erscheinens von Darwins *Origin of Species* erstmals im Vorwort einer Faksimile-Ausgabe erwähnt, dass dieses Buch nicht eine, sondern mehrere logisch separate Theorien beinhaltet. In Mayrs letztem Werk lieferte der Evolutionsforscher eine ausführliche Begründung seines »Fünf-Theorien-Konzepts«, auf die hier verwiesen werden soll (Mayr 2004).

Dieser Abschnitt basiert allerdings auf meinen jahrelangen eigenständigen Analysen der Urquellen (Darwin 1859/1872); das bereits von mir veröffentlichte, von Ernst Mayrs Ausführungen in einigen Punkten abweichende »Fünf-Theorien-System« (Kutschera 2008 a) soll hier übersichtlich strukturiert und anhand einer Graphik illustriert werden (Abb. 3.4).

Zunächst folgt eine kurze Charakterisierung der fünf Darwinschen Theorien (bzw. Thesen oder Postulate):

1. Evolution (Deszendenz mit Modifikation) ist ein realhistorischer Prozess, der stattgefunden hat und andauert. So genannte »Schöpfungsakte« erklären alles und somit nichts.
2. Gemeinsame Abstammung aller Organismen der Erde: Aus primitiven Vorfahren (Proto-Typen) haben sich alle späteren Lebewesen entwickelt.
3. Konzept des Gradualismus, d. h. des in Populationen verlaufenden, sich in kleinen Schritten (nicht sprunghaft) vollziehenden Artenwandels.
4. These von der Vervielfachung der Arten, d. h. der Diversifizierung der Lebensformen im Verlaufe der Generationen-Abfolgen.

5. Theorie der natürlichen Selektion, d. h. das Darwin-Wallace-Prinzip der »Zuchtwahl in der freien Natur«.

Wir wollen im nächsten Abschnitt diese fünf Darwinschen Theorien separat diskutieren und, wie bereits gesagt, hierbei auf die Original-Literatur zurückgreifen (Darwin 1859/1872). Es sei an dieser Stelle hervorgehoben, dass ich in der Erstauflage meines Lehrbuchs *Evolutionsbiologie* (Kutschera 2001) *vier* Darwinsche Theorien aufgelistet habe (Konzepte 2. – 5.), da die »Evolution an sich« (Theorie Nr. 1) ja schon lange vor Darwin von verschiedenen Naturforschern entdeckt worden war (Junker und Hoßfeld 2001, Mayr 1982, 2001). Da Darwin in seinem Hauptwerk jedoch die Evolutions-Kreations-Debatte *in extenso* ausführte, soll die »Evolution als realhistorischer Vorgang« hier, wie in der Neuauflage des Lehrbuchs (Kutschera 2008 a), als die »erste Theorie« mit aufgenommen und diskutiert werden.

Darwin (1859) beschrieb weiterhin die *sexuelle Selektion* (geschlechtliche Zuchtwahl) als separates Konzept (Abb. 3.5). Man könnte daher auch von sechs Theorien sprechen. Wir wollen hier die sexuelle Selektion als Variante der natürlichen Auslese

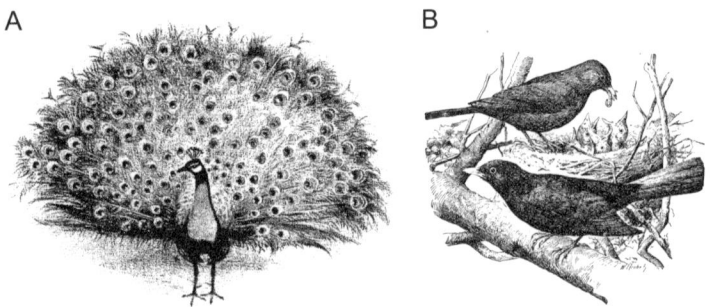

Abb. 3.5: Sexuelle Selektion im Tierreich. Der Blaue Pfau (*Pavo cristatus*) demonstriert sein Prachtgefieder, um Weibchen von seinen männlichen Qualitäten zu überzeugen (A). Brütendes Paar der Amsel (*Turdus merula*) (B). Männchen mit rotem (Carotinoid-reichem) Schnabel haben den größten Fortpflanzungserfolg, da die Schnabel-Röte den braun-schnäbeligen Weibchen einen immunstarken Paarungspartner anzeigt. Das robuste Immunsystem wird zum Großteil auf die Nachkommen vererbt (Resultat: höhere Überlebensrate der Jungvögel).

interpretieren und diese Prozesse unter der Rubrik »Darwins Theorie Nr. 5« diskutieren.

Darwinismus, Weismannismus und Dobzhanskyismus

Der Begriff *Darwinismus* wurde von Ernst Haeckel nach 1860 als Synonym für die Inhalte von Darwins *Origin of Species* (1859/1872) im deutschsprachigen Raum verbreitet. Wie im letzten Abschnitt dargelegt, umfasst »der Darwinismus« fünf (bzw. 6) Theorien (bzw. Thesen oder Postulate), die über jahrzehntelange Forschungsarbeiten *im Prinzip* bestätigt werden konnten, in manchen *Details* jedoch weiterentwickelt wurden.

Die *Evolution an sich* (1.) *sensu* Darwin (1859/1872, d. h. »descent with modification«) ist heute als *Tatsache* anerkannt (s. Kapitel 10). Das Darwinsche Postulat vom letzten *gemeinsamen Vorfahren* (2.), zusammengefasst in dem Satz: »All the organic beings which have ever lived on this earth may be descendend from some one primordial form« (»Alle Organismen, die jemals auf dieser Erde gelebt haben, sind wohl aus einer einzigen Urform entstanden«), wird durch zahlreiche biochemisch-molekularbiologische Studien belegt (s. Kapitel 8 und 9). Der *Gradualismus* (3.), von Darwin u. a. über ein philosophisches Argument begründet (»Natura non facit saltum«, d. h. »die Natur macht keine Sprünge«), konnte im Rahmen der modernen Paläobiologie belegt werden, obwohl es Ausnahmen zu dieser »Darwinschen Regel« gibt (s. Kapitel 10). Am Faktum der *Diversifizierung* (4.) oder »Vervielfachung der Arten« im Verlaufe weiter geologischer Zeiträume zweifelt heute kaum noch ein Evolutionsforscher, da es insbesondere bei der Neubesiedelung vakanter Lebensräume immer wieder zu »explosionsartigen« (d. h. in nur wenigen Jahrmillionen abgelaufenen) Evolutionsschüben gekommen ist (adaptive Radiationen, z. B. die bekannten Artbildungsprozesse eines verdrifteten Finkenvogel-Schwarms auf den Galapagos-Inseln; weitere Beispiele s. Kapitel 7). Über die Bedeutung der *natürlichen Selektion* (5.) als entscheidende »Triebkraft« der Evolution gibt es ebenfalls keine kontroversen Diskussionen mehr. Ebenso ist die geschlechtliche Zuchtwahl (*sexuelle Selektion*, 6.) als »auslesende Kraft« bei zahlreichen Tiergruppen (z. B. Fische, Vögel) unumstritten (Kutschera und Niklas 2004, Klingsolver und Pfennig 2007, Kutschera 2008 a). Zwei Beispiele zur sexuellen Selektion im Tierreich sind in Abb. 3.5 dargestellt.

Wir müssen an dieser Stelle aber auch die Irrtümer im klassischen »Darwinismus« benennen. So liefert Darwin (1859/1872) nirgendwo eine befriedigende Definition des Artbegriffs und bleibt bei der Beschreibung von Artbildungsprozessen (Aufspaltung einer Abstammungslinie in Tochter-Spezies, s. Stammbaum Abb. 3.4) bei wenig spezifischen Aussagen. Der Titel des Buches *On the Origin of Species* ... sollte eigentlich heißen *On the Transformation of Species*, da Darwin (1859/1872) im Wesentlichen den Arten-Wandel entlang der Zeitachse behandelt hat. Über den eigentlichen Ursprung (*Origin*) der ersten Lebensformen finden wir im Artenbuch keine auf Fakten basierenden (naturalistischen) Angaben. Bezüglich der Ursache der biologischen Variabilität verweist Darwin (1859/1872) auf Lamarck (1809) (Gebrauch/Nicht-Gebrauch von Organen, verbunden mit einer Vererbung erworbener Körpereigenschaften) – eine These, die durch Fakten widerlegt wurde (s. unten).

Es soll in diesem Zusammenhang hervorgehoben werden, dass einige von Darwin (1859/1872) ständig gebrauchte Begriffe, wie z. B. »higher forms« (höhere Formen) oder »perfection« (Perfektionierung) bzw. »imperfect organs« (nicht perfekte Organe) in der modernen Evolutionsbiologie nicht mehr gebraucht werden, da sie im Lichte unserer heutigen Erkenntnisse unzutreffend sind. Evolution bedeutet nicht *notwendigerweise* eine Komplexitätszunahme oder »Höherentwicklung«; »perfekte« Organismen gibt es in der Natur nicht (Kutschera und Niklas 2004). Es soll weiterhin betont werden, dass Darwin (1859/1872) unter dem Wortpaar »My theory« in der Regel eine Kombination seiner Konzepte 1. und 5. verstanden hatte: Im zusammenfassenden Kapitel XV finden wir z. B. mehrfach die folgende Formulierung: »The theory of descent with modification through variation and natural selection«, d. h. die »Theorie der Abstammung mit Abänderungen (d. h. Evolution an sich) durch Variation und natürliche Auslese (d. h. das Selektionsprinzip)«.

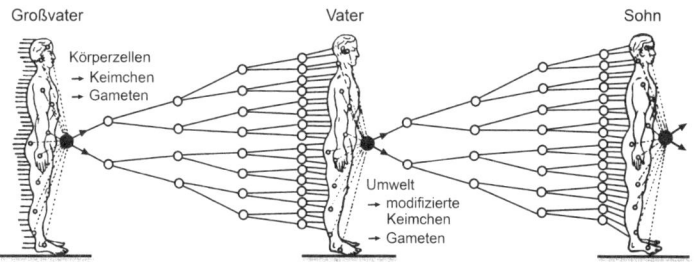

Abb. 3.6: Darwins Pangenesis-Hypothese zur Erklärung der Vererbung erworbener Körpereigenschaften, illustriert am Beispiel einer männlichen Generationen-Abfolge. Nach Darwin (1868) sollen von allen Zellen des Körpers so genannte Keimchen (gemmules, pangenes) abgegeben und in den Gameten konzentriert werden. Diese Keimchen-Pakete fusionieren in den Spermien bzw. Eizellen und sollen dann nach Befruchtung ein neues Individuum ergeben. Die Keimchen-Produktion soll durch die Umwelt modifiziert werden. Diese Darwinschen Spekulationen konnten nicht bestätigt werden.

In seinem Buch *Darwinism* bezieht sich A. R. Wallace (1889) auf alle drei »Arten-Monographien«, d. h. die Werk-Trilogie *On the Origin of Species, The Variation of Animals and Plants under Domestication,* und *The Descent of Man* (Darwin 1859/1872, 1868, 1871) wird als Einheit gesehen (s. Kapitel 1). In diesen fünf den »Darwinismus« darlegenden Bänden wird u. a. die *Pangenesis-Hypothese* vorgestellt. Wir wollen im Folgenden die im Doppelband Darwin (1868) ausführlich beschriebene Version dieser bis heute unbelegten Spekulationen diskutieren (Abb. 3.6) und hierbei u. a. die originellen Analysen von Dobzhansky (1955) berücksichtigen.

Wie bereits dargelegt, nahm Darwin (1859/1872) in seinem Hauptwerk eine strikte Trennung von gesichertem Faktenwissen bzw. dessen Interpretation (»facts, theory«) und unbelegten Glaubensinhalten (»the doctrine of creation«) vor. Da der Autor die Ursache der biologischen Variabilität nicht erklären konnte, war hier Raum für die Einwirkungen eines übernatürlichen »Designers« übrig geblieben. In Darwins Bekanntenkreis wurde u. a. der unbekannte »Variationen-Generator« theologisch gedeutet (der biblische Gott soll Unterschiede zwischen den Organismen verursachen). Charles Darwin suchte allerdings nach einer rein natürlichen (biologischen) Ursache der Variabilität und formulierte nach langem Nachdenken seine »Provisional hypothesis of pangenesis« (»Vorläufige Hypothese der Pangenese«) (Darwin 1868). Diese vom Autor selbstkritisch auch als »Spekulation« bezeichnete Erklärung geht von der Annahme aus, dass alle Körperzellen kleine Einheiten absondern sollen. Derartige »gemmules bzw. pangenes«, auf Deutsch »Keimchen« oder »Pangene« genannte Körperchen, sollen sich, über den Blutkreislauf abtransportiert, in den Keimdrüsen zu den Geschlechtszellen vereinigen (Eier, Spermien) und somit vererbt werden. Durch Umwelteinflüsse (bzw. Gebrauch/Nicht-Gebrauch) modifizierte Organe sollen gemäß dieser Vorstellung veränderte »Keimchen« sezernieren, also absondern. Mit dieser Hypothese konnte Darwin u. a. die von ihm akzeptiere Lamarcksche Annahme einer Vererbung erworbener Körpereigenschaften plausibel machen. Darwins »Keimchen-Spekulationen« wurde noch zu Lebzeiten des Autors kritisch überprüft – allerdings mit negativem Resultat. Da bis heute keine Belege für das in Abb. 3.6 veranschaulichte Szenario vorliegen, müssen wir diese Darwinsche Hypothese als experimentell widerlegte Spekulation bewerten. Die Defizite des von Darwin ausformulierten Selektionsprinzips (Theorie Nr. 5, s. Abb. 3.4) wurden noch zu Lebzeiten des britischen Forschers thematisiert und von verschiedenen Biologen innerwissenschaftlich diskutiert (auf die außerwissenschaftlichen Einwände der Kreationisten des 19. Jahrhunderts wollen wir hier nicht eingehen). Die Weiterentwicklung bzw. Korrektur des klassischen »Darwinismus« soll im folgenden Abschnitt dargelegt werden.

Der deutsche Zoologe und Zellbiologe August Weismann (1834 – 1914) war jene herausragende Forscherpersönlichkeit, die auf Grundlage einer Reihe wichtiger Monographien die *neodarwinsche Theorie* zur Erklärung der Artentransformation im Tierreich begründet hat (da A. R. Wallace in seinem 1889 erschienenen Buch Weismanns Thesen vertiefend dargestellt und populär gemacht hat, gilt er heute als Mitbegründer des Neo-Darwinismus). August Weismann formulierte drei bahnbrechende Hypothesen, die er durch umfassende Experimente und Dokumente (u. a. mikroskopische Bilder) belegen konnte:

1. Erworbene Körpereigenschaften (z. B. Organverstümmelungen) werden nicht vererbt;

2. Während der Entwicklung eines Tieres werden jene Zellen, die die Gameten (Eier, Spermien) bilden, früh abgesondert (»Keimplasma«), während die Körperzellen (das »Soma«) sterben (Keimbahn-Soma-Differenzierung; in Abb. 3.7 A ist dieser Sachverhalt in einer Großvater/Vater/Sohn-Generationenabfolge veranschaulicht; zum Vergleich sei auf den Mozart-Stammbaum in Abb. 2.2, S. 54 verwiesen).

3. Bei der zweigeschlechtlichen (sexuellen) Fortpflanzung entstehen variable (d. h. sich voneinander unterscheidende) Nachkommen, die in einem zweiten Schritt der gerichteten natürlichen Selektion ausgesetzt sind (sexuelle Reproduktion als Variationengenerator der Evolution).

Mit der Begründung des *Neo-Darwinismus* durch A. Weismann (1892, 1904, A. R. Wallace 1889) war ein erster Schritt in Richtung einer modernen Theorie der biologischen Evolution der Tiere und des Menschen vollzogen (Kutschera 2008 a). Die Darwinsche Pangenesis-Hypothese (Abb. 3.6) war auf Grundlage von Weismanns Leistungen durch ein experimentell belegtes Konzept der Vererbung ersetzt, die Darwin-Lamarckschen Vorstellungen zur Vererbung erworbener Eigenschaften widerlegt. Insbesondere Weismanns Einsicht, dass die sexuelle Reproduktion als »Variationengenerator« fungiert, war ein »Quantensprung« in unserem Wissen bezüglich der Antriebskräfte des Artenwandels. Dieses neuartige Theoriensystem wurde um 1895 auch als *Weismannismus* bezeichnet (ein Synonym für die von A. Weismann formulierten Thesen bezüglich der Mechanismen der biologischen Evolution).

Wie bereits dargelegt, war der Zoologe Weismann auch Zellforscher (Cytologe). Seine Kollegen Theodor Boveri (1862 bis 1915) und Thomas H. Morgan (1866 – 1945) erkannten um das Jahr 1910, dass die »Mendelschen Erbfaktoren« (heute als Gene bezeichnet) auf bestimmten, im Zellkern lokalisierten, anfärbbaren fadenförmigen Strukturen lokalisiert sind, die als *Chromosomen* bezeichnet werden. Gemäß dieser *Chromosomentheorie der Vererbung* werden die Merkmale des Individu-

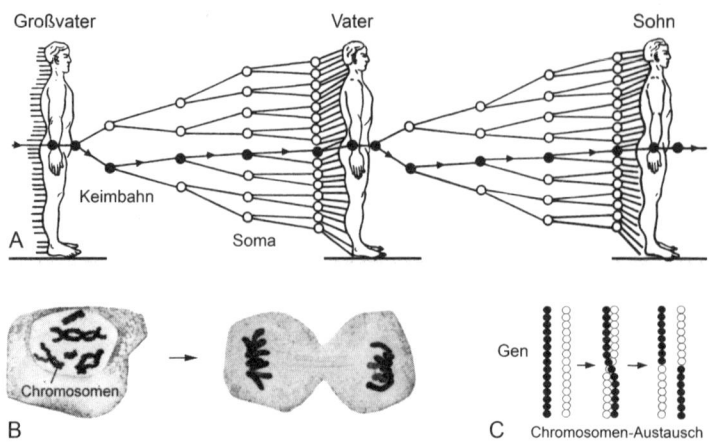

Abb. 3.7: Keimbahn-Soma-Differenzierung und Vererbung bei Tieren, einschließlich des Menschen (A). Die von August Weismann (1882) formulierte Theorie der Vererbung postuliert eine frühe Trennung jener Zellen von der sterblichen Körpermasse (dem Soma), welche die Gameten (Spermien, Eizellen) hervorbringen. Dieses Konzept konnte durch zahlreiche Studien bestätigt werden. Gemäß der Chromosomentheorie der Vererbung (B) sind die Mendelschen Erbfaktoren auf den Chromosomen des Zellkerns lokalisiert. Während der Gametenbildungen (Reifeteilung, Meiose) kommt es zum Chromosomen-Stückaustausch (C). Die einzelnen Erbfaktoren (Gene) sind als Perlen auf Schnüren dargestellt.

ums somit an materielle Strukturen gebunden von Generation zu Generation weitergegeben (Abb. 3.7 B). Der Fruchtfliegen-Genetiker T. H. Morgan erkannte bald darauf, dass es im Zuge der sexuellen Reproduktion u. a. zu einem Chromosomen-Stückaustausch kommt (Abb. 3.7 C). All diese großartigen Erkenntnisse wurden dann einige Jahre später zu einer modernen Theorie der Evolution zusammengefasst. Es ist offensichtlich, dass Darwin von diesen zellbiologischen und genetischen Erkenntnissen seiner Nachfolger nichts wissen konnte.

Trotz der oben zusammengefassten Fortschritte (Abb. 3.7 A bis C) trat um das Jahr 1905 die Selektionstheorie immer mehr in den Hintergrund. Eine heute in Vergessenheit geratene, 1901 veröffentlichte *Mutationstheorie* der Artenentstehung enthielt die Kernaussage, dass sich neue Spezies in einem Schritt über

»Großmutationen«, ohne nachfolgende Selektion, herausgebildet hätten. Derartige »hopeful monsters« sollen dann – als überlegene Einzelorganismen – ihre Vorläuferformen verdrängt haben. Gemäß dieser Vorstellungen sollten z. B. auf einer Wiese einzelne Gänseblümchen zu Löwenzahnpflanzen mutieren und dann, gemeinsam mit einem anderen »Gänseblümchen-Monster«, die weißblütigen, kleinwüchsigen Vorläuferformen verdrängen. Diese auf fehlgeleiteten Beobachtungen basierenden Spekulationen konnten erst Jahrzehnte später als unzutreffend erkannt werden (Kutschera und Niklas 2008). Es sei allerdings hervorgehoben, dass es sehr wohl »einzelne« sprunghafte Evolutionsereignisse (Endosymbiose-Prozesse) gegeben hat, die in Kapitel 8 dargestellt sind. Weiterhin waren zwischen 1910 und 1930 Neo-Lamarckistische Vererbungs-Vorstellungen wieder populär und die Annahme eines unbelegbaren »Vervollkommnungs-Prinzps«, welches den Lebewesen beigegeben sein soll, wurde unter einigen Biologen ernsthaft diskutiert (Konzept der Orthogenese). Während dieser Jahre waren Darwins Werke weitgehend in Vergessenheit geraten.

Ein russisch-amerikanischer Freiland-Forscher und Labor-Genetiker, Theodosius Dobzhansky (1900 – 1975), war jene Schlüsselfigur, die Darwins und Weismanns Werke weiterentwickelte und der letztendlich zum Urvater der *Synthetischen Theorie der biologischen Evolution* wurde. Sein Hauptwerk *Genetics and the Origin of Species* (1937) enthält eine über Darwin und Weismann hinausgehende Theorie der biologischen Evolution, die man als *Dobzhanskyismus* bezeichnen könnte. Die Ausformulierung der Synthetischen Theorie konnte aufgrund der komplexen Faktenlage jedoch nicht von einer Einzelperson erbracht werden: Dobzhansky war der wohl genialste Biologe einer Gruppe von Forschern (»The Big Six«), die als interdisziplinäres Team zwischen ca. 1930 und 1950 unser Bild von den Antriebskräften des Artenwandels revolutionierten (Details siehe Dobzhansky et. al. 1977, Futuyama 1998, Kutschera und Niklas 2004, Kutschera 2008 a, Junker 2004).

Evolutionsbiologie als Wissenschaftsdisziplin und Theorien-System

Der auf Käfersystematik (Schwerpunkt-Familie Coccinellidae) und Fruchtfliegen(*Drosophila*)-Genetik spezialisierte Naturforscher T. Dobzhansky ist heute fast nur noch durch einen 1973 publizierten Satz bekannt: »Nothing in biology makes sense, except in the light of evolution« (»Nichts in der Biologie ergibt einen Sinn, außer im Lichte der Evolution«). Dobzhanskys Funktion als »Haupt-Architekt« der Synthetischen Theorie wird nur selten erwähnt: So war z. B. siebzig Jahre nach Veröffentlichung seines Hauptwerks (Dobzhansky 1937) dieses Buch im deutschsprachigen Raum nirgendwo mehr verfügbar – ein Beleg für die »Wertschätzung« des Fachgebiets Evolutionsbiologie in unserem Land.

Die Synthetische Theorie basiert auf einer Serie von sechs Büchern (Dobzhansky 1937, Mayr 1942, Huxley 1942, Simpson 1944, Rensch 1947, Stebbins 1950), deren Hauptinhalte in Kurzform u. a. in einem aktuellen Lehrbuch zusammengefasst sind (Kutschera 2008 a). Worin bestand nun die originelle Leistung von T. Dobzhansky, der gemeinsam mit dem Deutsch-Amerikaner Ernst Mayr zum wichtigsten Begründer des Theorien-Systems zur organismischen Evolution der 1950er Jahre wurde? Dobzhansky übertrug die von Gregor Mendel (1822 bis 1884) formulierten, für Individuen geltenden *Vererbungsgesetze* (bzw. Regeln) (s. S. 66) auf Populationen, arbeitete die *Chromosomentheorie der Vererbung* ein, übertrug die Begriffe *Phänotyp* (Erscheinungsform des Organismus) und *Genotyp* (erbliche Ausstattung des Individuums) auf Fortpflanzungsgemeinschaften, erkannte in der *genetischen Rekombination* (Umgruppierung der Erbanlagen vor der Gametenbildung) und *erblichen Mutationen* (über die Keimbahn übertragbare Ab-Änderungen bestimmter Bereiche des Erbguts) die Quelle der biologischen Variabilität und kennzeichnete Arten als sich fortpflanzende Kollektive von Organismen (»Was sich fruchtbar paart, gehört zu einer biologischen Art«). Dieser 1937 formulierte »Dobzhanskyismus« wurde durch die Werke von E. Mayr (biologischer Artbegriff, d. h. Definition der Spezies als reproduktiv isolierte Fortpflanzungsgemeinschaft; Mechanismen der Speziation) und jene der anderen vier Kollegen (Huxley 1942, Simpson 1944, Rensch 1947, Stebbins 1950) ergänzt, erweitert und modifiziert, so dass eine moderne (Synthetische) Theorie der Evolution formuliert werden konnte (Hauptaussagen, s. Tabelle 3.2 in Kutschera 2008 a). Des Weiteren wurden die Begriffe Mikro- und Makroevolution geprägt, um die Artbildungsprozesse unter Beibehaltung des Grund-Bauplans der betreffenden Organismengruppe bzw. die Herausbildung neuer Körperbaupläne im Verlauf der Jahrmillionen zu charakterisieren (s. Kapitel 7 und 10).

Der Zoologe Julian Huxley (1887 – 1975) führte in seinem 1942 publizierten Buch (Abb. 3.8) zwei entscheidende Begriffe ein. Der Untertitel »The modern Synthesis« führte zur Bezeichnung *Synthetische Theorie der biologischen Evolution*; darüber hinaus erwähnte Huxley (1942) das Wortpaar »Evolutionary Biology« (*Evolutionsbiologie*) erstmals – diese Fachgebietsbezeichnung setzte sich Ende der 1940er-Jahre weltweit durch (Haffer 2007, Kutschera 2008 a, c).

Hätte Charles Darwin im Jahr 1950 eine Prüfung im damals noch jungen Fachgebiet der Evolutionsbiologie bestanden? Die-

---

EVOLUTION

The Modern Synthesis

by

JULIAN HUXLEY, M.A., D.SC., F.R.S.

Harper & Brothers Publishers

New York and London, 1942

Abb. 3.8: Titel des Buchs von Julian Huxley aus dem Jahr 1942, mit Reproduktion des Verlagssiegels. Aus diesem Buchtitel resultierte der Begriff »Synthetische Theorie«. Weiterhin wird am Ende des Textes vom Autor die Fachgebietsbezeichnung »Evolutionsbiologie« eingeführt. Huxley charakterisierte diesen zentralen Bereich der *Life Sciences* als interdisziplinäre Naturwissenschaft, wobei Methoden und Fakten aus der Genetik, der Paläontologie, Geologie, Systematik u. a. Gebiete berücksichtigt werden müssen.

se bereits in einem anderen Zusammenhang diskutierte Frage muss eindeutig mit »Nein« beantwortet werden. Obwohl Darwin über die Formulierung seiner fünf Theorien (Abb. 3.4) zum Urvater der Evolutionsbiologie geworden ist, hätte er mit Begriffen wie »genetische Rekombination, Keimbahn-Mutationen, Gene, Genotyp, Phänotyp usw.« nichts anfangen können – der von Darwin initiierte Wissenschaftszweig hatte sich bereits 1950 so weit über die Grundkonzepte des Nestors hinausentwickelt, dass dieser bei einer Fachprüfung hoffnungslos überfordert gewesen wäre.

Im »Darwin-Jahr 2009« wären nicht nur der britische Naturforscher, sondern auch die »Architekten der Synthetischen Theorie« vom Umfang und der Komplexität der 1942 gegründeten Fachdisziplin Evolutionsbiologie überwältigt. Dieser Zweig der *Life Sciences* ist, wie z. B. die Biochemie oder die Physiologie, zu einem umfassenden System von Theorien herangewachsen. Die Zahl der die verschiedenen Teilaspekte des Arten- und Formenwandels erklärenden Theorien ist bei über 300 internationalen Fachzeitschriften zum Themenfeld Evolution (einschließlich der Paläontologie) kaum noch überschaubar.

Die modernen Evolutionswissenschaften (*Evolutionary Sciences*) umfassen, angefangen von Computersimulationen (evolvierende digitale Organismen), folgende Gebiete: experimentelle Evolutionsforschung (Bakterien-Phylogenese und Ribozyme im Reagenzglas), Zellforschung (Symbiogenese bzw. Endosymbiose, s. Kapitel 8), evolutionäre Entwicklungsbiologie (Evo-Devo, s. Gilbert 2003, Carroll 2006), Populationsgenetik, Stammbaum-Analytik (molekulare Phylogenetik auf Grundlage von DNA-Sequenzen, s. Kapitel 9), Teilaspekte der Geologie, Geophysik und die Paläobiologie (Plattentektonik, Umweltkatastrophen als Selektionsfaktoren, s. Kapitel 6, 7 und 10) (diese Liste ist nicht vollständig). Die Soziobiologie ist heute ein integraler Bestandteil der Evolutionsforschung. Da in diesem Buch diese spannende Thematik nicht näher behandelt wird, wollen wir abschließend zwei Aspekte aus der Soziobiologie (Wissenschaft vom Sozialleben der Tiere und dessen evolutionäre Wurzeln) kennenlernen (Voland 2000).

Im letzten Kapitel seines Hauptwerks hob Darwin (1859/1872) hervor, die Existenz steriler Arbeiterinnen in Ameisen-Kolonien seien mit seiner Theorie der Abstammung mit Abänderung durch Variation und natürliche Selektion kaum vereinbar. Warum verzichten Arbeiterinnen auf eigene Nachkommen und verhalten sich somit uneigennützig (altruistisch)? Zunächst muss betont werden, dass Darwin (1859/1872) das Phänomen des Eltern-Altruismus klar erkannt und beschrieben hatte: Im »Daseinswettbewerb« geht es in erster Linie um das Hinterlassen eigener Nachkommen. Diese haben z. B. bei optimaler Brutpflege bessere Überlebenschancen. Aus diesem Grund steht das von Darwin und Wallace formulierte Selektionsprinzip (Abb. 3.4) nicht grundsätzlich im Widerspruch zum Altruismus. Der Ameisenstaat funktioniert allerdings ganz anders. So leben z. B. in den bis zu 3 m großen, aus Fichtennadeln und anderen Kleinteilen zusammengesetzten Nestern der Roten Waldameise (Abb. 3.9) zahlreiche fruchtbare Königinnen, unzählige sterile Arbeiterinnen sowie geschlechtsreife Männchen, die nach der Begattung der Königinnen keine Funktion mehr erfüllen und dann weggejagt werden. Das selbstlose Verhalten der auf eigene Nachkommen verzichtenden »fleißigen« Arbeiterinnen des Insektenstaats konnte der Evolutionstheoretiker William D. Hamilton (1936 – 2000) über die von ihm 1964 ausformulierte *Theorie der Verwandtenselektion* (kin selection theory) schlüssig erklären (Hamilton 1972).

Die Darwinsche *Individual-fitness* (Lebenszeit-Fortpflanzungserfolg) bezieht sich auf einen Einzel-Organismus in der Population, während Hamiltons *Gesamtfitness* (inclusive fitness) die Nachkommenzahl des Einzelwesens plus diejenige enger Verwandter umfasst. Anders formuliert: Der genetische Erfolg des Lebewesens (Zahl der Gene, die in die nächste Generation gebracht werden) setzt sich aus der direkten und indirekten fitness zusammen (Gene eigener Kinder plus Erbanlagen der nächsten Verwandten). Wegen der speziellen Vererbungsmechanismen im Insektenstaat (Haplodiploidie) sind die Arbeiterinnen mit ihren Schwestern zu 75 % verwandt – mit eigenen Nachkommen würden sie nach Paarung mit einem Männchen nur 50 % ihrer Gene weitergeben (Verwandtschaftsgrad zwi-

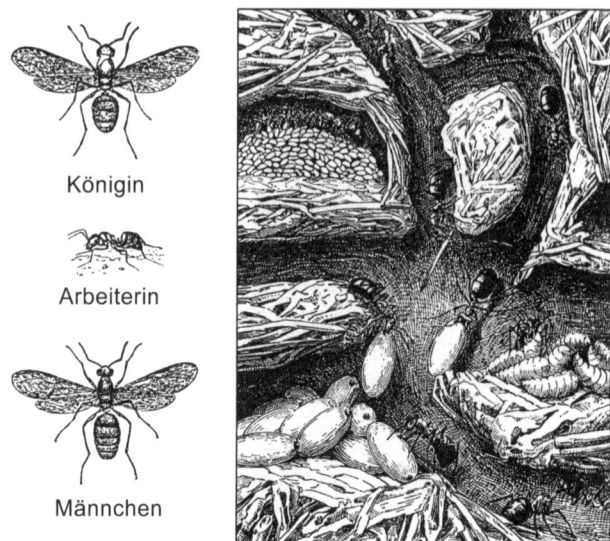

Königin

Arbeiterin

Männchen

Abb. 3.9: Selbstloses (altruistisches) Verhalten bei Staaten bildenden Insekten (Rote Waldameise, *Formica rufa*). Geflügeltes Weibchen (Königin), ungeflügeltes Weibchen (Arbeiterin) und geflügeltes Männchen. Im abgebildeten Nestausschnitt sind die nicht fortpflanzungsfähigen (sterilen) Arbeiterinnen mit der Pflege der Eier, Puppen und Larven, die ausschließlich von den Königinnen abstammen, beschäftigt. Charles Darwin konnte dieses Phänomen nicht schlüssig deuten. William Hamilton lieferte mit seiner Theorie der Verwandtenselektion eine gut belegte Erklärung.

schen Eltern/Nachkommen bzw. Geschwistern, s. Kapitel 2, Abb. 2.5, S. 66). Daher ziehen die Arbeiterinnen »anscheinend selbstlos« ihre eigenen Geschwister auf (d. h. die weiblichen Kinder der Königin) und verzichten auf eigene (leibliche) Töchter. Auf Grundlage derartiger Studien wissen wir, dass – im Gegensatz zu Darwins ursprünglicher Annahme – die Individuen in Tierpopulationen kein reines »egoistisches Einzelinteresse« verfolgen, sondern in ein komplexes Verwandten-Netzwerk eingebettet sind. Anders formuliert: Tiere verhalten sich je nach Verwandtschaftsgrad »egoistisch« oder »altruistisch«.

Obwohl Darwin (1859/1872) den Daseinswettbewerb (Struggle For Life) innerhalb der Individuen einer Population auf Grundlage der begrenzten Umwelt-Ressourcen immer wieder hervorgehoben hatte, diskutierte er ausführlich den Wettbewerb zwischen verschiedenen Arten. Nach Darwin soll eine überlegene Spezies eine weniger erfolgreiche Art verdrängen und dann deren Lebensraum übernehmen. Aus diesem Darwinschen »Art 1/Art 2-Konkurrenzprinzip« haben die Urväter der vergleichenden Verhaltensforschung (Ethologie), wie z. B. Konrad Lorenz (1903 – 1989), geschlossen, Individuen würden sich »zum Wohle ihrer Art« verhalten. Die Selektion würde somit primär die Gruppe (Population) erfassen. Diese »Darwin-Lorenzsche« Sicht der natürlichen Selektion (Lorenz 1965) hat z. B. noch mein akademischer Lehrer auf dem Gebiet der Evolutionsbiologie, der Zoologe Günther Osche (1926 – 2009), während meiner Studienzeit in Freiburg vertreten (Osche 1972).

Detaillierte Studien zum Sozialverhalten verschiedenster Tierarten haben im Verlauf der letzten Jahrzehnte zu einer völligen Revision unserer Sicht vom tierischen (und menschlichen) Verhalten geführt, die im Rahmen der Soziobiologie erforscht wird (Voland 2000). Wir wissen heute, dass die natürliche Selektion das Individuum (d. h. den einzelnen Phänotyp) erfasst. Die Mitglieder einer Spezies verhalten sich derart, dass Kopien *der eigenen Gene* in möglichst großer Zahl an die nächste Generation weitergegeben werden, und das oft zum Nachteil der Artgenossen (Prinzip des egoistischen Gens, Dawkins 1986). Tiere und Menschen im Naturzustand wurden im Verlauf der Stammesentwicklung daraufhin »selektioniert«, den eigenen Lebenszeit-Fortpflanzungserfolg (bzw. den der Verwandtschaftsgruppe) zu maximieren, mit der Konsequenz, dass das Leben wilder Tiere (und anderer frei lebender Organismen) voller Konflikte ist (Rivalitätskämpfe mit Todesfolgen, Geschwister-Konkurrenz, Mutter-Kind-Streitereien usw.). Im Lichte dieser *evolutionären Verhaltensforschung* (Kutschera 2008 a) können wir z. B. die Kindestötung (Infantizid) im Tierreich als für das Individuum sinnvoll verstehen (Abb. 3.10).

So töten z. B. Löwenmännchen bei der Übernahme einer Weibchengruppe die noch von den Müttern abhängigen fremden Kinder. Über diese drastische Maßnahme werden die Löwenweibchen bald wieder fortpflanzungsbereit, so dass der neue Rudel-Herrscher dann gezielt seine eigenen Gene in maxi-

Abb. 3.10: Kindestötung beim Serengeti-Löwen (*Panthera leo*). Die Zeichnung zeigt einen männlichen und einen weiblichen Löwen in der afrikanischen Savanne. Auf dem Foto ist ein männlicher Löwe abgebildet, der ein Jungtier eines fremden Vaters getötet hat (Infantizid) (nach Sachser, N.: *Biologen heute* 462/4, 2 – 7, 2002).

maler Zahl in die nächste Löwengeneration einbringen kann (Voland 2000). Als Nebeneffekt dieser »Kindestötung im Tierreich« wird gleich noch die Nachkommenschaft eines Konkurrenten eliminiert, ein Phänomen, das auch bei Süßwasseregeln dokumentiert werden konnte (Theorie der intraspezifischen Interferenz, s. Kutschera und Wirtz 2001). Darwin und Lorenz hätten (bzw. haben) diese Beobachtungen als »abnormales Verhalten« gedeutet. Obwohl sie diesbezüglich noch nicht auf dem Wissensstand unserer Zeit waren, haben beide Naturforscher dennoch jeweils ein zentrales Gebiet der Biowissenschaften mitbegründet (Evolutionsbiologie, Darwin 1859/1872 bzw. Ethologie, Lorenz 1965).

Darwin als Spezialist und Generalist

Warum diskutieren wir heute noch immer die Hypothesen und Theorien des 1809 geborenen britischen Naturforschers Charles Darwin und ignorieren andererseits aber die Leistungen anderer großer Wissenschaftler seiner Zeit? Diese Frage lässt sich rückblickend wie folgt beantworten. Darwin war einerseits *Spezialist* (und das auf vielen Gebieten), andererseits aber auch ein *Generalist*. Diesen Sachverhalt möchte ich anhand einer Episode aus meinem Leben als Biologe verdeutlichen.

Als 22-jähriger Student hatte ich mich über eine Zufalls-Entdeckung auf die Systematik und Evolution im Süßwasser lebender Ringelwürmer spezialisiert (aquatische Anneliden, Schwerpunkt Egel, Hirudinea; s. Kutschera und Wirtz 2001). Als Autor erster wissenschaftlicher Publikationen zu weiteren Forschungen motiviert, träumte ich damals davon, einmal einer der »Außenseiter-Fachleute« auf dem Gebiet der Egelkunde (Hirudineologie) zu werden, und dies u. a. aus dem folgenden Grund.

Beim Studium der Fachliteratur zur Süßwasserbiologie (Limnologie) stieß ich auf die Werke der Forscher Karl Viets (1882 – 1961) und Ewald Frömming (1899 – 1960). Der Erstgenannte war als Lehrer tätig, der Zweite arbeitete als Techniker in einem Industrie-Unternehmen; beide betrieben ihre Forschungen während der Freizeit. Keiner war Wissenschaftler »von Amts wegen«. Die Biologen hatten sich bereits als junge Männer auf ein Spezialgebiet »eingeschossen«: Viets war Spezialist auf dem Gebiet der Wassermilbenkunde (Hydracarinologie), Frömming *der* Fachmann für einheimische Land- und Wasserschnecken (Weichtierkunde, Malakologie). Die prächtigen Bücher zur Systematik und Biologie der Wassermilben (bzw. Schnecken) dieser produktiven Außenseiter-Biologen (Viets 1955/1956; Frömming 1956) beeindruckten mich Ende der 1970er-Jahre derart, dass diese Forscher zu meinen Vorbildern wurden. Ähnlich wie Charles Darwin (so dachte ich damals) seien diese »Nebenfach-Freizeitforscher« zu bedeutenden Fachmännern ihrer Spezialdisziplin herangereift, deren Werke Bestand haben würden. Besonders beeindruckt hatte mich damals, dass der Beitrag von K. Viets zur *Fauna von*

Deutschland (P. Bromer, Hg., Heidelberg 1959), die Wassermilben beschreibend, nahezu ausschließlich auf eigene Litera-
turstellen basierte: Dieser Spezialist war somit eine Fachauto-
rität ersten Ranges, dem in Anerkennung seiner wissenschaftlichen Leistungen u. a. ein Ehrendoktortitel verliehen wurde.

Charles Darwin beschäftigte sich in den Jahren 1846 bis
1854 nahezu ausschließlich mit der Abfassung seiner zweibändigen Monographie der Rankenfußkrebse (Cirripedia) (Abb.
3.11) – diese acht »Barnacle-Years« waren weitgehend dem
Studium der Systematik einer speziellen Tiergruppe gewidmet
(Darwin 1851/1854). Wie K. Viets und E. Frömming war C.
Darwin, ohne institutionelle Anbindung, zum führenden Spezialisten einer kleinen, wenig spektakulären Tiergruppe geworden – hier enden jedoch die Parallelen.

Im Gegensatz zu Viets und Frömming, die zeitlebens als
Naturforscher ausschließlich ihren Spezialstudien nachgegangen sind und im Wesentlichen Einzel-Fakten (Artbeschreibun-

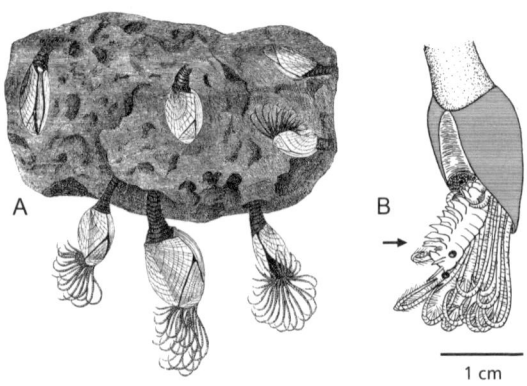

Abb. 3.11: Entenmuscheln (*Lepas anatifera*), auf einem Stück Bimsstein fest-
sitzend. Diese zu den Rankenfüßern (Cirripedia) zählenden Krebse wurden von
Charles Darwin intensiv erforscht. Darwins Resultate sind in seiner zweibändigen Monographie der Unterklasse der Cirripedia zusammengefasst (Darwin
1851/1854) (A). Erst 1959 wurde entdeckt, dass diese sessilen Meereskrebse
relativ große Beuteorganismen, wie z. B. *Artemia*-Krebschen (Pfeil) einfangen
und fressen (B) (nach Howard, G. K. & Scott, H. C.: *Science* 129, 717 – 718,
1959).

gen, Spezies-Listen, Daten zur Biologie ihrer Tiergruppe) erarbeitet haben (Viets 1955/1956; Frömming 1956), nutzte Darwin (1851/1854) sein spezielles Wissen auf dem Gebiet der »Cirripediologie« u. a. Fach-Disziplinen dazu, *allgemeine* Schlussfolgerungen zu ziehen. Wissenschaftshistoriker gehen heute davon aus, dass Darwins Thesen zu den Verwandtschaftsverhältnissen und somit der Stammesgeschichte (Phylogenese) der Organismen in entscheidendem Maße durch die Rankenfußkrebs-Studien vorangebracht worden sind (s. Kapitel 1). Durch Interpretation zahlreicher Einzelbefunde erstellte Darwin Hypothesen bzw. Theorien, die biologische Zusammenhänge beschreiben bzw. erklären und somit ein Bild »vom ganzen Naturgeschehen« lieferten. In seinem »Artenbuch« (Abb. 3.1) zieht sich das Wort »facts« (d. h. Fakten, Tatsachen) wie ein roter Faden durch den Text: Diese und jene Fakten werden vom Autor akribisch aufgelistet, beschrieben und dann interpretiert (Hypothesen- und Theorienbildung). Charles Darwin war somit einerseits ein vielseitiger *Spezialist*, auf der anderen Seite aber auch ein *Generalist* der Biologie: Er entwarf ein umfassendes Grundschema zu den graduellen Veränderungen in der belebten Natur entlang der Zeitachse und wurde somit zum Urvater einer neuen »Lebenslehre«, die zu einer zentralen Wissenschaftsdisziplin werden sollte (Evolutionsbiologie).

Alfred R. Wallace hat Charles Darwin einmal als den »Newton der Biologie« bezeichnet. Ist dieser Vergleich gerechtfertigt? Darwins Werke haben letztendlich dazu geführt, dass sich die im 19. Jahrhundert wenig geachtete »Wissenschaft vom Käfer- und Pflanzensammeln« von der rein beschreibend-sortierenden Ebene zu einer erklärenden, die großen Zusammenhänge aufzeigenden Naturwissenschaft entwickeln konnte. Anders formuliert: Die Biologie als ausschließlich einzelne Phänomene beschreibende Disziplin wurde von Darwin mit einem »vereinigenden Prinzip« oder »Rahmenthema« ausgestattet. Das Faktum der Abstammung mit Abänderung (Deszendenz mit Modifikation, d. h. Evolution) sowie eine erste allgemeine, erklärende Theorie (Variation und nachgeschaltete Selektion) waren mit Darwin (1859/1872) als Grundpfeiler der aufstrebenden Biowissenschaften erstmals fest etabliert.

Darwins Widerlegung der Design-Hypothese und der Tod der Elefanten

Wie bereits in Kapitel 1 dargelegt wurde, beschäftigte sich Charles Darwin während seines Studiums der Theologie in Cambridge im Detail mit den Schriften des Natur-Theologen William Paley (1743 – 1805). Dieser bedeutende Denker war mit den Erkenntnissen der Biologie der damaligen Zeit sehr gut vertraut. In seinem Hauptwerk *Natural Theology* (1802) finden wir detaillierte Beschreibungen zur Lebensweise der Tiere und Pflanzen. Als Erklärung für die Anpassung (Adaptation) und Komplexität der Organismen prägte Paley seinen bekannten »Teleologischen Gottesbeweis«. Genau wie z. B. eine im Wald gefundene Uhr auf einen Uhrmacher schließen lässt, kann analog dazu ein intelligenter »Käfermacher«, d. h. »Designer« abgeleitet werden: »Design must have a designer.« Wie bereits an anderer Stelle ausführlich belegt, hat Darwin in seinem Artenbuch dieses klassische Design-Argument wissenschaftlich fundiert widerlegt (Dawkins 1986, Kutschera 2004). Ergänzend möchte ich hier aus einem Brief zitieren, den Charles Darwin am 22. Mai 1860, also nur ein halbes Jahr nach Erscheinen seines Hauptwerkes, an den amerikanischen Botaniker Asa Gray (1810 – 1888) geschrieben hat. Im Zusammenhang mit Erörterungen zu Glaube und Wissen bzw. der Frage nach einem biblischen Schöpfer-Gott äußerte sich Darwin sinngemäß wie folgt:

»Ich kann mich nicht dazu überreden, dass ein gütiger und allmächtiger Gott mit Absicht die Schlupfwespen erschaffen haben würde mit dem ausdrücklichen Auftrag, sich im Körper lebender Raupen zu ernähren, oder dass eine Katze mit Mäusen spielen soll. Da ich daran nicht glaube, sehe ich auch keine Notwendigkeit in dem Glauben, dass das Auge bewusst geplant worden ist. Andererseits kann ich mich keineswegs damit abfinden, dieses wunderbare Universum und insbesondere die Natur des Menschen zu betrachten und zu folgern, dass alles nur das Ergebnis roher Kräfte sei. Ich neige dazu, alles als das Resultat vorbestimmter Gesetze aufzufassen, wobei die Einzelheiten, ob gut oder schlecht, dem Wirken dessen überlassen bleiben, was wir Zufall nennen könnten.«

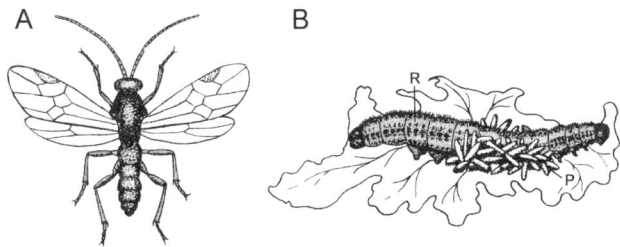

Abb. 3.12: Männliches Adulttier einer Schlupfwespe (*Ichneumon* sp.) (A). Diese Hautflügler (Familie Ichneumonidae) sind Parasitoide. Die Weibchen legen ihre Eier am Körper oder über einen Legestachel in die inneren Organe eines Wirtsorganismus (z. B. Schmetterlingsraupe, R) ab. Die sich entwickelnden Larven fressen den Wirtsorganismus von innen her auf und töten ihn hierbei. Die Puppen (P) der Schlupfwespen treten im rechten Bild (B) aus dem toten Wirtskörper hervor.   .

Heute wissen wir auf Grundlage zahlreicher Studien, dass alle Vertreter der Schlupfwespen (Ichneumonidae) in der Tat über Eiablagen ihre Wirtsorganismen langsam auffressen und letztendlich töten (Abb. 3.12). Ein wesentlich eindrucksvolleres Beispiel für die unglaublichen Grausamkeiten in der freien Natur liefern jedoch die Afrikanischen und Asiatischen Elefanten. Diese Dickhäuter, die über ein außergewöhnlich großes Gehirn verfügen, empfinden beim Tod verwandter und fremder Artgenossen Trauer. Elefanten leiden im menschlichen Sinne (Douglas-Hamilton et al. 2006) und verfügen möglicherweise sogar über ein Todesbewusstsein, da auch verstorbene, in der Verwesung befindliche Körper von Artgenossen besucht werden. Besonders grausam ist der natürliche Tod der Alttiere. Nachdem die letzten Mahlzähne (Molaren) dieser durch lange Stoßzähne gekennzeichneten Dickhäuter abgerieben sind (Zahnschmelz-Verbrauch), verhungern die Tiere nach und nach, da sie ihre Nahrung nicht mehr kauen können (Abb. 3.13). Diese intelligenten, Trauer und Schmerz empfindenden Großsäuger sterben somit einen langsamen, qualvollen Hungertod. Wahrscheinlich galt dieses »Todesurteil« auch für die ausgestorbenen Mastodonten, Rüsseltiere der Gattung *Mastodon*. Dieser Name wurde leider durch *Mammut* ersetzt,

Abb. 3.13: Der Asiatische Elefant (*Elephas maximus*) im natürlichen Lebensraum. Im Gegensatz zu seinem etwas größeren afrikanischen Verwandten (*Loxodonta africana*) wurde dieser u. a. in Indien lebende Großsäuger vom Menschen domestiziert und dient als gutmütiges Arbeitstier, wobei der aus einer verlängerten Nase hervorgegangene Rüssel als Werkzeug benutzt wird. Das Leben beider Elefantenarten wird durch die Abnutzung der letzten Mahlzähne (Molaren) begrenzt: Nach Abtrag der Zahnrillen können die ausgewachsenen, alternden Tiere nicht mehr kauen und sterben einen langsamen, grausamen Hungertod. Während dieses letzten Lebensabschnittes werden die sterbenden Elefanten in der Regel von mitleidenden Artgenossen, die keine direkten Verwandten sein müssen, aufgesucht.

Abb. 3.14: Rekonstruierte Abstammungsreihe ausgestorbener *Mastodon* (= *Mammut*)-Arten. Mastodons sind entfernte Verwandte der rezenten Elefanten und ausgestorbenen Wollhaar-Mammuts. Die evolutionäre Entwicklungsreihe verdeutlicht, dass der Rüssel aus einer verlängerten Nase hervorgegangen ist, während die oberen Stoßzähne vergrößerte obere Schneidezähne darstellen. Im Gegensatz zu den Elefanten und Wollhaar-Mammuts, die zwei Stoßzähne besitzen, sind die Mastodons durch vier derartige Kopfauswüchse gekennzeichnet. Die Arten *M. angustidens* (A), *M. longirostris* (B) und *M. arvernensis* lebten im Miozän bzw. Unteren (U.) und Oberen (O.) Pliozän. Die Zeiten (Millionen Jahre vor der Gegenwart) sind Näherungswerte (nach Abel, O.: *Lebensbilder aus der Tierwelt der Vorzeit*. Jena, 1922).

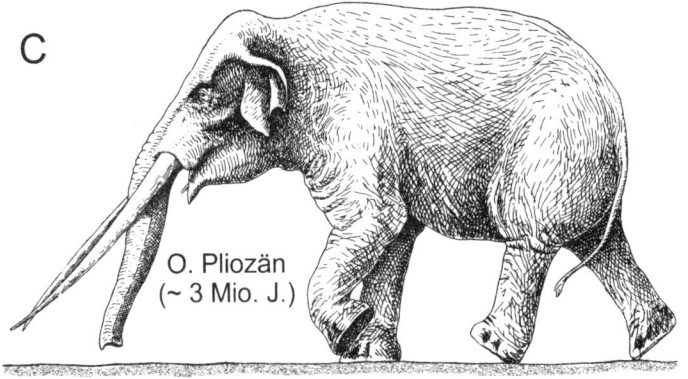

O. Pliozän
(~ 3 Mio. J.)

Mastodon arvernensis

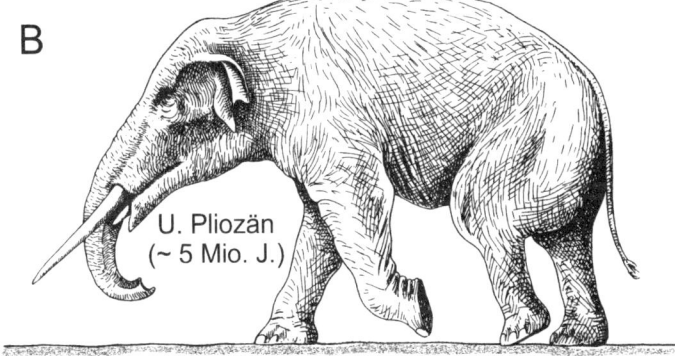

U. Pliozän
(~ 5 Mio. J.)

Mastodon longirostris

Miozän
(~ 11 Mio. J.)

Mastodon angustidens

was zu Verwechslungen mit den Wollhaar-Mammuts, die unter dem Gattungsbegriff *Mammuthus* zusammengefasst sind, geführt hat (Abb. 3.14). Wir werden in Kapitel 9 auf Grundlage von DNA-Sequenzanalysen und Fossilfunden auf die Evolution der Elefanten und Mastodons zurückkommen (Abb. 9.8, S. 277). Dort sind die Molaren aller hier angesprochenen Rüsseltier-Arten abgebildet.

Diese Ausführungen zu Leiden und Tod der Dickhäuter sollen das »Darwinsche Gleichnis« vom grausamen, aber dennoch angeblich »allmächtigen Schöpfer-Gott bzw. Designer« ergänzen. Hätte Darwin vom langsamen Hungertod der Elefanten, der auf »un-intelligentes Zahn-Design« zurückführbar ist, gewusst, so wären seine negativen Bemerkungen zum »guten biblischen Gott« wahrscheinlich noch drastischer ausgefallen. Es sei an dieser Stelle darauf hingewiesen, dass Darwin in seiner Doppel-Veröffentlichung mit Wallace, in der das Selektionsprinzip abgeleitet wurde, die Elefanten als Beispiel aufführt (s. Abb. 1.13, S. 46).

Abschließend soll erwähnt werden, dass Darwin in seinen Reisebeschreibungen ausführlich die Sklaverei diskutiert und in schärfster Form verurteilt hat. Der sensible Naturforscher sah sich in Südamerika mehrfach genötigt, die unmenschlich-verbrecherische Behandlung so genannter »Neger-Sklaven« durch ihre bibeltreuen, weißhäutigen »kultivierten« Beherrscher durch persönliches Einschreiten zu verhindern (Darwin 1839/1845).

Eine ausführliche, logisch-konsistente Widerlegung des von W. Paley (1802) formulierten »Design-Arguments« hat der Wissenschaftstheoretiker und Biologe M. Mahner publiziert (s. Kapitel 11 im Sammelband Kutschera 2007 a). Weiterhin verweise ich auf das klassische Buch von Dawkins (1986). Wir wollen mit diesen Literaturhinweisen dieses Thema abschließen und uns im folgenden Kapitel dem naturwissenschaftlichen Gesamtwerk von Charles Darwin zuwenden.

4. Unbekannte Theorien des Biologen Charles Darwin: Von den Rankenfüßern über Rankenbewegungen zur Riffbildung

Hätte der im Fach Theologie examinierte Naturforscher Charles Darwin niemals sein berühmtes »Artenbuch« (*On the Origin of Species*, 1859/1872) geschrieben, wäre er dennoch im Kreise der Biologen und Geologen unsterblich geworden: Seine Werke zu anderen Fragen der »Lebens- und Erdwissenschaften« sind derart gehaltvoll und originell, dass dem Autor bereits zu Lebzeiten ein Ehrenplatz im Kreise der größten Naturforscher seiner Zeit zuteil geworden ist. In diesem Abschnitt möchte ich einige der wichtigen Darwinschen Theorien darstellen, die nicht in der Buch-Trilogie *Origin of Species/Variation under Domestication/Descent of Man* (Erstauflagen 1859, 1868, 1871) enthalten sind. Hierbei wollen wir uns im Wesentlichen auf den Biologen Darwin konzentrieren, da der Geologe bereits in einer aktuellen Monographie gewürdigt worden ist (Herbert 2005). Manche der hier vorgetragenen Darwinschen Schlussfolgerungen sind eher als Hypothesen oder Konzepte zu bewerten. Da der Übergang von der Hypothese zu Theorie nicht präzise zu ziehen ist, wollen wir in diesem Kapitel verallgemeinernd von den »Theorien« des britischen Naturforschers sprechen und hierbei auch hypothetische Gedankengebäude, sofern sie auf Fakten basieren, einbeziehen.

Warum sind diese wenig bekannten Darwinschen Schlussfolgerungen, die in einigen Fällen keinen direkten Bezug zur Deszendenztheorie (bzw. der Arten-Transformation) haben, für uns heute noch von Interesse? Die zahlreichen, dem Nicht-Spezialisten meist unbekannten Darwinschen Theorien belegen, dass der britische Naturforscher ein konzentriert arbeitender Sammler, Beobachter und Experimentator war, dessen Vermögen zur Hypothesen- und Theorienbildung weit über dem seiner forschenden Kollegen einzustufen ist. In Abb. 4.1 A ist der Wissenschaftler auf einem Foto aus dem Jahr 1854 dargestellt.

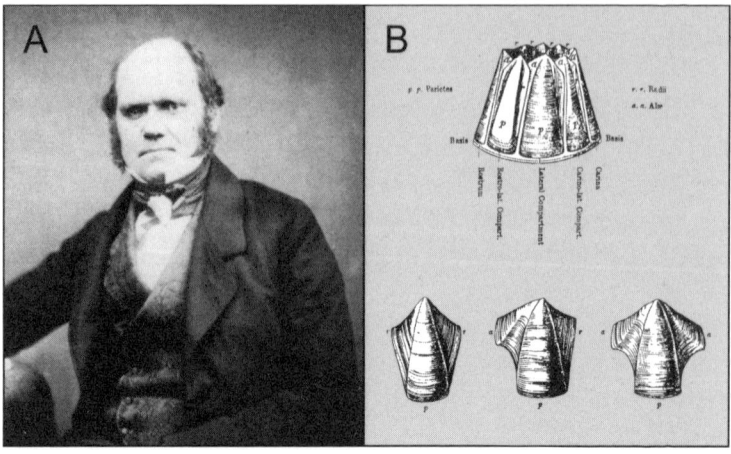

Abb. 4.1: Der Tiersystematiker Charles Darwin im Jahr 1854 nach Abschluss seines zweibändigen Werkes über die Rankenfußkrebse (Cirripedia) (A). Einige Graphiken aus diesem bedeutenden Werk sind rechts abgebildet (B). Darwin etablierte in dieser Monographie u. a. die noch heute gültige Nomenklatur der Schalenteile dieser sessilen Meereskrebse.

Zu dieser Zeit hatte Darwin seine zweibändige, nahezu 1100 Druckseiten umfassende Monographie zur Systematik der Rankenfußkrebse (Cirripedia) abgeschlossen (Darwin 1851/1854). In diesem bedeutenden Werk (Abb. 4.1 B) sind zahlreiche Fakten und Erklärungen (Theorien) zu speziellen Fragen der Morphologie, Anatomie und Biologie dieser Tiergruppe formuliert, auf die hier nicht eingegangen werden kann (Newman 1993). Die geistig-körperliche Erschöpfung ist dem fleißigen, endogen motivierten Forscher und Buchautor auf dem hier reproduzierten Portrait ins Gesicht geschrieben.

Biogenese-Theorie zur Entstehung der ersten Zellen

Beim oberflächlichen Studium von Darwins Artenbuch (1859/1872) fällt dem Leser einerseits auf, dass der Autor die so genannte »Schöpfungstheorie« (»theory of creation«) eindeutig durch Fakten und logische Schlussfolgerung widerlegt und diesen christlichen Mythos durch seine »Deszendenztheorie« (»theory of descent with modification«) ersetzt hat. Andererseits schreibt Darwin auf der letzten Seite seines Buchs jedoch, der Schöpfer hätte einigen wenigen urtümlichen Formen das Leben eingehaucht und ausgehend von diesen einzelligen Ur-Lebewesen wären alle weiteren Organismen auf natürliche Art und Weise entstanden: »There is grandeur in this view of life, with its several powers, having been originally breathed by the Creator into a few forms or into one; and that, whilst this planet has gone circling on according to the fixed law of gravity, from so simple a beginning endless forms most beautiful and most wonderful have been, and are being, evolved« (letzter Satz aus der 1. und 6. Auflage, in dem als letztes Wort der Begriff »evolviert« vorkommt). In sinngemäßer Übersetzung sagte Darwin hier das Folgende: »Es liegt etwas Erhabenes in dieser Sicht des Lebens, mit seinen zahlreichen Kräften, die ursprünglich vom Schöpfer in einige wenige oder eine einzige Lebensform eingehaucht wurde; und dass, während sich der Planet nach den Gesetzen der Schwerkraft weitergedreht hat, aus so einem einfachen Ursprung endlose, schöne und wundervolle Formen evolviert sind.«

Wie wir dem »Schlusswort« von Darwins Erst-Übersetzer H. G. Bronn (1860) entnehmen können, waren viele Naturforscher zu dieser Zeit davon überzeugt, der britische Biologe hätte dieses Zugeständnis an die biblische Schöpfungsgeschichte ernst gemeint. In Kapitel 5 werden wir erfahren, dass dies jedoch nicht der Fall war.

Wir wissen aus einem Brief an Joseph Dalton Hooker vom 1. Februar 1871, dass dieses Zugeständnis an »den Schöpfer« ausschließlich aus taktischen Gründen in das Artenbuch aufgenommen wurde. Hätte Darwin auch den Ursprung der ersten Zellen rein naturalistisch (unter Ausklammerung biblischer Wunder) hergeleitet, so hätten die Kreationisten seiner Zeit dem schüchternen Naturforscher wohl große Probleme bereitet: Darwins Villa wäre möglicherweise von protestierenden Christen umstellt worden usw.

In dem oben angesprochenen Schreiben, das von Sohn Francis 1898 in einer Briefe-Sammlung publiziert wurde, formuliert

Darwin seine naturalistische *Biogenese-Theorie* wie folgt: »If …
we could conceive in some warm little pond, with all sorts of
ammonia and phosphoric salts, light, heat, electricity, etc., present, that a protein compound was chemically formed ready to
undergo still more complex changes. At the present day, such
matter would be instantly devoured or absorbed which would
not have been the case before living creatures were formed.«
Kurz zusammengefasst: Darwin dachte sich einen kleinen,
warmen Tümpel in der Urzeit, in dem aus »Ammonium und
phosphorischen Salzen« unter der Wirkung von Licht, Hitze,
Elektrizität usw. auf chemischem Wege gewisse Proteinkom-
ponenten gebildet worden seien, die wiederum komplexe Abänderungen erfahren haben würden. Aus diesen Molekülen sollen
dann die ersten Urzellen entstanden sein. Darwin weist außerdem darauf hin, dass eine derartige Entstehung organischer
Substanzen heute zu keinem bleibenden Produkt führen würde,
da energiereiche organische Verbindungen sofort von den existierenden Lebewesen gefressen würden (Abb. 4.2 A).

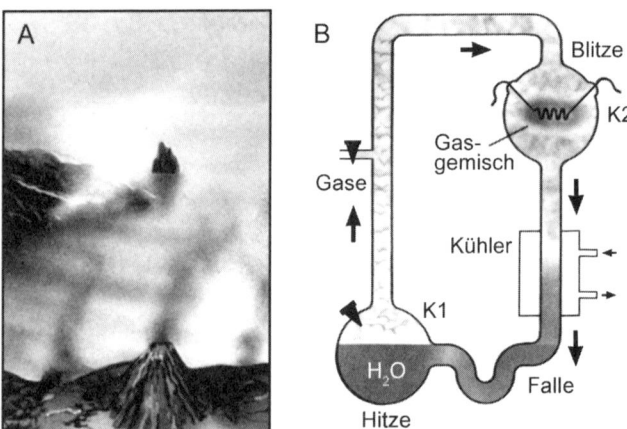

Abb. 4.2: Veranschaulichung von Darwins Urtümpel-Hypothese zum Ursprung
der ersten Lebensformen (chemische Evolution). Rekonstruiertes Bild archai-
scher Gewässer (A) und Darstellung des »Origin-of-Life«-Experiments von S. L.
Miller, mit dem 1955 erstmals die Entstehung organischer Moleküle
(Aminosäuren usw.) aus anorganischen Substanzen (Wasserdampf, verschiedene Gase) nachgewiesen werden konnte (B). K1/2 = Kolben 1 und 2.

Darwins Biogenese-Vorstellungen werden noch heute in der Fachliteratur zitiert. So weist etwa der Forscher M. Bernstein (2006) in einem Beitrag zur chemischen Evolution ausdrücklich auf Darwins Hypothese hin, die er als ernst zu nehmende Theorie darstellt: Der Autor bezeichnet Darwins Thesen u. a. als »the first … non-mythological conceptions of how life emerged« und verweist auf die »Origin-of-Life-Experimente« des Chemikers S. L. Miller (Abb. 4.2 B) (aktuelle Darstellung dieser Versuche, s. Kutschera 2008 a). Wir können daher mit Recht Charles Darwin als einen der geistigen Urväter der modernen Biogeneseforschung bezeichnen.

Wie eingangs bereits dargestellt wurde, hat die Frage nach dem Ursprung der ersten Zellen keinen direkten Bezug zur Darwinschen Problematik des evolutionären Artenwandels. Auch wenn die ersten Vorläufer-Zellen (Ur-Mikroben) vor etwa 4 Milliarden Jahren vom Mars über Asteroide auf die junge Erde gelangt wären und sich über die in den Kapiteln 3 und 10 zusammenfassend dargestellten Mechanismen zur heutigen Formenvielfalt (Biodiversität) entwickelt haben würden, wären die fünf Darwinschen Theorien zum Artenwandel noch immer unsere klassischen, bleibenden Grundkonzepte der Evolutionsbiologie.

Theorie zum Ursprung menschlicher Emotionen

Wir hatten in Kapitel 3 dargelegt, dass Elefanten außergewöhnlich sensible Großsäuger sind, die u. a. bei Leiden und Tod eines Rudelgenossen »Mitgefühl und Trauer« empfinden. Diese erst vor wenigen Jahren bekannt gewordenen menschenähnlichen Empfindungen der Afrikanischen und Indischen Dickhäuter wären für Charles Darwin von großem Interesse gewesen: Der britische Biologe ist über eines seiner Nebenwerke als Urvater der Emotionen-Forschung bei Menschen und Tieren in die Wissenschaftsgeschichte eingegangen.

In Darwins 1872 erschienenem Buch *The Expression of the Emotions in Man and Animals*, das kurz darauf unter dem Titel *Der Ausdruck der Gemütsbewegungen bei dem Menschen und den Tieren* in Deutschland veröffentlicht wurde, formulierte er seine Theorie von der gemeinsamen Abstammung der Emotionen bei »niederen Tieren« und verschiedenen Menschengruppen (Rassen bzw. Ethnien). Zunächst sei darauf hingewiesen, dass der von Darwin (1872) verwendete Begriff »Emotions« als unscharfes Sammelwort für verschiedenste Gemütszustände, wie z. B. Freude, Angst, Zorn, Wut, Abscheu, Mitgefühl, Respekt, Unterwürfigkeit, Eifersucht, Trauer, Verzweiflung, Zuneigung usw. verwendet wird. Die Frage, ob diese Terminologie neuesten Erkenntnissen der psychologischen Forschung entspricht, soll hier nicht diskutiert werden (Bekoff 2000).

Wie in seinem Hauptwerk zum Ursprung der Arten beginnt Darwin sein »Emotionenbuch« mit einer Würdigung der Leistungen seiner Vorgänger. Obwohl zum Thema bereits damals zahlreiche Schriften vorgelegen hatten, lieferten die von Darwin (1872) zitierten Autoren keine *Erklärungen* der von ihnen mitgeteilten Beobachtungen. Charles Darwin führt diesen Mangel an Einsicht darauf zurück, dass diese Forscher an das Dogma der unabhängigen Schöpfungsakte geglaubt haben. In seiner Einleitung bewertet Darwin den biblischen Schöpfungsglauben sinngemäß wie folgt: »Nach der Theorie von den unabhängigen Schöpfungen (des Menschen und der Tiere) kann alles und jenes (Phänomen) gleich gut erklärt werden: In Bezug auf die Lehre von den Emotionen hat diese Ansicht sich als verderblich erwiesen, ebenso wie in Bezug auf jeden anderen Zweig der Naturgeschichte.« Darwin sagt in diesen Sätzen, dass die »Schöpfungstheorie« alles und somit nichts erklärt, während die von ihm begründete »Theorie der Deszendenz mit Modifikationen«, u. a. auf menschliche Emotionen bezogen, spezifische Sachverhalte logisch verdeutlichen kann. Darwins Kernthese im »Emotionenbuch« lautet wie folgt: »Beim Menschen lassen sich einige Formen des Gesichtsausdrucks, so das Sträuben der Haare unter dem Einfluss des äußersten Schreckens oder das Entblößen der Zähne unter dem der rasenden Wut, kaum verstehen, ausgenommen unter der Annahme, dass der Mensch früher einmal in einem viel niedrigeren Zustand existiert hat.« Anders formuliert: Nach Darwin können Gemütszustände nur im Lichte der Evolution verstanden werden.

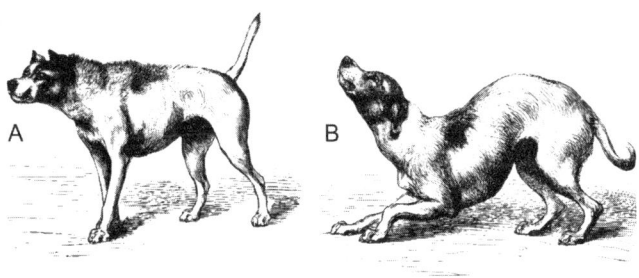

Abb. 4.3: Gemütsbewegungen (Emotionen) beim Haushund (*Canis familiaris*). Ein ausgewachsener Hund nähert sich einem Artgenossen in abwehrend-feindseliger Absicht (A). Derselbe Hund in einer demütig-zuneigungsvollen Verfassung (B). Man beachte den jeweiligen Gesichtsausdruck des Haustiers (nach Darwin, C.: *The Expression of the Emotions in Man and Animals*. London, 1872).

Charles Darwin beginnt die umfassende Begründung seiner Emotionen-Theorie mit einer Beschreibung bzw. Analyse des Verhaltens seiner Haustiere. So geht er z. B. ausführlich auf die »Gemüts- und Seelenzustände« seines Hundes ein, der ihn auf seinen täglichen Spaziergängen begleitet hat (Abb. 4.3). Der wohl gehaltvollste Teil seines »Emotionenbuchs« besteht in einer Zusammenfassung von Beobachtungen an verschiedenen Affenarten (Orang-Utans, Schimpansen, Gibbons usw.) und Menschengruppen (Rassen bzw. Ethnien), die nicht aus Europa stammen. Die zuletzt genannten Untersuchungen hat Darwin zum Großteil von fremden Personen, denen er in der Einleitung seines Textes dankt, durchführen lassen (Auftragsforschung). Der in Darwin (1872) abgebildete »Schimpanse, enttäuscht und mürrisch daherblickend«, ist in unserer Abb. 4.4 unter dem Schlagwort »Aufregung«, ergänzt durch alternative Gemütsverfassungen, dargestellt.

Darwin weist darauf hin, dass diese Ausdrucksformen denen des Menschen äußerst ähnlich sind, und formulierte auf Grundlage dieser u. a. Befunde seine Kernthese, dass die Emotionen bei Mensch und Tier von gemeinsamen Vorfahren abstammen. Nicht nur die anatomisch-physiologischen Merkmale des Menschen lassen sich somit, wie in Darwins Werk

Descent of Man (1871) dargelegt, von affenähnlichen Urformen ableiten: Auch Verhaltensweisen und Gemützzustände sind nach Darwin (1872) ein Erbe der Evolution.

Noch bedeutungsvoller als diese vergleichenden Tier-Studien (Abb. 4.3, 4.4) war Darwins bereits erwähnte Auftragsforschung, die über einen von ihm entworfenen Fragebogen von reisenden Naturwissenschaftlern, Missionaren und Privatpersonen erledigt wurde. Eingeborene (»Wilde«) Menschengruppen in Australien, Neuseeland, Malaysien (Borneo), China, Indien, Ceylon und Afrika verfügen bezüglich ihrer Gesichtsausdrücke (Emotionen) dieselben, für Europäer typische Reaktionen. Alle Menschen der Erde, gleich welcher ethnischen Gruppe sie angehören, zeigen nach Darwin (1872) somit allgemein gültige Gefühlsäußerungen (Weinen, Lachen usw.), die wiederum jenen unserer nächsten Verwandten wesensgleich sind (Abb. 4.4). Darwin (1872) zog aus diesen tierpsychologischen Studien weit reichende Schlussfolgerungen: In der Zusammenfassung seines Werkes schreibt er sinngemäß, dass »alle wichtigen Ausdrucksweisen, über die der Mensch verfügt, über die ganze Erde die-

Ruheposition   Lachen   Wut

Trauer   Weinen   Aufregung

Abb. 4.4: Zeichnungen eines ausgewachsenen Schimpansen (*Pan troglodytes*) in verschiedenen Gemützzuständen. Charles Darwin hat diese so genannte Emotionen-Forschung mit seinem Standardwerk aus dem Jahr 1872 begründet.

selben sind. Diese Tatsache ... unterstützt die Annahme, dass die verschiedenen Rassen von einer einzigen Stammform abzuleiten sind, welche beinahe vollständig menschlich in ihrem Bau ... gewesen sein muss«. Der Autor spricht weiterhin von »vererbten Ausdrucksformen« und begründete damit im Prinzip die Theorie von den angeborenen (biologischen oder evolutionären) Wurzeln des menschlichen Verhaltens (Grundlage der Soziobiologie, Voland 2000). In seinem bereits oben zitierten Werk zur Abstammung des Menschen (1871) formulierte der Biologe die These, dass der moderne Mensch aus Afrika stammen könnte. Kombinieren wir dieses Darwinsche »Out-of-Africa«-Postulat mit den im »Emotionenbuch« dargelegten Befunden, so wird deutlich, dass Charles Darwin auch auf dem Gebiet der Menschenkunde (Anthropologie) bahnbrechende Einsichten geliefert hat, die Jahrzehnte später u. a. durch Fossilfunde und molekularbiologische Analysen bestätigt werden konnten (Benton 2005, Junker 2006, Kutschera 2008 a).

Es sei abschließend darauf hingewiesen, dass Darwin (1872) bei der Beschreibung und Analyse der tierischen und menschlichen Emotionen eine Reihe kleiner Fehler unterlaufen ist. So interpretieren wir heute z. B. das »Schnuten-Gesicht« des Schimpansen als »Aufregung« (Abb. 4.4). Das Lachen bei Schimpansen wird als Nebenprodukt des Spielverhaltens und nicht, wie Darwin (1872) vermutet hatte, als abgeleitete Furcht-Reaktion interpretiert. Weiterhin arbeitete Darwin die von Lamarck geprägte Theorie einer Vererbung erworbener (erlernter) Eigenschaften in den Text ein. Diesbezüglich lag er in seinem »Emotionenbuch« an vielen Stellen falsch (s. Kapitel 3). Zusammenfassend muss allerdings hervorgehoben werden, dass Darwins grundlegende Theorie vom evolutionären Ursprung der menschlichen Emotionen durch jahrzehntelange Forschungen im Prinzip bestätigt werden konnte (Bekhoff 2000), obwohl dieses Werk eine Reihe kleinerer Irrtümer enthält.

Die Wuchsstoff-Hypothese und Begründung der Entwicklungsphysiologie

Die im letzten Abschnitt dargelegten Darwinschen Theorien lassen sich problemlos im Zusammenhang seiner These von der »Affen-Abstammung des Menschen« einordnen. Bereits in seinem Artenbuch (Darwin 1859/1872) deutet der Autor an, dass »Licht auf die Herkunft des Menschen fallen werde«. Beim Studium des Hauptwerks fällt allerdings auf, dass Darwin zahlreiche Beispiele aus dem Pflanzenreich bespricht. Wir wollen daher an dieser Stelle den Botaniker und Pflanzenphysiologen Charles Darwin unter Darlegung seiner wichtigsten Theorien auf dem Gebiet der »grünen Biologie« vorstellen. Hierbei soll das umfassende Spätwerk *The Power of Movements in Plants*, verfasst von Charles Darwin unter Mitwirkung seines Sohnes Francis, in den Mittelpunkt gerückt werden. Dieses Buch ist 1880 in Europa (London) und 1881 in den USA (New York) erschienen und wurde kurz darauf ins Deutsche übersetzt. Obwohl Darwins Sohn Francis später als *Lecturer* für Botanik/ Pflanzenphysiologie eine wissenschaftliche Karriere durchlaufen hatte und u. a. über ein Buch (Darwin und Acton 1892) noch heute zitiert wird (s. z. B. Kutschera und Niklas 2007), stand er – wie Mozarts begabter Sohn Franz Xaver (s. Kapitel 2) – zeitlebens im Schatten seines genialen Vaters. Wir wollen im Folgenden aus dem Werk »Darwin (1880)« zitieren, aber hierbei immer auch die Leistungen von Sohn Francis im Gedächtnis behalten.

Das unter dem deutschen Titel *Über Bewegungsvorgänge bei Pflanzen* bekannt gewordene »Charles-und-Francis-Darwin-Buch« enthält drei grundlegende, auf Fakten basierende Hypothesen (bzw. Theorien), die nachfolgend dargestellt und aus heutiger Sicht bewertet werden sollen: Die *Wuchsstoff-Hypothese*, die *Wurzelspitzen-Hirn-Analogie* und die *Circum-nutations-Theorie* pflanzlicher Bewegungsvorgänge. In diesem Abschnitt wollen wir Darwins größte Leistung als Pflanzen-physiologe, die Etablierung des Getreidekeimlings als Versuchs-objekt für die Wuchsstoff-Forschung, verbunden mit seiner *Transmissions-Hypothese*, darlegen.

In den meisten Lehrbüchern zur Pflanzenphysiologie sowie in zusammenfassenden Übersichtsartikeln (Reviews) zum Thema »Physiologie der Zellstreckung/Wirkung des Pflanzenhormons Auxin« wird Charles Darwin als Urvater dieser Forschungsrichtung genannt (z. B. Kutschera 2002, 2003 b). In Abb. 4.5 ist ein Schema zur historischen Entwicklung (»Evolution«) der Wuchsstoff-Forschung dargestellt, das mit den Experimenten des Vater-Sohn-Duos Darwin (1880) beginnt. Was hatten die beiden Forscher in ihrem Privatlabor Neuartiges geleistet? Aus den Biographien zu Darwins Leben (z. B. Desmond und Moore 1991) geht hervor, dass der Biologe in seiner Villa u. a. verschiedene Vögel in großen Käfiganlagen gehalten hat und diese selbst fütterte. Es ist daher denkbar, dass Darwin für seine botanischen Untersuchungen u. a. Vogelfutter ausgesät hatte. So sind z. B. die Samen (d. h. Karyopsen) verschiedener Gräser Bestandteil der üblichen Vogelnahrung. Wie dem auch sei, die Darwins verwendeten für einige Experimente in Dunkelheit herangezogene (etiolierte) Keimlinge von Glanzgras (*Phaleris canariensis*) und Hafer (*Avena sativa*). Mit diesen rasch wachsenden Schösslingen erforschten die beiden Physiologen die Lichtsensitivität der Koleoptile. Dieses für Graskeimlinge charakteristische, das zarte Primärblatt umschließende Schutzorgan krümmt sich bei einseitiger Belichtung zur Strahlungsquelle hin: Wir bezeichnen diese differentielle Wachstumsreaktion als positiven Phototropismus (Kutschera 2002, Schopfer und Brennicke 2006).

Die Darwins wiesen über elegante Experimente nach, dass nur die Spitze der Koleoptile, nicht jedoch die darunter liegenden Bereiche des Organs, den Lichtreiz wahrnehmen kann. Aus derartigen experimentellen Daten (Fakten) leiteten sie die Hypothese ab, dass die Spitze »einen Einfluss zu den unteren Teilen aussendet, der die Krümmung der basalen Organhälfte auslöst«. Dieser in der Spitze gebildete, nach unten transmittierte »Einfluss« konnte 1928 von dem niederländischen Botaniker Fritz Went (1903 – 1990) als Auxin (Indol-3-Essigsäure) identifiziert werden. Über die in Abb. 4.5 skizzierten Zwischenstufen entwickelte sich die Wuchsstoff(Auxin)-Forschung. Im Jahr 1982 wurden spezielle Wachstumsappa-

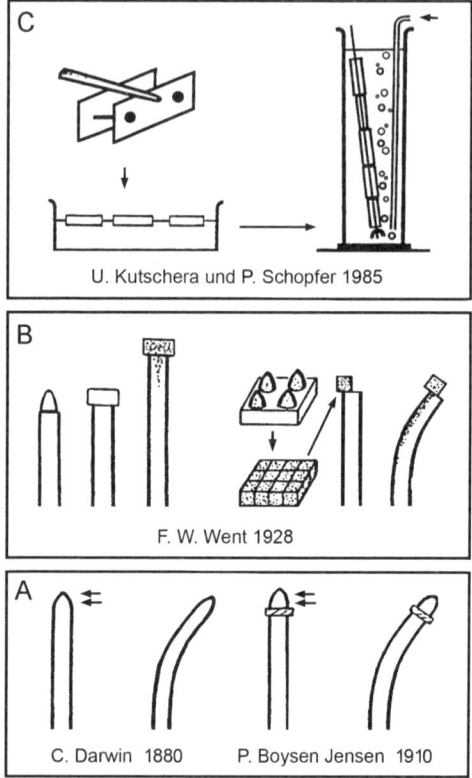

Abb. 4.5: Entwicklung der Wuchsstoff(Auxin)-Forschung, ausgehend von Darwins Untersuchungen zum Phototropismus von in Dunkelheit angezogenen Graskeimlingen (Koleoptilen, s. Abb. 4.7 A). Die Darwins bestrahlten ihre Keimlinge einseitig (Pfeile) und beobachteten eine Organkrümmung, die sie auf eine von oben nach unten wandernde Substanz zurückführten (A). Ohne Spitze war kein derartiger Effekt nachweisbar. P. Boysen-Jensen wies 1910 nach, dass der von Darwin postulierte Wuchsstoff real existiert und über ein Stückchen Gelatine wandern kann. F. W. Went zeigte 1928, dass die Koleoptilspitze durch ein Agarblöckchen, dem zuvor isolierte Spitzen aufgesetzt wurden, ersetzt werden kann. Der Wuchsstoff (Auxin) diffundiert aus der Spitze in den Block und gelangt über diesen in die Graskoleoptile (B). Der rechts abgebildete Krümmungstest belegt, dass Auxin nur dort wirkt, wo es von oben her in die Zellen des spitzenlosen Organs gelangt. U. Kutschera und P. Schopfer führten 1985 Methoden zur Quantifizierung des Auxin-vermittelten Koleoptilwachstums ein (C), die noch heute unter dem Begriff »Segment-Test« im Gebrauch sind (nach Kutschera, U.: *Curr. Top. Plant Biol.* 4, 27 – 46, 2003).

raturen erfunden, die noch heute bei der Erforschung der Hormonwirkung eingesetzt werden (Kutschera 2002, 2003 b, 2006, Schopfer und Brennicke 2006).

Charles Darwin kann somit als der Urvater der Pflanzenhormon-Forschung und daher als Mitbegründer eines Teilgebietes der pflanzlichen Entwicklungsphysiologie angesehen werden. Dieser Zweig der Physiologie ist noch heute von großem theoretischem Interesse (Analyse der Mechanismen der Zellstreckung) und praktischem Nutzen (Freiland-Versuche zur Erhöhung der Flächenerträge ausgewählter Nutzpflanzen durch Applikation gewisser Wuchsstoffe).

Circumnutations-Hypothese und Bewegungsvorgänge der Pflanzen

In der Einleitung zu seinem 592 Druckseiten umfassenden Werk über die *Bewegungsvorgänge der Pflanzen* führte Darwin (1880) eine Definition ein, die bis heute gilt. Unter Verweis auf die Werke anderer Botaniker bezeichnete der britische Biologe die Pendel- bzw. Kreisbewegungen der Spitzen wachsender Keimlinge und diejenigen anderer Organe gewisser Pflanzen (z. B. Ranken) als *Circumnutationen*. Ausgehend von seiner Schrift *The Movements and Habits of Climbing Plants* (Darwin 1867), die acht Jahre später in einer erweiterten Fassung als Buch erschienen ist, erläuterte er am Beispiel von Kletterpflanzen seinen neuen Terminus. Darwin (1880) belegte an zahlreichen Beispielen aus dem Reich der Blütenpflanzen, dass Pendel- bzw. Kreisbewegungen universell verbreitet sind. Selbst bei jungen Wurzeln, die im Erdreich wachsen, konnte er dieses Phänomen nachweisen. Darwins *Theorie von der Universalität der Circumnutationen* wachsender Sprosse und Wurzeln konnte von zahlreichen Physiologen in späteren Jahren bestätigt werden. Heute sehen wir die Pendelbewegungen wachsender Keimlinge immer wieder in Zeitraffer-Filmen im Fernsehen – zu Darwins Zeit war man noch auf gröbere Methoden angewiesen, mit Hilfe derer jedoch dieses Pendel-Phänomen eindeutig belegt werden konnte.

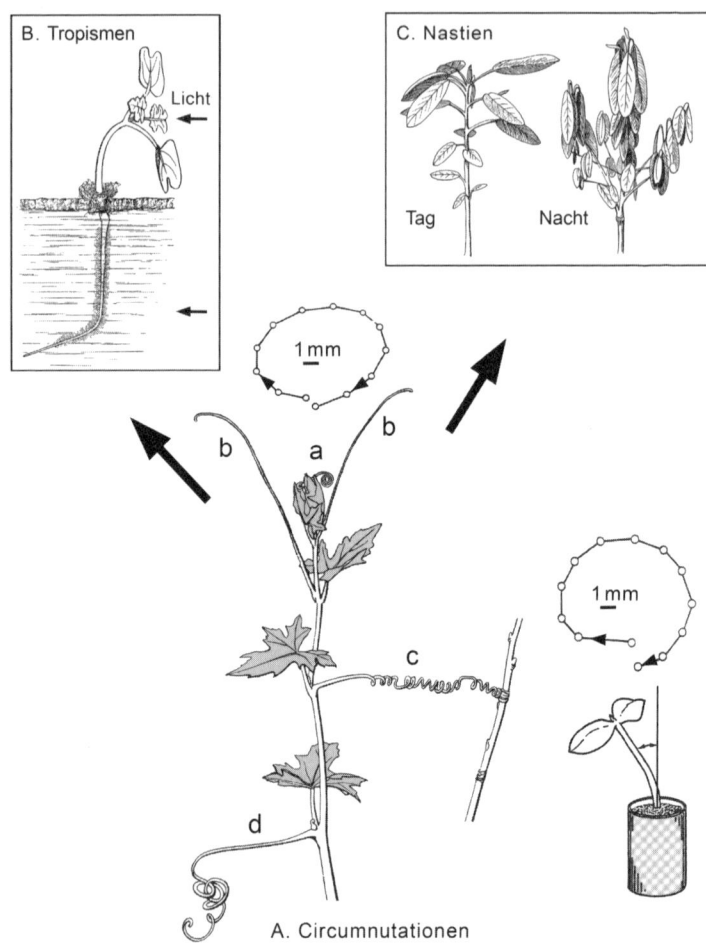

Abb. 4.6: Darwins Theorie zum Ursprung pflanzlicher Bewegungsvorgänge. Obere Spross-Spitze der Zaunrübe (*Bryonia dioica*) und Keimling der Sonnenblume (*Helianthus annuus*). Die obersten Ranken entfalten sich (a, b) und führen im gestreckten Zustand kreisförmige Suchbewegungen durch (Circumnutationen). Nach Umschlingung eines festen Gegenstandes und Einspiralisierung (c) rankt sich das Gewächs empor. Ranken, die keine Stütze gefunden haben, verwelken bald (d). Der Sonnenblumenkeimling zeigt ähnliche Kreisbewegungen (A). Diese Darwinschen Circumnutationen sind universell im Pflanzenreich verbreitet. Sie repräsentieren jedoch nicht die Urform aller Bewegungsvorgänge (z. B. durch Licht gesteuerte Tropismen, B, oder vom Tag/Nacht-Rhythmus synchronisierte Blattbewegungen, C), wie Darwin postuliert hatte.

Wie Abb. 4.6 A zeigt, kreisen z. B. die Ranken der Zaunrübe (*Bryonia dioica*) im Raum umher. Der biologische Selektionsvorteil für die Pflanze, die ohne Ausbildung verholzter Stützgewebe dennoch bis 10 m hoch wachsen kann, ist offensichtlich. Die wachsende Sprossachse »sucht« über diese Kreisbewegungen (Erhöhung des Aktionsradius) eine Stütze (z. B. Ast eines Baumes oder Busches), umschlingt nach Kontaktaufnahme diesen Halt und rankt sich durch Einspiralisierung (Verkürzung) der Rankenmitte nach oben. Diese Prozesse sind heute auf physiologisch-biochemischem Niveau recht gut verstanden (Kutschera 2002). Der in unserer Abbildung 4.6 A neben der Zaunrübe abgebildete Keimling der Sonnenblume kreist ebenfalls gemäß der Darwinschen Circumnutations-Theorie. Als Ursache dieser Pendelbewegungen postulierte Darwin (1880) einen inneren Grund. Heute bezeichnen wir diese Bewegungsvorgänge als endogene (d. h. ohne erkennbare Außenreize ausgelöste) Prozesse.

Drei Jahre vor dem »Darwin-Jahr 2009« publizierte der amerikanische Pflanzenphysiologe J. Z. Kiss (2006) einen Review-Artikel, in dem er unter Verweis auf Weltraum-Experimente (*Space Shuttle Columbia*) darlegte, dass die Darwinsche Theorie von den endogen gesteuerten (universellen) Circumnutationen korrekt ist. Bei Ausschaltung des Schwere-Reizes (im Raumschiff) pendelten 93 % der Sonnenblumen mit gleicher Intensität wie jene Individuen in der Bodenkontrolle (Schwerkraft wirksam, 100 % der untersuchten Individuen zeigten dieses charakteristische Bewegungsverhalten). Allerdings gibt es jedoch bei anderen Pflanzenarten von diesen Befunden abweichende Resultate – die Darwinsche Theorie gilt somit für die Sonnenblume und vermutlich auch für zahlreiche verwandte Spezies, nicht jedoch für alle Samenpflanzen.

Ausgehend vom Prinzip der gemeinsamen Abstammung komplexer Merkmale (bzw. Eigenschaften) postulierte Darwin (1880) weiterhin, dass sich alle Bewegungsvorgänge der Pflanzen stammesgeschichtlich von den universell vorhandenen, unspezialisierten Circumnutationen ableiten lassen. So sollen nach Ansicht des Autors z. B. die *Tropismen* (reizabhängige Wachstumsbewegungen) (Abb. 4.6 B) und die *Nastien* (durch den Zell-

Innendruck getriebene, von der Reizrichtung unabhängige Bewegungen) (Abb. 4.6 C) abgeleitete Circumnutationen sein. Diese umfassend begründete Darwinsche Theorie pflanzlicher Bewegungsvorgänge hat sich als unzutreffend erwiesen.

Heute wissen wir, dass Tropismen (differentielle Wachstumsvorgänge, z. B. durch Licht oder Schwerkraft ausgelöst) und Nastien (durch den Zell-Innendruck regulierte Vorgänge, wie z. B. periodische Blatt-Bewegungen) auf unterschiedliche physiologische Prozesse zurückführbar sind. Mit der Formulierung dieser in Abb. 4.6 A – C veranschaulichten Theorie vom *gemeinsamen Ursprung aller Bewegungsvorgänge* lag Darwin (1880) falsch: Dieses Modell zählt neben der Pangenesis-Hypothese zu *Darwins Irrtümern*. Wie andere große Wissenschaftler formulierte auch Charles Darwin einige Konzepte, die durch weiterführende Untersuchungen nicht bestätigt werden konnten. Seine enormen Verdienste auf dem Gebiet der Bewegungsphysiologie der Pflanzen bleiben von dieser Fehlleistung jedoch unberührt.

Die Wurzelspitzen-Hirn-Theorie und die Blütenbiologie

Im letzten Abschnitt seines Werkes über die Bewegungsvorgänge der Pflanzen formulierte Charles Darwin beiläufig eine Theorie, die ihm Jahrzehnte später hohe Anerkennung im Kreise biochemisch-molekularbiologisch arbeitender Pflanzenphysiologen einbringen sollte. Der britische Biologe verglich die Wurzelspitze von Keimpflanzen mit dem Gehirn eines niederen Tieres. Diese *Wurzelspitzen-Hirn-Theorie* lautet im Original wie folgt:

»It is hardly an exaggeration to say that the tip … acts like the brain of one of the lower animals: the brain being seated within the anterior end of the body, receiving impressions from the sense-organs, and directing the several movements« (»es ist kaum eine Übertreibung, wenn man sagt, dass die Spitze der Keimwurzel die Funktion des Gehirns bei einem niederen Tier erfüllt; dieses Hirn [des Keimlings] sitzt im untersten Ende des Körpers, empfängt Eindrücke von den Sinnesorganen und bestimmt die zahlreichen Bewegungen [der Wurzel]«).

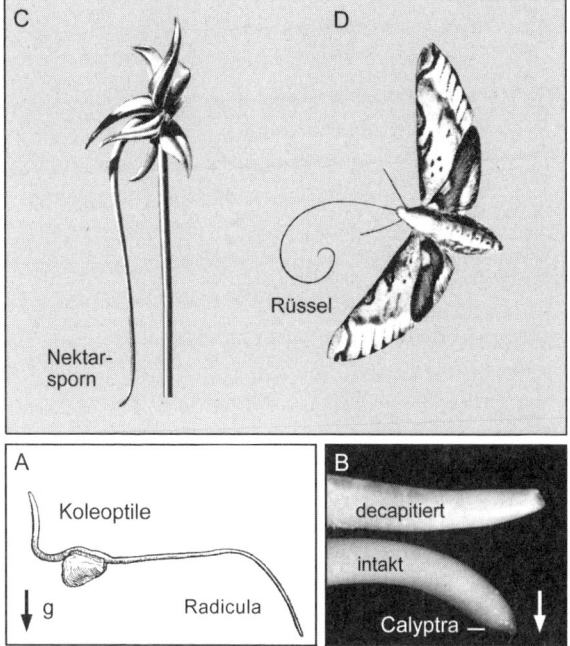

Abb. 4.7: Charles Darwin als Experimentalphysiologe (A, B) und Blütenbiologe (C, D). Die Wurzelspitzen-Hirn-Theorie basiert u. a. auf dem Befund, dass nur die intakte, mit Haube (Calyptra) versehene Keimwurzel (Radicula) eine positive gravitropische Reaktion zeigt (Abwärtskrümmung). Ein Maiskeimling (*Zea mays*) in Horizontal-Lage, dem Schwerereiz (Vektor g) ausgesetzt, zeigt typische Krümmungs-Reaktionen (A). Nach Abschneiden der Calyptra (decapitiert) bleibt die Abwärtskrümmung aus (B). Eine mit außergewöhnlich langem Nektarsporn versehene, auf Madagaskar vorkommende Orchidee (*Angraecum sesquipedale*) (C) wird von einem Schwärmer mit extrem ausgebildetem Saugrüssel bestäubt (*Xanthopan morgani praedicta*) (D).

Auf welchen experimentellen Befunden basiert diese Darwinsche Theorie? Die beiden Down-House-Forscher hatten im ersten Versuchsansatz Keimpflanzen in Horizontal-Lage gebracht (Abb. 4.7 A) und den positiven Gravitropismus der Keimwurzel (Radicula) studiert. Bereits wenige Minuten nach Einsetzen des Schwere-Reizes beginnt die rasch wachsende Wurzel, sich nach unten in Richtung Erdmittelpunkt zu krümmen. Derartige Experimente gehören heute zum Standard einer modernen Biologen-

Ausbildung. Darwin (Kutschera 1998) ging allerdings bereits 1880 einen Schritt weiter: Um zu überprüfen, ob die Wurzelspitze (Calyptra) eine spezielle Rolle bei der Wahrnehmung des Schwere-Reizes einnimmt, entfernte er mit einem scharfen Mikro-Messer die Spitze. Das Ergebnis dieses Darwinschen Decapitations-Experiments ist in Abb. 4.7 B dargestellt. Ohne Wurzelhaube erfolgt keine Abwärtskrümmung. Offensichtlich nimmt die Keimwurzel über die Spitze den Schwere-Reiz wahr. Diese Darwinsche Schlussfolgerung wurde von Sohn Francis und anderen Botanikern zur »Stärke-Statoliten-Theorie der Graviperzeption« ausgebaut, die heute durch solide Fakten untermauert ist (Kutschera 1998, 2002). Darüber hinaus zeigte Darwin (1880), dass die Wurzel über die sensible Spitze auch auf Licht und mechanische Reize (Berührung, Verletzung) reagiert.

In einem Brief aus dem Jahr 1880 an den Botaniker Joseph Hooker (1817 – 1910) setzte Charles Darwin die Wurzelspitzen (tips) mit den Gehirnen (brains) seiner Versuchspflanzen gleich. Daraus folgt, dass er diese Analogiebetrachtung als ernst gemeinte Theorie in der Fachwelt verbreiten wollte (Barlow 2006).

Wie bewerten wir heute Darwins Theorie vom »Hirn« in der Wurzelspitze? Umfangreiche Untersuchungen unter Einsatz modernster Methoden haben gezeigt, dass die Wurzelspitze auf mindestens vier Reize reagieren kann, die unabhängig voneinander wahrgenommen werden: Schwerkraft (Abb. 4.7 A, B), Licht, Berührung und Luftfeuchtigkeit. Über welche Mechanismen diese Umweltreize perzipiert werden, ist bis heute nicht exakt geklärt (Barlow 2006). Darwin hatte somit recht: Die Calyptra der Keimwurzel kann in der Tat als »Gehirn« des Keimlings interpretiert werden. Mit dieser beiläufig formulierten Theorie wurde Darwin zum Urvater einer neuen Sicht von der Physiologie der Pflanzen, die seit etwa 2002 unter dem Schlagwort *Plant Intelligence* (Pflanzen-Intelligenz) in der Fachliteratur diskutiert wird (Kutschera 2007 d). Ob der Begriff »Intelligenz« in der Tat auf Pflanzen übertragbar ist, sei dahingestellt. Die Wurzelspitze des Keimlings ist jedoch »intelligent genug«, um über noch nicht im Detail bekannte Sinneswahrnehmung rasch in die feuchte, dunkle, mit Nährsalzen angereicherte Erde zu gelangen.

Abschließend soll noch in Kürze auf den *Blütenbiologen* Charles Darwin eingegangen werden. Der Naturforscher hat eine originelle Buch-Trilogie zur Bestäubung von Orchideen durch Insekten, die Effekte der Fremd- und Selbstbestäubung von Pflanzen und über verschiedene Blütenformen auf Pflanzen derselben Art publiziert (Darwin 1862, 1876, 1877). In der Einleitung zu Darwins »Orchideen-Buch« (*On the Various Contrivances by which British and Foreign Orchids are fertilised by Insects*), das unter dem deutschen Titel *Die verschiedenen Einrichtungen, durch welche Orchideen von Insekten befruchtet werden* veröffentlicht wurde, zieht der Autor zwei allgemeine Schlussfolgerungen. Diese Thesen können sinngemäß wie folgt übersetzt werden: »Das Ziel dieses Buches ist es 1. zu zeigen, dass die Mechanismen, durch welche Orchideen befruchtet werden, so vielfältig und fast perfekt sind, wie die meisten der schönsten Anpassungen im Tierreich; und, 2., dass diese Mechanismen der Bestäubung jeder Blüte durch Pollen einer anderen fremden Blüte dienen« (Abb. 4.7 C).

Ignorieren wir den »Alt-Darwinschen« Begriff »perfekt«, so müssen wir aus heutiger Sicht dem britischen Forscher recht geben: Orchideen-Blüten zeigen erstaunliche Parallel-Entwicklungen (Konvergenzen) zum Tierreich (z. B. Blüten der Fliegen-Ragwurz *Ophrys muscifera* ähneln den Weibchen gewisser Insekten); die Blüten werden meist fremd bestäubt. Manche Orchideen verbergen in einem Blütensporn Nektar, der von gewissen Insekten aufgesogen wird, die wiederum über Pollentransfer eine Fremdbestäubung ermöglichen. In seinem »Orchideen-Buch« postulierte Darwin (1862), dass eine auf der Insel Madagaskar verbreitete Orchidee der Gattung *Angraecum,* die über einen 25 bis 30 cm langen Nektarsporn verfügt, nur von einem extrem langrüsseligen Insekt bestäubt werden kann. Diese Darwinsche Theorie der spezifischen Bestäuber-Insekten konnte 1903 bestätigt werden. Insektenforscher (Entomologen) entdeckten einen Falter, der einen außergewöhnlich langen Saugrüssel ausgebildet hat und exakt die von Darwin vorhergesagte Bestäuberfunktion erfüllt. Dieser Schwärmer erhielt den Artnamen *Xanthopan morgani praedicta*, wobei der Zusatz *praedicta* im Sinne von »Darwins Vorhersage« gemeint ist. Diese in

Abb. 4.7 C, D dargestellte Anpassung und Abhängigkeit von Blüte und Bestäuber (Insekt) ist ein Beispiel für eine über Jahrmillionen hinweg verlaufene *Co-Evolution* zwischen der Pflanzen- und Tierwelt. Derartige Zusammenhänge konnte Darwin allerdings noch nicht erkennen, da die Faktenlage zu seiner Zeit noch zu dürftig war.

Bioturbations-Theorie und Begründung der Bodenbiologie

Die in Abb. 4.5 bis 4.7 dargestellten höheren Landpflanzen (Embryophyta) sind über ihr Wurzelsystem in der Erde verankert. Es ist daher wenig erstaunlich, dass der universell interessierte Charles Darwin auch das Erdreich zum Gegenstand seiner Forschungen auswählte und auf Grundlage seiner Fähigkeit zur Theorienbildung auf dem Gebiet der Bodenbiologie Grundlegendes geleistet hat.

Ein Jahr nach Rückkehr von seiner Weltreise (1837) besuchte der 28-jährige Charles Darwin seinen Onkel mütterlicherseits, Josiah Wedgwood, der später sein Schwiegervater werden sollte. Darwins Onkel zeigte dem Naturforscher mehrere Felder, auf denen vor 15 Jahren die Oberfläche u. a. mit Lehm bedeckt war. Dieses Material war inzwischen in das Erdinnere transferiert worden. Onkel Josiah vermutete, dass die Regenwürmer dafür verantwortlich seien. Diese triviale Garten-Beobachtung erweckte bei Charles Darwin das Interesse am Leben der Regenwürmer. Nur wenige Wochen nach dieser Freiland-Beobachtung hielt Darwin einen Vortrag in der *Royal Geological Society* mit dem Titel »On the Formation of Mould« (»Über die Humusbildung«), der kurz darauf publiziert wurde. In dieser ersten, den Regenwürmern gewidmeten Veröffentlichung aus dem Jahr 1838 wies Darwin nach, dass diese Würmer bei der Humus- und Bodenbildung eine zentrale Rolle spielen (Abb. 4.8). Die Kollegen aus den Erdwissenschaften (Geologie) interessierten sich kaum für Darwins Regenwurm-Studien. Nach Veröffentlichung von zwei weiteren Artikeln zur Regenwurm-Humus-Problematik, die 1840 und 1844 erschienen sind, wandte sich

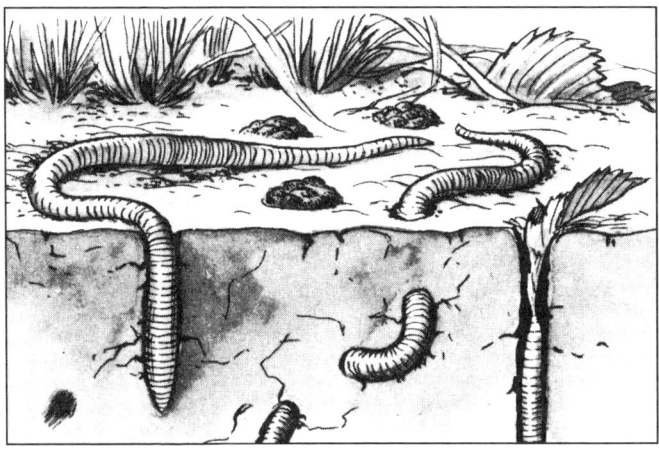

Abb. 4.8: Ausschnitt der Erdoberfläche mit schematischer Darstellung der Aktivität des gemeinen Regenwurms (*Lumbricus terrestris*). Es wird deutlich, dass die Regenwürmer über ihre Grab- und Fressaktivitäten die oberen Bodenschichten in gewisser Weise umpflügen. Dies ist Grundlage von Darwins Bioturbations-Theorie, die später ein Grundstein der Bodenbiologie wurde.

Darwin anderen Problemen zu. Der Biologe hatte allerdings ein Langzeit-Freilandexperiment angesetzt, das ihm später als Baustein seiner *Erd-Umpflügetheorie* dienen sollte. Nachdem er 1842 in seinem Landsitz Down House eingezogen war, übersäte er ein Stück Feld mit zerbrochenen Kalkstücken, um zu sehen, wie tief diese später einmal eingegraben sein würden. Etwa 30 Jahre später waren die Kalkstückchen 18 cm tief unter der Erde. Darwin errechnete daraus eine »Regenwurm-Umpflügerate« von etwa 6 mm pro Jahr.

Im Jahr 1881, nur sechs Monate vor seinem Tod, wurden die Beobachtungen des 72-jährigen Forschers in Buchform publiziert. In diesem letzten seiner wissenschaftlichen Werke fasste Darwin die jahrzehntelangen Untersuchungen zur Regenwurm-Biologie zusammen. Dort formulierte er die weit reichende Schlussfolgerung, dass diese »niederen Würmer« entscheidend für die Umwälzung der Bodenmasse und Humusbildung verantwortlich sind. Nach Darwin (1881), dessen kurzes (139 Druckseiten umfassendes) Buch *The Formation of Vegetable*

Mould, through the Actions of Worms, with Observations of their Habits, das bald auch unter dem deutschen Titel *Die Bildung der Ackererde durch die Tätigkeit der Regenwürmer* erschienen ist, soll die »ganze Masse des oberflächigen Humus durch die Körper der Regenwürmer hindurchgegangen sein«, ein Prozess, der sich Jahr für Jahr wiederholt (Abb. 4.9). Dieses Prinzip der Boden-Umschichtung durch Lebewesen wurde später als *Bioturbation* bezeichnet. Nach Meysman et al. (2006) kann der Inhalt von Darwins »Regenwurm-Buch« mit dem Terminus *Bioturbations-Theorie* gleichgesetzt werden, da dieses Konzept den Schwerpunkt dieser letzten Monographie darstellt.

In der Einleitung listet Darwin (1881) seine Vorgänger auf diesem Fachgebiet auf und hebt hervor, dass die von ihm 1838 erstmals formulierte Regenwurm-Humus(d. h. Bioturbations)-

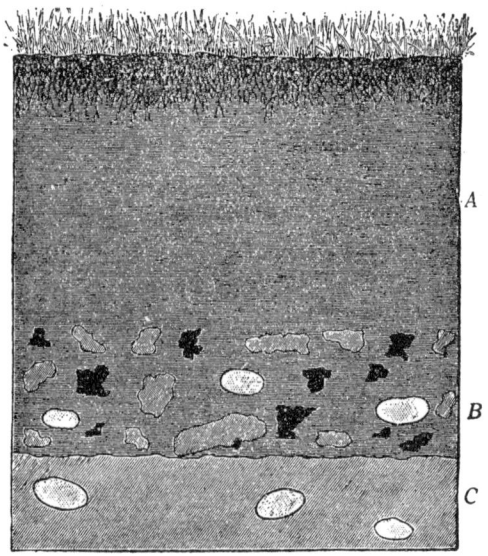

Abb. 4.9: Bodenprofil der Ackererde. Gemäß der Darwinschen Bioturbations-Theorie erfolgt die Humus(bzw. Erde)-Bildung in den oberen Bodenschichten infolge der Umpflüge-Tätigkeit der Regenwürmer. Rasen, Erde ohne (A) und mit Steinen (B). Unter-Bodenschicht, aus schwarzem Sand und Quarzsteinen bestehend (C) (nach Darwin, C.: *The Formation of Vegetable Mould.* London, 1881).

These von anderen Forschern abgelehnt worden sei. Die Regenwürmer seien »zu schwach und zu klein«, um diese schwere Arbeit als lebende »Boden-Umpflügemaschinen« verrichten zu können. Darwin merkt an, dass hier wieder einmal die menschliche »Unfähigkeit zum Aufsummieren von Effekten kontinuierlicher Ursachen« zutage komme. Diese Unfähigkeit zur Abstraktion habe »den Fortschritt in den Wissenschaften gehemmt, wie ... erst kürzlich beim Prinzip der Evolution« (Darwin 1881). Der Zoologe Darwin untersuchte darüber hinaus die Sinnesleistungen und das Verhalten der Regenwürmer und sprach diesen Erdbewohnern keine große Intelligenz bzw. Fähigkeiten zu. Heute wissen wir allerdings, dass die nächsten Verwandten der Regenwürmer (Klasse Oligochaeta), die mit einem ebenso kleinen Gehirn ausgestatteten Egel (Klasse Hirudinea) komplexe Brutpflegemuster mit Jungenfütterung evolviert haben (Kutschera und Wirtz 2001, Kutschera 2008 a). Diese Verhaltensweisen verwandter »niederer Würmer«, von denen Darwin nichts wissen konnte, hätten den britischen Biologen mit Sicherheit fasziniert.

Es gibt jedoch noch einen übergeordneten Grund, warum Darwins letztes Buch so bedeutsam war. Bis zur Veröffentlichung der Regenwurm-Monographie *glaubten* die meisten Nicht-Biologen, die Regenwürmer seien Gartenschädlinge, die man entfernen müsse, was im 19. Jahrhundert auch mit erheblichem Aufwand getan wurde. Charles Darwin erforschte das Leben dieser Wirbellosen, beschrieb die *Tatsache*, dass diese Oligochaeten Blätter fressen und die Erde umgraben (Abb. 4.8) und formulierte auf Basis dieser Fakten seine *Theorie der Bioturbation* (Abb. 4.9). Würden die Menschen noch heute daran glauben, die Regenwürmer seien zu entfernende Ackerschädlinge, so hätte dies gravierend negative Konsequenzen für den Nutzpflanzen-Anbau und die Welternährung. Charles Darwin wurde über sein »Regenwurm-Buch« zu einem der Begründer der *Bodenbiologie* (Meysman et al. 2006) und ist in den modernen *Soil Sciences* noch immer ein regelmäßig zitierter Autor.

Darwins Korallen und die Synthese aus Geologie und Biologie

Im letzten Satz seines »Regenwurm-Buchs« (Darwin 1881) hebt der Biologe nochmals die Bedeutung dieser niederen Organismen im Verlaufe der »Geschichte der Welt« hervor und verweist dann auf noch primitivere Tiere – die Korallen. Diese festsitzenden (sessilen) Strudler hätten, wie die Regenwürmer, in der Erdgeschichte eine große Rolle gespielt, jedoch eine wesentlich unauffälligere Arbeit verrichtet: Die Korallen »konstruierten« unzählige Riffe und Inseln in den weiten Ozeanen der Tropen.

Der Geologe Charles Darwin publizierte 1842 ein Buch mit dem Titel *The Structure and Distribution of Coral Reefs*, das 1876 ins Deutsche übersetzt wurde (*Über den Bau und die Verbreitung der Korallenriffe*). In diesem Frühwerk formulierte Darwin eine Theorie zur Erklärung des Ursprungs der Korallenriffe, die in Fachkreisen sofort anerkannt wurde (Abb. 4.10). Um die Grundlage dieses einfachen Modells verstehen zu können, müssen wir zu Darwins Reisebeschreibungen zurückkehren. Im April 1836 besuchte das Team um Kapitän FitzRoy die tropischen Keeling(Kokos)-Inseln im Indischen Ozean. Diese Lagunen-Inseln (Atolle) waren seit Langem als ringförmige Korallenriffe bekannt, aber die Ursache für deren seltsame Form sowie ihre Entwicklungsgeschichte war unklar. Darwin (1839) beschreibt, er habe sich damit beschäftigt, »den sehr interessanten und doch einfachen Bau sowie die Entstehungsweise dieser Inseln zu untersuchen«. Diese Befunde wurden dann zum Kernpunkt seiner Theorie, die wie folgt zusammengefasst werden kann. Korallen (Blumentiere, Anthozoa) bilden Kalkskelette aus und können nur im warmen, klaren Flachwasser wachsen. Fossile Riffe, die Darwin bekannt waren, erreichen jedoch beachtliche Dicken, was im Widerspruch zur Flachwasser-Abhängigkeit dieser Meeres-Blumentiere steht. Diese Befunde erklärte Darwin (1842) mit einem Absinken des Meeresbodens: Die Korallen wachsen kontinuierlich mit, wodurch die oberen Schichten immer im Flachwasser bleiben und die notwendige Wärme erhalten (Abb. 4.10 A – C). Auf diese Weise entstehen nach der vielfach bestätigten Darwinschen Meeresboden-Absenk-Theorie tropische Korallenriffe. Die in unserer Abb. 4.10 D abgebildete Steinkoralle *Madrepora oculata* ähnelt bezüglich ihrer äußeren Form den tropischen Verwandten; sie ist aber eine Kaltwasser-Art, die Tiefwasser-Riffe ausbilden kann.

Was Darwin nicht wissen konnte: Die meisten tropischen Steinkorallen leben in einer Symbiose mit photosynthetisch aktiven Algen (Dinoflagellaten, auch Zooxanthellen genannt) und können daher nur im Licht durchfluteten, warmen Flachwasser wachsen (Kutschera und Niklas 2005). Auf diese Problematik (Symbiosen) werden wir in Kapitel 8 im Detail eingehen. Weiterhin wissen wir heute, dass infolge des Meeresspiegel-Anstiegs nach Ende der letzten Eiszeit ein Wachstumsschub tropischer Korallenriffe eingetreten ist. Durch Überflutung der vom Licht abhängigen oberen Korallenschichten wurde deren Wachstum kontinuierlich gefördert. Seit einigen Jahren sind die tropischen Korallenriffe durch Verschmutzung bzw. Versäuerung der Meere vom Niedergang bedroht. Der Mensch zerstört heute auch diese artenreichen Ökosysteme mit erstaunlicher Konsequenz, was Charles Darwin, der bei der Formulierung seiner Riff-Wachstumstheorie (1836 bis ca. 1840) noch bibeltreuer Christ war, vermutlich nicht »geglaubt« hätte.

Korallenriffe zählen neben den tropischen Regenwäldern zu den formenreichsten Ökosystemen unserer Erde. Auf den Riff-Kalken leben auch Darwins Lieblings-Meeres-Wirbellosen (Rankenfußkrebse, Cirripedia), die in Abb. 4.1 B neben dem erschöpften Naturforscher abgebildet sind. Mit dieser Bemerkung wollen wir unseren Rundgang durch Darwins wenig bekannte Theorien abschließen und uns, nach Kommentaren zur Selbst-Evaluation des Forschers, dem gleichnamigen Käferspezialisten (Coleopterologen) zuwenden.

Darwins Selbsteinschätzung und der eitle Linnaeus

In Anbetracht der in den bisherigen Kapiteln dargestellten Leistungen des Naturforschers Charles Darwin als Geologe und Biologe (Mit-Begründer der Deszendenztheorie, Tiersystemati-

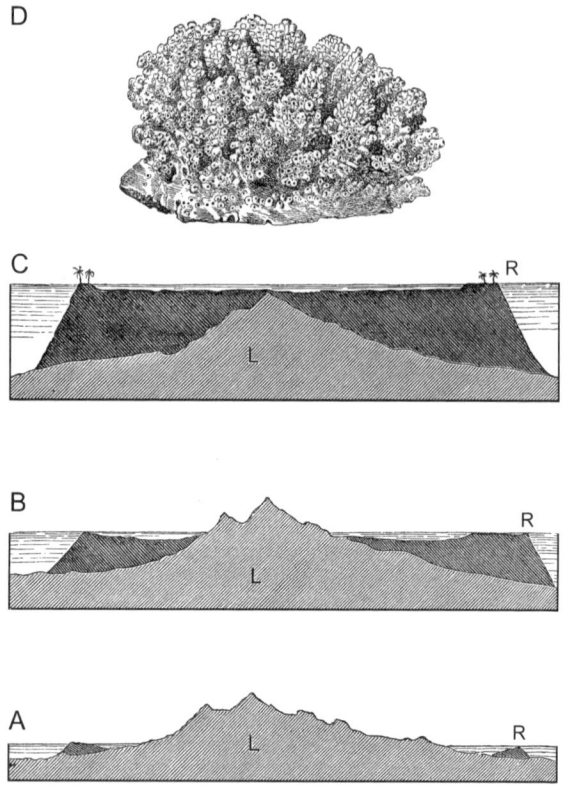

Ab. 4.10: Darwins Meeresboden-Absenkungs-Theorie zur Erklärung der Bildung tropischer Korallenriffe. Saum-Riff (A), Barriere-Riff (B), Atoll mit Kokos-Palmen (C). Darwin erkannte in der langsamen Absenkung des Meeresbodens und dem gleichzeitigen Wachstum der Korallenstöcke in der warmen Flachwasserzone die Ursache der Riffbildung. L = Landzone einer Insel, R = Korallenriff. Die oben abgebildete Steinkoralle *Madrepora oculata* (D) ist eine Kaltwasser-Spezies, die zur Bildung von Tiefwasser-Riffen der gemäßigten Klimazonen beiträgt (nach Geikie, A.: *Kurzes Lehrbuch der Physikalischen Geographie*. Straßburg, 1881).

ker, Urvater der Biogenese-Forschung, der Emotionen-Analyse, der pflanzlichen Entwicklungsphysiologie, der Anthropologie sowie der Blüten- und Bodenbiologie) würde man erwarten, dass dieser geniale Mann an Selbstüberschätzung bzw. Eitelkeit gelitten hätte. Das genaue Gegenteil war jedoch der Fall.

Charles Darwin hat in seiner *Autobiographie* im letzten Abschnitt in bescheidener Weise seine Fähigkeiten wie folgt zusammengefasst: »The love of science, unbounded patience in long reflecting over any subject, industry in observing and collecting facts, and a fair share of invention as well as of common-sense. With such moderate abilities as I possess, it is truly surprising that thus I should have influenced to a considerable extent the beliefs of scientific men on some important points« (»Die Liebe zur Wissenschaft, unbegrenzte Geduld im Nachdenken über alle möglichen Gegenstände und ein ordentlicher Teil an Erfindungsgabe sowie gesunder Menschenverstand. Es ist erstaunlich, dass ich mit derart bescheidenen Fähigkeiten die Ansichten von Männern der Wissenschaften zu einigen wichtigen Fragen in erheblichem Maße beeinflusst haben sollte«) (Barlow 1958). Es sollte allerdings betont werden, dass Charles Darwin die wissenschaftliche Denk- und Arbeitsweise, die Jahrzehnte später von Philosophen als »methodischer Naturalismus« bezeichnet wurde, konsequent und selbstbewusst vertreten hat. So blieb er z. B. auch in seiner Kontroverse mit dem Pflanzenphysiologen Julius Sachs (1832–1897) bei seiner Meinung, obwohl er die Autorität des weltbekannten »deutschen Professors« immer respektiert hat.

Im Gegensatz zu Darwin war der in Kapitel 3 vorgestellte Begründer der modernen Systematik, Carl von Linné (1707 bis 1778), außergewöhnlich selbstbewusst und stolz. So bezeichnete er z. B. sein Hauptwerk *Systema naturae* als ein »Meisterwerk, das niemals genug gelesen und bewundert werden kann«. Wie Darwin hat auch Linné autobiographische Aufzeichnungen hinterlassen. Dort hat er eine Charakterisierung seiner Leistungen vorgelegt, die in der Übersetzung von Goerke (1966) wie folgt zitiert werden soll: » Keiner hat mit mehr Eifer seinen Beruf ausgeübt und mehr Hörer an unserer Hochschule gehabt – Kein Naturwissenschaftler hat mehr Beobachtungen in der Natur angestellt – Keiner hat einen soliden Einblick in alle drei Reiche der Natur zugleich gehabt – Keiner war ein größerer Botaniker oder Zoologe – Keiner hat mehr Werke geschrieben, besser, ordentlicher, aus eigener Erfahrung – Keiner so völlig eine ganze Wissenschaft reformiert und eine neue Epoche eingeleitet – Keiner hat eine so über alle Welt ausgedehnte Korrespondenz gehabt – Keiner hat so viele Schüler in so viele Teile der Welt ausgeschickt – Keiner wurde mehr namhaft in aller Welt – Keiner war Mitglied von mehr wissenschaftlichen Gesellschaften – (als ich selbst).«

Obwohl diese um 1800 bekannt gewordenen autobiographischen Aufzeichnen des großen Linnaeus möglicherweise nur für den Selbstgebrauch bestimmt waren, sind sie dennoch bezeichnend für die Eitelkeit dieses Mediziners und Naturforschers. Wir hatten in Kapitel 3 hervorgehoben, dass Charles Darwin bei der Auflistung seiner Vorgänger den schwedischen Systematiker Linnaeus ignoriert hat. Lag dies möglicherweise darin begründet, dass dem bescheidenen britischen Evolutionsforscher die bekannte Ruhmsucht, Eitelkeit und Arroganz von Linné zuwider war?

5. Einblicke in die Erdgeschichte und der blinde Käfermacher

Die im Januar 1860 erschienene 2. Auflage von Darwins Arten-buch wurde im selben Jahr von dem Bonner Paläontologen Heinrich Georg Bronn (1800 – 1862) im deutschsprachigen Raum bekannt gemacht. Unter dem umständlichen Titel »Charles Darwin, über die Entstehung der Arten im Thier- und Pflanzen-Reich durch natürliche Züchtung, oder Erhaltung der vervollkommneten Rassen im Kampfe um's Daseyn – aus dem englischen übersetzt und mit Anmerkungen versehen« ist das Hauptwerk des britischen Naturforschers in Deutschland er-schienen. Ernst Haeckel (1834 – 1919), der als »deutscher Dar-win« in die Biologiegeschichte eingegangen ist, hat entscheidend zur Verbreitung dieses revolutionären Buches beigetragen.

Wie bereits im letzten Kapitel erwähnt wurde, hat Bronn, der als Herausgeber des Jahrhundert-Sammelwerks »Dr. H. G. Bronns Klassen und Ordnungen des Tierreichs« (erschienen in zahlreichen Bänden zwischen den Jahren 1859 und 1960) noch heute jedem Zoologen und Evolutionsforscher ein Begriff ist, als 15. Kapitel ein »Schlusswort des Übersetzers« beigefügt (Bronn 1860). In diesem Kommentar interpretiert Bronn Darwins Zugeständnis an die »Erschaffung der ersten Lebensformen« im Sinne einer Schöpfungs/Evolutions-Hybridtheorie, die er einer eingehenden Kritik unterzieht. Bronn (1860) lieferte eine kurze Rekapitulation des Grundgedankens: »Darwins Theorie lässt sich nun in folgender Weise zusammenfassen. Der Schöpfer hat einigen wenigen erschaffenen Pflanzen- und Thier-Formen, vielleicht auch nur einer einzigen, Leben eingeblasen, infolge dessen diese Organismen imstande waren, zu wachsen und sich fortzupflanzen, aber auch bei jeder Fortpflanzung in verschiede-ner Richtung um ein Minimum zu variieren (›Fortpflanzung mit Abänderung‹)« (s. Junker 2008).

Erst mit der Veröffentlichung eines Briefs vom 21. Februar 1871, in dem Darwin seine Ansicht dargelegt hat, war die Sache

Abb. 5.1: Zeichnung eines Studienkollegen Charles Darwins, auf der die Käfer-Sammelleidenschaft des Abgebildeten mit den Vermerken »Do it, Charlie!« und »To Cambridge« karikiert ist. Die Reit- und Jagdleidenschaft des jungen Studenten Charles Darwin kommt in dieser Skizze ebenfalls zum Ausdruck.

in der *Fachwelt* geklärt: Darwin hat sein Zugeständnis an die »Schöpfungsakte des biblischen Gottes« als Kompromisslösung verstanden, da er sich der aggressiven Kritik seiner Hauptgegner, der Kreationisten, entziehen wollte. Bereits in einem Schreiben vom 29. März 1863, gerichtet an seinen Mentor Joseph D. Hooker, betonte Darwin, unter dem Begriff »Schöpfer« (Creator) verstehe er einen »unbekannten Prozess«; wie er in der 6. Auflage seines Hauptwerks hervorgehoben hat, bedeutet »Schöpfung, wir wissen nicht, wie es geschah«, d. h. für Darwin (1859/1872) erklärt die »Schöpfungstheorie« alles und somit nichts. In vielen Passagen seines »Artenbuchs« spricht Darwin der »Schöpfungstheorie« jeglichen wissenschaftlichen Wert ab.

In dem oben erwähnten »Schlusswort« von Bronn (1860) geht der Paläontologe im Detail auf das Alter der Erde ein und kommt zur Schlussfolgerung, dass unser Planet zu jung sei, um

»nach Schöpfungs-Akten urtümlicher Lebewesen« über den Darwinschen Variations/Selektions-Mechanismus die heutigen Lebensformen hervorgebracht zu haben. Das Alter der Erde wurde zu Darwins Zeit auf wenige Millionen Jahre geschätzt (s. Kapitel 6). In den folgenden Abschnitten werden wir Einblicke in die »Geschichte der Erdgeschichte« aus Sicht der Evolutionsbiologie gewinnen und die Käfer-Sammelleidenschaft des jungen Darwin (Abb. 5.1), die seine Laufbahn als weltweit führenden Naturforscher begründete, im Lichte neuester Erkenntnisse diskutieren.

Abb. 5.2: Graphik aus dem Werk von R. Bommeli (1890) mit dem Titel *Illustrierte Geschichte der Erde*. In diesem Buch wird das Andersartigwerden der Organismen im Verlauf der Erdgeschichte (Evolution) als Tatsache begründet.

Die Geschichte der Erde im Jahr 1890 und die Aufklärung

In einem heute weitgehend vergessenen Fachbuch aus dem Jahr 1890, das auf dem Umschlag den Titel »Illustrierte Geschichte der Erde« trägt, können wir die Akzeptanz und Verbreitung der Darwinschen Deszendenztheorie im deutschsprachigen Raum am Beispiel der Thesen eines Schweizer Fachlehrers dokumentieren (Abb. 5.2).

Bereits im Vorwort beklagt sich der zufälligerweise im *Origin-of-Species*-Jahr geborene Autor, Rudolf Bommeli (1859 – 1926), über die mangelnde Repräsentanz seines Lehrfaches, der Erdgeschichte (Geologie): »Unser Jahrhundert wird dasjenige der Aufklärung genannt; es ist vor allen seinen Vorgängern gekennzeichnet durch den großartigen Aufschwung, den die ... Naturwissenschaften genommen haben .... Noch herrschen Unwissenheit, Verblendung und Aberglauben in erschreckendem Maße und die Wahrheit sieht sich mancherorts geächtet, gehasst und verfolgt, als stünden wir noch im finstern Mittelalter. Der hauptsächlichste Grund ... liegt darin, dass die große Masse des Volkes vor den erleuchtenden Strahlen der wahren Wissenschaft ängstlich behütet wird. Einer dieser Wissenszweige, die selbst unter den ›Gebildeten‹ nur einem Theil bekannt sind, ist die Erdgeschichte oder Geologie.«

In der Einleitung führt der Autor sein Klagelied, das wir im »Darwin-Jahr 2009« wörtlich auf die Fachdisziplin *Evolutionsbiologie* übertragen können, fort, indem er schreibt: »Von Erdgeschichte ... hört man selbst in den meisten Lehrerseminaren nichts, wiewohl keine Wissenschaft interessanter, belehrender und bildender wäre, als diese.« Die Erdgeschichte ist »noch verhältnismäßig jung, kaum 100 Jahre alt«. Der Autor wendet sich in klaren Worten gegen die Ansichten der Amtskirchen seiner Zeit: »Solange in protestantischen wie in katholischen Landen die Vernunft als des ›Teufels Hure‹ (bekannter Ausspruch Luthers) galt, gab es keine unabhängige, vorurteilslose, keine wahre Wissenschaft und am wenigsten eine solche, die über das Woher und Wohin der ›Welt‹ und ihrer Geschöpfe zu grübeln sich erkühnte« (Bommeli 1890).

Es sollte hervorgehoben werden, dass R. Bommeli ein studierter Naturwissenschaftler war. Er musste jedoch wegen nicht erfolgter Anstellung an einer Forschungseinrichtung seinen Lebensunterhalt als Fachlehrer und Buchautor verdienen. Als Aufklärer im Themenbereich »Erdgeschichte/Evolution« leistete Bommeli immerhin Bedeutendes, ohne allerdings den Erkenntnisfortschritt durch eigene Forschungsarbeiten vorangebracht zu haben.

Definition des Begriffs Evolutionstheorie und die gefürchtete Darwinsche Abstammungslehre

In seinem populären Fachbuch zur Erdgeschichte geht Bommeli ausführlich auf die Paläontologie (Wissenschaft von den versteinerten Überresten der Lebewesen) ein. Er kommt gleich im ersten Kapitel – nach einer kurzen Beschreibung wichtiger Fossilien, aus denen die vollständigen Lebewesen rekonstruiert werden können (Abb. 5.3) – auf das Thema Evolution zu sprechen. An entscheidender Stelle definiert er den Begriff *Evolutionstheorie* wie folgt: »Die meisten dieser (versteinerten) Thiere ruhen viele Millionen Jahre in ihrem Grabe, um nun als mächtige Zeugen der jetzt allgemein angenommenen Evolutionstheorie, d. h. der Lehre von der allmählichen Entwicklung der Erde und ihrer Bewohner aus sich selbst, ihre Auferstehung zu feiern.« Unter dem Begriff »Evolutionstheorie« versteht Bommeli somit Darwins These Nr. 1 (Deszendenz mit Modifikation, d. h. Evolution als realhistorischer Prozess, ohne Bezug zum Selektionsprinzip).

Bommeli betrachtete das Andersartigwerden der Organismen im Verlauf geologischer Zeiträume (Evolution) als belegte *Tatsache* und begründet seine Ansicht wie folgt: »Diese alten Wesen starben nicht miteinander und plötzlich aus, sondern langsam im Lauf unberechenbarer Zeiträume … An ihre Stelle traten jeweils wieder andere, die, aus unscheinbaren Anfängen oder Zweigen hervorgegangen, sich höher emporschwangen und die schlechter Ausgerüsteten oder weniger Widerstandsfähigen überwanden, verdrängten und austilgten … Nach zahl-

losen Abänderungen ging aus jener (Fauna) die jetzige
Thierwelt hervor, daher die allmähliche Annäherung und die
Staunen erregenden Übergänge von den urweltlichen zu den
heutigen Organismen.« Zusammenfassend formuliert Bommeli
seinen klassischen »Evolutionsbeweis« wie folgt: »Die Erde
muss schon lange bestehen und einst anders ausgesehen haben.
Sie hat sich allmählich im Lauf einer halben Ewigkeit, während
welcher die schaffenden ›Naturkräfte‹ nie ruhten, zum jetzigen
Zustand entwickelt.« In Abb. 5.4 ist die Entwicklung der Tiere
und Pflanzen auf der Erde, basierend auf den Fossilfunden der

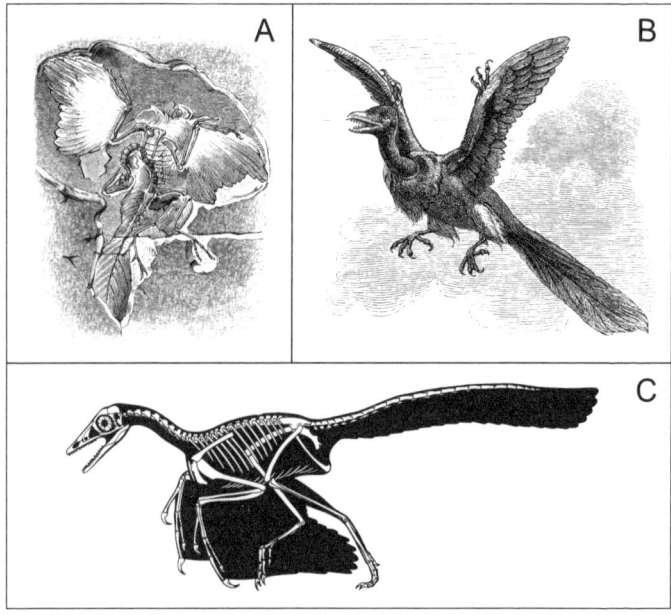

Abb. 5.3: Prinzip der historischen Rekonstruktion eines ausgestorbenen
Lebewesens am Beispiel des Ur-Vogels *Archaeopteryx*, der in Form der Berliner
Platte (Originalfossil) (A) sowie in einer Wiederherstellung als vollständig flug-
fähiger Vogel dargestellt ist (B). Diese von R. Bommeli (1890) gewählte
Rekonstruktion entsprach dem Kenntnisstand der damaligen Zeit. Heute wissen wir, dass der taubengroße *Archaeopteryx* ein gefiederter Raubsaurier war
(fossile Zwischenform), der nur über kurze Strecken hinweg gleiten konnte (C).
Diese moderne Rekonstruktion basiert auf mehreren unabhängigen Individuen,
die in verschiedenen Positionen als Fossilien geborgen werden konnten.

damaligen Zeit, zusammenfassend dargestellt. Im Jahr 1890 wurde die »Geologische Zeitentafel« in drei Ären eingeteilt: Das Altertum der Erde (Silur-, Devon- und Karbonzeit), das Mittelalter der Erde (Trias-, Jura- und Kreidezeit) und die Erd-Neuzeit (Tertiär- und Diluvialzeit). Da man nur fossile Tiere und Pflanzen kannte, die in groben Zügen eine Komplexitätszunahme entlang der »Zeitenachse« zeigen (z. B. vom Fisch im Devon zum Säuger im Tertiär), wurde der Begriff *Evolution* irrtümlicherweise mit dem Schlagwort »Höherentwicklung« (bzw. »Perfektionierung«) gleichgesetzt. Diese auch von Darwin (1859/1872) gebrauchte Terminologie ist im Lichte unserer heutigen Erkenntnisse nicht mehr akzeptabel (s. Kapitel 10). Absolute Zeitangaben (in Jahrmillionen) konnte Bommeli nicht liefern, da solche Daten damals noch nicht in abgesicherter Form vorlagen (s. Kapitel 6).

Am Ende seines Werks geht Bommeli (1890) auf die von Darwin begründete Deszendenztheorie ein: »Damit wären wir plötzlich bei der gefürchteten Darwin'schen Abstammungslehre angelangt, und weil dieselbe immer noch für die meisten eine terra incognita, eine unbekannte Welt, bildet, …. und das Volk ängstlich vor den großen Wahrheiten, welche die Naturwissenschaften ans Tageslicht gebracht, gehütet wird, wäre es wohl angezeigt, eine kleine Vorlesung über Darwinismus zu halten.« Im Zusammenhang mit den Fossilien aus dem Neanderthal bei Düsseldorf, wo im Jahr 1857 ein menschenähnliches Skelett gefunden wurde, dessen Bedeutung umstritten war, äußerte sich der Autor wie folgt: »Damit würde natürlich die Theorie von einer vorweltlichen affenähnlichen Menschenrasse vorläufig dahinfallen, womit übrigens gegen die Entwicklungstheorie, auf die es bei der ganzen Geschichte abgesehen war, rein nichts ausgerichtet wird, denn jene (Evolutions-)Theorie ist durch unleugbare und unzweifelhafte Tatsachen längst erwiesen, sie ist längst als unumstößliche Wahrheit erkannt worden.« Zum Problem der Entstehung der ersten Urzellen (chemische Evolution oder Biogenese) formulierte Bommeli die folgende Hypothese: »Unsere Erde, erst eine gasförmige, dann eine glühend flüssige Kugel, erkaltete durch Wärmeausstrahlung in den Weltraum und umgab sich mit einer festen Kruste, auf der

die abgekühlten Dämpfe als heißer Regen niederfielen; es entstand das Urmeer und jetzt erst nahm das organische Leben seinen Anfang. Schwach und unscheinbar müssen diese Anfänge
gewesen sein, stellen doch heute noch die niedrigsten Organismen nichts Weiteres dar als winzige Klümpchen einer schlei-
migen oder teigartigen Masse, die wir als Urschleim oder Protoplasma bezeichnen ... Aus jenen Urwesen gingen im Laufe ...
enormer Zeiträume die manigfaltigen Typen der heutigen Pflan-
zen- und Thierwelt hervor.«

Diese nur vier Jahrzehnte nach Erscheinen von Darwins
Hauptwerk veröffentlichten Ausführungen eines heute zu Un-
recht in Vergessenheit geratenen Naturwissenschaftlers zeigen,
dass die Evolution der Organismen bereits damals von Fachleuten als *Faktum* anerkannt war (Abb. 5.4). Weiterhin wird das
Prinzip der historischen Rekonstruktion an Beispielen illustriert (s. den Ur-Vogel *Archaeopteryx*, Abb. 5.3) und eine über
Darwins »Tümpel-Gleichnis« hinausgehende naturalistische
Vorstellungen zur chemischen Evolution (d. h. dem Ursprung
der ältesten Vorläuferzellen) formuliert. Wir wollen mit den
oben wiedergegebenen Zitaten die originellen Gedanken von R.
Bommeli der Vergessenheit entreißen und ihm hiermit einen
gebührenden Platz in der Weiterentwicklung bzw. Verbreitung
des Evolutionsprinzips zuweisen. Nach diesem Exkurs soll das
eingangs formulierte Hauptthema wieder aufgegriffen werden.

Charles Darwin als Käfersammler und die geschlechtliche Zuchtwahl

Wie aus den vielfach beschriebenen Lebensdokumenten zu
Charles Darwin hervorgeht, war der junge Student nicht nur
ein »Mozart-Fan« (s. Kapitel 2), sondern auch ein begeisterter
Käfersammler. In seinen Lebenserinnerungen äußerte er sich
später hierzu wie folgt: »No pursuit at Cambridge was followed
with nearly so much eagerness or gave me so much pleasure as
collecting beetles« (»keine andere Beschäftigung während meiner Zeit in Cambridge verfolgte ich mit so viel Begeisterung
oder bereitete mir so viel Freude wie das Sammeln von Käfern«).

Abb. 5.4: Reproduktion einer Geologischen Zeitentafel mit rekonstruierten Lebensbildern der Tiere und Pflanzen der jeweiligen Erdepoche. Zuverlässige absolute Altersangaben (in Millionen Jahren vor heute) gab es zu dieser Zeit noch nicht (nach Bommeli, R.: *Illustrierte Geschichte der Erde*. Stuttgart, 1890).

Während der Jahre in Cambridge (Studium der Fächer Theologie, Botanik, Zoologie und Geologie) legte Darwin eine umfassende Käfersammlung an. Wie die Abb. 5.1 zeigt, wurde Darwins Sammel-Leidenschaft von einem Studienkollegen skizziert und somit für die Nachwelt dokumentiert. In einem Kabinettschrank hatte Darwin damals 208 konservierte Käfer aus der Familie der Bembidiidae untergebracht (es handelt sich hierbei um kleine Küsten-Bewohner; heute werden diese Laufkäfer als Tribus Bembidiini in die Familie Carabidae gestellt). Darwins Sammlung umfasste gegen Ende seiner Studienzeit rund zwei Drittel aller britischen Arten dieser speziellen Tiergruppe. In seinem Buch zur Abstammung des Menschen (1871) beschreibt er u. a. die hornförmigen Kopfauswüchse gewisser Käferarten und erklärt diese »Männlichkeits-Symbole« auf Grundlage des Prinzips der geschlechtlichen Zuchtwahl (Abb. 5.5). In diesen Abschnitten seines zweitwichtigsten Werkes zum Artenproblem greift Darwin auf sein umfassendes Spezialwissen als Coleopterologe zurück und erklärt die von ihm zusammengetragenen Fakten im Lichte seiner Theorie der sexuellen Selektion (»Damenwahl im Tierreich«).

Wir wissen nicht, aus welchen Gründen Darwin in späteren Jahren die Käferkunde (Coleopterologie) verlassen hat, um als weltweit führender Spezialist für eine wenig populäre Gruppe mariner Krebse (Rankenfüßer, Cirripedia) bekannt zu werden.

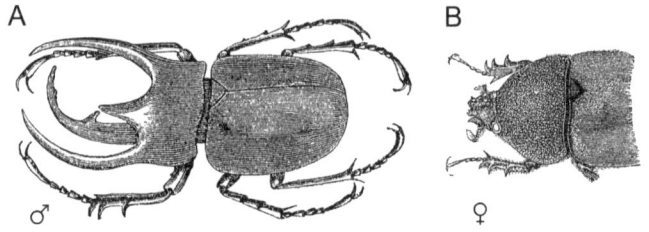

Abb. 5.5: Charles Darwins Darstellungen zu den sekundären Geschlechtsmerkmalen bei Insekten, illustriert am Beispiel des Asiatischen Dreihornkäfers (*Chalcosoma atlas*). Das bis 10 cm lange Männchen (mit Hörnern bewaffnet) ist links (A), der Kopf des Weibchens vergrößert rechts daneben abgebildet (B) (nach Darwin, C.: *The Descent of Man*. London, 1871).

Auf alle Fälle war der Wechsel von der Coleopterologie zur Cirripediologie für den Generalisten Darwin ein Gewinn: Wie bereits dargelegt wurde, konnte Darwin seine allgemeinen Schlussfolgerungen zum »Ursprung der Arten« (d. h. der Spezies-Transformation) nur vor dem Hintergrund seiner detaillierten Spezialkenntnisse ziehen.

Die vier Käfergruppen: Eine kurze Charakterisierung

In Kapitel 9 werden wir das auf Darwins Thesen basierende internationale Forschungsprogramm *Tree of Life* kennenlernen. In diesem Abschnitt sollen einige Aspekte des Unterprojekts *Beetle Tree of Life* besprochen werden; im nächsten Absatz wird dann eine neue Käfer-Zwischenform, von der Darwin nichts wissen konnte, vorgestellt.

Bereits zu Lebzeiten des Vaters der klassischen Systematik, Carl von Linné (1707 – 1778) war den Biologen bekannt, dass die Insektenordnung der Käfer (Coleoptera) außergewöhnlich artenreich ist. Heute wissen wir, dass von den etwa 1,7 Millionen beschriebenen Arten der Erde (etwa die Hälfte davon sind Insekten) rund ein Viertel zu den Käfern gehört: Coleopterologen haben im Verlauf der letzten 200 Jahre mehr als 340 000 Spezies beschrieben, wobei in der Regel die Typus-Exemplare (Dokumente der Erstbeschreibung) in Museen deponiert sind (Abb. 5.6). Die Ordnung Coleoptera wird in vier Unterordnungen eingeteilt (Grimaldi und Engel 2005):

1. Ur-Käfer (*Archostemata*): Artenarme Gruppe, die morphologisch den ältesten, über 250 Mio. Jahre alten Vorläufer-(Proto)-Käfern ähneln und daher als »lebende Fossilien« interpretiert werden. Sie sind durch Höcker und schuppenartige Strukturen auf dem Panzer gekennzeichnet und leben ausschließlich im Holz. Die Deckflügel (Elytren) der Archostemata sind nicht durchgehend verdickt, sondern zeigen fensterartige Strukturen. Es sind nur etwa 40 verschiedene Arten bekannt, die in vier Familien eingeteilt werden.

2. Algen-Käfer (*Myxophaga*): Alle Vertreter dieser kleinen Käfergruppe besiedeln mit Spritzwasser versorgte, Algenwuchs aufweisende Felsbrocken oder leben unter Wasser. Man kennt rund 90 Arten, die in vier Familien eingeteilt werden. Die Myxophaga sind ohne Ausnahme Algenfresser.
3. Raub-Käfer (*Adephaga*): Zu dieser Gruppe zählen z. B. die zum Fliegen unfähigen Laufkäfer (Carabidae) sowie die jedem Aquarianer bekannten großen Schwimmkäfer (Dytiscidae). Die Adephaga sind Räuber bzw. Fleischfresser und werden in zwölf Familien eingeteilt. Sie repräsentieren etwa 10 % der beschriebenen Käferarten unserer Erde (etwa 37 000 Spezies). In Abb. 5.6 sind links oben einige Vertreter der flugunfähigen Laufkäfer (Carabidae) und der verwandten Sandlaufkäfer (Cicindelidae) dargestellt.
4. Vielfraß-Käfer (*Polyphaga*): Die jedem Laien bekannten typischen Käfer (z. B. Marien- oder Bockkäfer, Coccinellidae bzw. Cerambycidae) zählen zu den Polyphaga, die größte, 144 Familien (d. h. rund 90 % aller Spezies) umfassende Unterordnung. Die beschriebene Artenzahl wird auf über 300 000 geschätzt (ein verbindliches »Käfer-Verzeichnis«, analog dem Mozartschen »Köchel-V.«, ist mir aus der zoologischen Fachliteratur nicht bekannt). Darwins Lieblings-Käfergruppe, die an der britischen Meeresküste verbreiteten Arten des Tribus Bembidiini, zählt zu den Raubkäfern (Adephaga, Familie Carabidae) und zeigt bezüglich Körperbau, Morphologie und Verhalten keine Besonderheiten. In Abb. 5.6 sind Spezies aus den bereits erwähnten Familien Coccinellidae und Cerambycidae sowie Vertreter der farblich sehr ansprechenden Rüsselkäfer (Curculionidae) dargestellt, um die Formenvielfalt (Diversität) dieser größten, stammesgeschichtlich modernsten Käfergruppe zu dokumentieren.

Wir wollen im nächsten Abschnitt etwas näher auf die Ur-Käfer (Archostemata) eingehen, da diese von erheblicher Bedeutung für die Rekonstruktion der Phylogenese der Coleoptera sind.

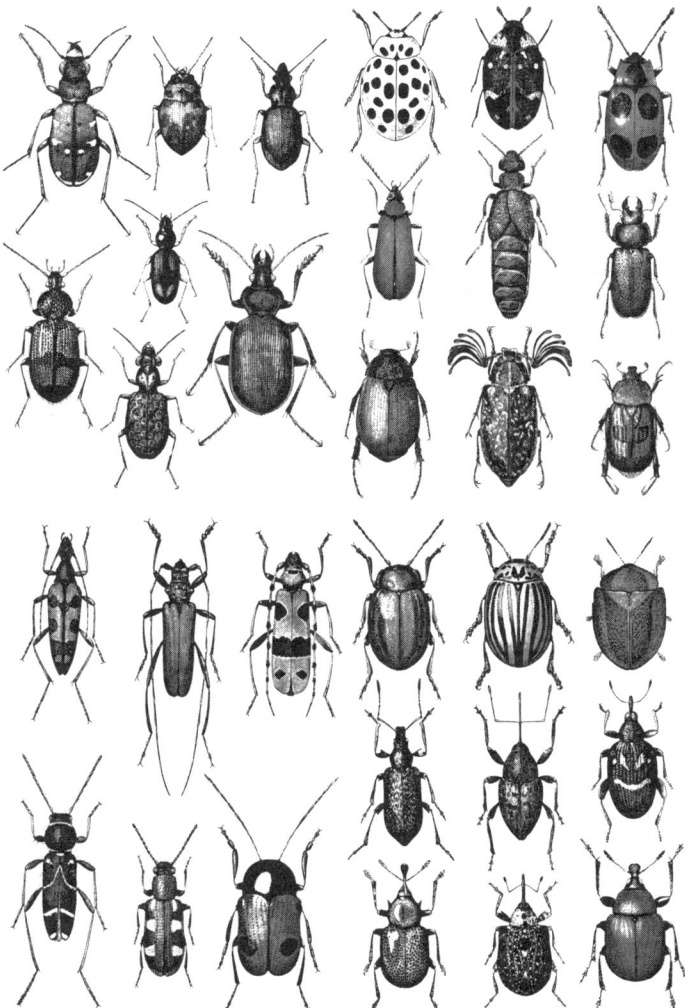

Abb. 5.6: Die Vielfalt der heute lebenden Käfer (Coleoptera), verdeutlicht an der exemplarischen Gegenüberstellung von Vertretern der Raub-Käfer (Adephaga) (z. B. Laufkäfer, Carabidae und Sandlaufkäfer, Cicindelidae, links oben) und verschiedener Vielfraß-Käfer (Polyphaga) (z. B. Marienkäfer, Coccinnelidae, rechts oben; Bockkäfer, Cerambycidae, links unten; Blattkäfer, Chrysomelidae und Rüsselkäfer, Curculionidae, rechts unten).

Die Ur-Käfer-Kopfgeldprämie und eine neue Zwischenform

Bei der nachfolgenden Besprechung der Evolution der Käfer soll auf die im nächsten Abschnitt im Detail dargelegte geologische Zeitskala verwiesen werden (Einheiten: Millionen Jahre, Mio. J.; zur Veranschaulichung der dargelegten Fakten s. Abb. 5.4).

Fossile Käfer sind in Gesteinsformationen des Perm (Alter ca. 300 bis 250 Mio. J.) selten: Weniger als 1 % der bekannten Fossilien aus jener Zeit gegen Ende des Erdaltertums stammen von Coleopteren. Mit Einsetzen der Jura-Periode (vor ca. 200 Mio. J.) nimmt allerdings die Zahl und Vielfalt der Käfer drastisch zu. Auch die Vertreter der Ur-Käfer (Archostemata) waren in dieser Periode des Erdmittelalters in großer Individuen- und Artenzahl weltweit auf allen Kontinenten verbreitet. Heute sind sie nur noch eine kleine, nahezu vollständig von besser adaptierten Arten verdrängte Reliktgruppe.

In einem Interview mit der Zeitschrift *Laborjournal* (10/1. Okt. 2007) äußerte sich der Urkäfer-Spezialist Prof. R. Beutel (Universität Jena) zu dieser Frage wie folgt: »Die Archostemata sind eine obskure Käfergruppe ... Sie sind eindeutig die ursprünglichsten Coleopteren und weisen eine Reihe von Merkmalen auf, die man auch an den ältesten bekannten fossilen (Proto-)Käfern nachvollziehen kann. Diese haben im unteren Perm, d. h. vor etwa 280 Mio. J., gelebt (Abb. 5.7 A). Die Archostemata-Arten sind äußerst selten, und es ist sehr schwer, an irgendwelche Exemplare heranzukommen. So gibt es z. B. von einer Art nur ein einziges totes Exemplar, das an einem Fluss im fernen Osten Russlands gefunden wurde. Weil diese Art so extrem selten ist, haben wir im Rahmen des *Beetle-Tree-of-Life*-Projekts sogar ein Kopfgeld von 1000 Dollar ausgesetzt. Auch die einzige europäische Art der Archostemata, *Crowsoniella relicta*, ist so selten, dass man sie als Normalsterblicher nicht zu Gesicht bekommt. Nur einmal, 1974, hat man in Italien ein Exemplar gefunden. Viele Spezialisten sind seither dorthin gefahren und haben weitere Käfer gesucht. Sie haben keinen einzigen entdeckt. Sie sind quasi Phantome der Evolution. Ich glaube allerdings nicht, dass sie ausgestorben sind.

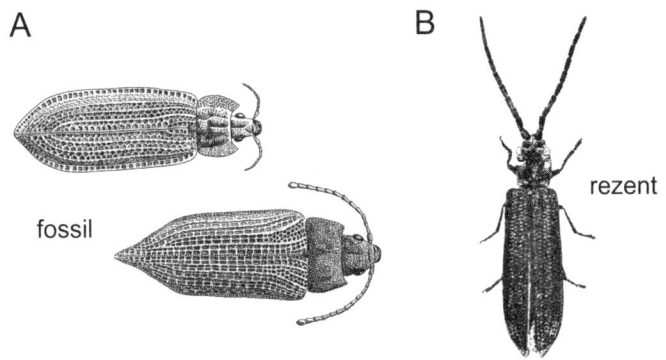

Abb. 5.7: Rekonstruktion der ältesten Käfer-Fossilien aus dem Perm (A). Diese Insekten werden als Vorläufer (Proto)-Käfer bezeichnet, da sie noch keine voll sklerotisierten, aderlosen Vorderflügel (Elytren) hatten u. a. primitive morphologische Merkmale zeigen. Ein lebender Vertreter der im Erdmittelalter weltweit verbreiteten, heute jedoch sehr selten vorkommenden Ur-Käfer (Archostemata) ist in der rechten Bildhälfte dargestellt (B). Die Ähnlichkeit zwischen dem Fossil und dem urtümlichen Käfer wird deutlich (nach Grimaldi, D. & Engel, M. S.: *Evolution of the Insects*. New York, 2005).

Käfer gelten so lange als extrem selten, bis man weiß, wo und wie sie leben. Sobald man ihren Lebensraum (Habitat) exakt kennt, findet man auch größere Zahlen. Wir haben vermutlich die Habitate der europäischen Archostemata noch nicht entdeckt.«

Ein lebendes Excmplar aus der Gruppe dieser »Phantom-Käfer« zeigt Abb. 5.7 B. Die Ähnlichkeit im Vergleich zu den versteinerten Vorläufer(Proto-)Coleopteren (Abb. 5.7 A) wird deutlich.

Fossile Zwischenformen, die größere Käfer-Gruppen verbinden (*Connecting Links*), waren bis vor einigen Jahren noch relativ selten belegt (Grimaldi und Engel 2005). Im Jahr 2006 berichteten zwei chinesische Coleopterologen, die sich auf fossile Käfer des Erdmittelalters spezialisiert haben, vom Fund mehrerer sensationeller Versteinerungen; eine davon soll hier beschrieben werden. Wie Abb. 5.8 A zeigt, ist der etwa 125 Mio. J. alte Ur-Käfer *Furcicupes raucus* so gut erhalten, dass die beigefügte Schemazeichnung (Abb. 5.8 B) kaum über das Original

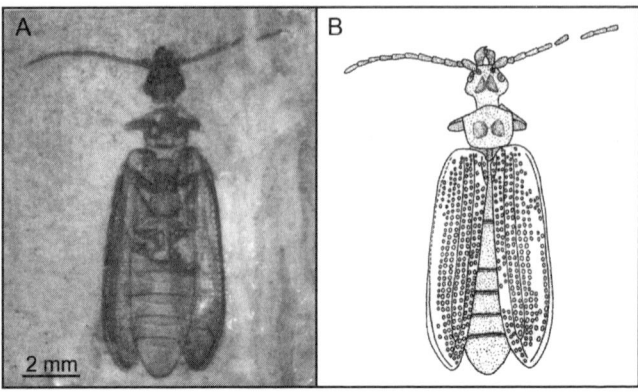

Abb. 5.8: Originalfossil (A) und Rekonstruktion (B) des etwa 125 Mio. J. alten Ur-Käfers *Furcicupes raucus* (Archostemata). Diese versteinerte Zwischenform verbindet die archaischen Vertreter des Tribus Priacmini mit den moderneren Cupedini (nach Tan, J. & Ren, D.: *J. Nat. Hist.* 40, 2653 – 2661, 2006).

hinaus Detailinformationen liefert. Nach Analyse dieser und anderer fossiler Archostemata kommen die Autoren Tan und Ren (2006) zur Schlussfolgerung, dass *Furcicupes* als fossile Zwischenform in der Reihe »urtümlicher Tribus Priacmini/ komplexer gebaute Vertreter des Tribus Cupedini« eingereiht werden kann. Von diesem *Connecting Link* der Käferevolution konnte der Coleopterologe Charles Darwin nichts wissen: Der Urvater der Deszendentheorie hätte den Autoren dieser Entdeckung mit Sicherheit ein Glückwunschschreiben übersandt!

In der Woche, als ich die letzte Revision dieses Kapitels vorgenommen habe, ist zufälligerweise in der Wochenzeitung *Die Zeit* ein kurzer Bericht erschienen, in dem ein seltener Ur-Käfer der Gattung *Tetraphalerus* abgebildet war (Abb. 5.9). In diesem Beitrag bezeichnete der oben zitierte Archostemata-Spezialist R. Beutel die Ur-Käfer als »Auslaufmodelle der Evolution«. Eine Antwort auf die (theologische) Frage, warum der »blinde Käfermacher« (Dawkins 1986), auf den wir im nächsten Abschnitt zu sprechen kommen werden, seine »Geschöpfe« aus dem Erdmittelalter (Abb. 5.7 bis 5.9) im Verlauf der letzten Jahrmillionen Art für Art hat aussterben lassen, bleibt gläubigen Menschen vorbehalten.

Der blinde Käfermacher: Warum gibt es so viele Coleopteren auf der Erde?

In einem Interview, das ich im Februar 2007 in San Francisco, Kalifornien (USA) am Rande einer internationalen Wissenschaftskonferenz gegeben hatte, äußerte ich mich u. a. wie folgt: »Der Schöpfer war ein Käfermacher! Warum sonst hätte er Hunderttausende verschiedene Käferspezies erschaffen ... und nur etwa 4600 Säugetierarten zustande gebracht? Der Kreationismus liefert dazu keine Antwort, die moderne Evolutionstheorie sehr wohl.« Da das Interview im auflagenstarken Magazin *Stern* (Nr. 13, 22. März 2007) unter der Überschrift »Der Schöpfer ist ein Käfermacher« veröffentlicht wurde, erhielt ich bald darauf zahlreiche Protestbriefe bibelgläubiger Bundesbürger, die sich bei mir u. a. über diesen »arroganten, gottlosen Käfermacher-Ausspruch« beschwert haben.

In diesem Abschnitt möchte ich daher die lange überfällige Begründung nachliefern, wie ein Evolutionsbiologe die *Tatsache* erklärt, dass etwa jede vierte Tierart der Erde ein Käfer ist. Welche speziellen Merkmale zeichnen die Coleopteren als Insektenordnung aus?

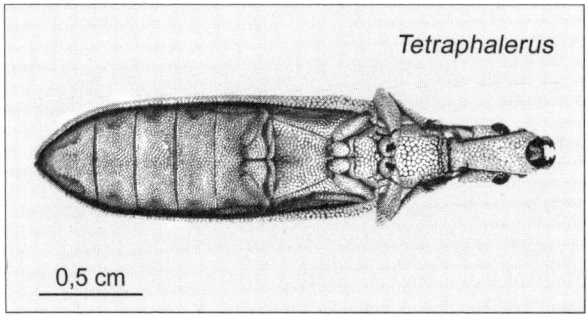

Abb. 5.9: Das graduelle Aussterben einer ehemals weltweit verbreiteten Käfergruppe durch Konkurrenz besser angepasster Arten, illustriert am Beispiel eines etwa 2 cm langen, heute nur noch sehr seltenen Ur-Käfers (*Tetraphalerus bruchi*). Der Vertreter der Archostemata, der in der rezenten Fauna ein Relikt aus dem Erdmittelalter darstellt, wurde von der Bauchseite her aufgenommen (nach einem Foto von A. Marvaldi aus der Wochenzeitung *Die Zeit*, 22, 21. Mai 2008).

Die Rekapitulation der Systematik liefert eine erste vorläufige Antwort. Die Tierklasse der Kerbtiere oder Insekten (Insecta, Stamm Gliedertiere, Arthropoda) umfasst mit sechs Laufbeinen versehene Wirbellose (Hexapoda), deren Körper in Kopf, Halsschild (Scutum) und einen mächtigen Hinterleib (Abdomen) untergliedert ist. Käfer gehören zu den Fluginsekten (Unterklasse Pterygota) der Überordnung Neuflügler (Neoptera). Von den weltweit etwa 340 000 beschriebenen Arten leben z. B. in Mitteleuropa nur rund 20 000. Dies ist ein Hinweis darauf, dass die Käfer Kosmopoliten sind: Wir finden sie weltweit in allen nur denkbaren Lebensräumen der Erde – an Land und im Wasser.

Betrachten wir nun den Körperbau der Käfer (Ordnung Coleoptera), so wird deutlich, dass die Vorderflügel als feste, stabile, meist verdickte Schutzschilde umgebildet sind. Diese *Elytren* gaben den Käfern ihren Namen (das Wort Coleoptera kann mit »Dickflügler« übersetzt werden). Die verdickten Vorderflügel schließen nahtlos aneinander und umhüllen im angelegten Normalzustand den Insektenkörper (Abdomen) wie ein fester Panzer (Abb. 5.6). Weiterhin liefern die Vorderflügel (Elytren) über eine speziell gebaute, u. a. aus Chitin-Fibrillen bestehende und mit darüberliegender Wachsschicht versehene Cuticula einen Transpirationsschutz von hoher Effizienz. Käfer sind jene »krabbelnden Klein-Lebewesen«, die noch an den trockensten Orten der Erde existieren können (man denke in diesem Zusammenhang an die Mehlkäfer, Familie Tenebrionidae, die als Haushalts-Schädlinge in weitgehender Abwesenheit von Wasser leben und sich u. a. in Haferflocken-Vorräten vermehren). Die versiegelten, verschließbaren Elytren und andere anatomische Besonderheiten sorgen des Weiteren dafür, dass die Käfer vor Krankheiten erregenden (pathogenen) Organismen, wie Bakterien, Protozoen und Pilzen sehr gut geschützt sind. Auch bei hoher Luftfeuchtigkeit unterliegen die gepanzerten Sechsfüßer nur in geringem Maße dem Selektionsdruck »Krankheitsbefall« – sie sind robuste, zur Außenwelt hin »versiegelte« Kerbtiere. Die zarten Hinterflügel werden im eingefalteten Zustand unter den robusten Elytren verpackt getragen und beim Flug ausgebreitet. Der flache, wie ein modernes Auto

(z. B. VW-Käfer) gebaute, stromlinienförmige, gegen Wasserverlust und Pathogene resistente Körper der Coleoptera erlaubt es diesen »Krabbeltieren«, in verborgenen Nischen zu leben. Diese nach dem Darwin-Wallace'schen Variations/Selektions-Prinzip im Laufe der Evolution optimierten Anpassungen (Adaptionen) an ein verstecktes Dasein in für andere Organismen weniger gut geeigneten Habitaten ist das entscheidende »Erfolgsgeheimnis« dieser wirbellosen Kleintiere.

Die Käfer haben im Verlauf ihrer etwa 280 Mio. J. andauernden Evolution eine Fülle freier Lebensräume (ökologische Nischen) besetzt, wo sie sich nahezu konkurrenzlos vermehren konnten – und das vom tropischen Regenwald über die gemäßigten Breiten (Europa) bis in die trockensten Wüstengebiete unseres Planeten.

Welche fossilen Dokumente belegen nun die Stammesentwicklung (Phylogenese) der Käfer? Grimaldi und Engel (2005) haben die wichtigsten versteinerten (bzw. in Bernstein eingeschlossenen) Insekten zusammenfassend dargestellt. Die ältesten, an heutige Springschwänze erinnernden flügellosen Kerbtiere (z. B. *Rhyniella*) sind etwa 420 Mio. J. alt (Silur, s. Abb. 5.4). Erst viele Jahrmillionen später (Perm, vor ca. 280 Mio. J.; das Zeitalter ist nach der in Abb. 5.4 dargestellten Karbon-Zeit einzureihen) sind die ersten Proto- oder Ur-Käfer nachgewiesen. Diese noch nicht voll entwickelten Coleopteren repräsentieren evolutionäre *Zwischenformen* auf dem Weg zum typischen »Käfer-Grundbauplan«. Die Stammesentwicklung des charakteristischen »Coleopteren-Urtypus«, die noch nicht im Detail durch Dokumente rekonstruiert werden konnte, vollzog sich somit im Zeitraum vor ca. 420 bis vor 280 Mio. J.

Die Käfer sind bei einem Alter von etwa 280 Mio. J. mit eine der urtümlichsten Insektengruppen (Abb. 5.7 A). Sie hatten somit eine enorme Zeitspanne vor sich, um gemäß dem Darwinschen Prinzip der Vervielfachung der Arten (Diversifikation) unzählige Spezies hervorbringen zu können. Wegen ihrer Robustheit und versteckten Lebensweise waren die Coleopteren im Verlauf der Erdgeschichte darüber hinaus auch nicht von drastischen »Massen-Aussterbeereignissen« betroffen (s. Kapitel 7). Insbesondere in tropischen Regionen sind im Verlauf der

Jahrmillionen u. a. mit Hörnern und anderen komplexen Panzerauswüchsen ausgestattete Käfer-Gattungen und -Familien entstanden (man denke hierbei an die einheimischen Hirschkäfer oder den großen Asiatischen Dreihornkäfer, s. Abb. 5.5). Diese Prozesse bezeichnen wir als Makroevolution (Kutschera 2008 a).

Modern aussehende Käfer sind fossil erst aus der Trias-Periode bekannt (vor ca. 230 Mio. J.). Die Entwicklung von den Vorläufer(Proto)- zu den »echten«, an heutige Spezies erinnernden Käfern hat somit etwa 50 Mio. J. lang gedauert. Die eigentliche »explosionsartige« Diversifikation (Formen- und Artenzunahme) im Reich der Käfer vollzog sich allerdings erst viel später in der Erdgeschichte. Während der Jura-Zeit (vor ca. 200 bis 140 Mio. J.) ereignete sich, nahezu zeitgleich mit dem Voranschreiten der Landpflanzen (Abb. 5.4), der entscheidende Evolutions-Schub im Reiche der »Dickflügler«. Das Forscherteam T. Hunt und Mitarbeiter hat auf Grundlage molekularbiologischer Daten Ende 2007 den bisher umfassendsten Käfer-Stammbaum erstellt. Die Wissenschaftler kommen zur Schlussfolgerung, dass sich die »Käfer-Artenexplosion« während der Jura-Zeit über die Besetzung unzähliger freier ökologischer Nischen, die teilweise mit der Expansion der Pflanzenwelt assoziiert war, vollzogen hat. Weiterhin hat diese Forschungsarbeit gezeigt, dass im Verlauf der Erdgeschichte an Land lebende Käfer-Populationen mindestens zehnmal unabhängig voneinander in den Lebensraum Wasser vorgedrungen sind und dort im Verlauf der Jahrmillionen unzählige, an dieses Habitat adaptierte Arten hervorgebracht haben (Makroevolution). So genannte »Schwimmkäfer«, wie die bereits erwähnten Dytiscidae (Adephaga; Gelbrand u. a.) oder die »Wasserkäfer« (Hydrophilidae; Polyphaga; Kolbenkäfer u. a.) sind somit aus unabhängigen evolutionären Entwicklungslinien hervorgegangen (Hunt et al. 2007). Wir sprechen in diesem Zusammenhang von einer polyphyletischen (aus zahlreichen unabhängigen Urformen evolvierte) Organismengruppe (aquatische Coleopteren).

Die robusten »Dickflügler« dominieren noch heute bezüglich Arten- und Individuenzahlen viele Lebensräume der Erde und sind vom Menschen erstaunlich wenig bedroht (Hunt et al.

2007). So ist z. B. die Bekämpfung von Schadinsekten (z. B. Kartoffelkäfer, Abb. 5.10) für den Menschen ein Problem, da immer wieder gegen die eingesetzten Insekten-Vertilgungsmittel (Insektizide) resistente Varietäten entstehen, die sich dann in der »schönen neuen Chemikalienwelt« rasch vermehren. Dieser »menschliche Wettlauf mit der Insekten-Mikroevolution« ist ein praktisches Problem von großer ökonomischer Bedeutung (Schädlinge vieler Nutzpflanzen, Ernteverluste usw.).

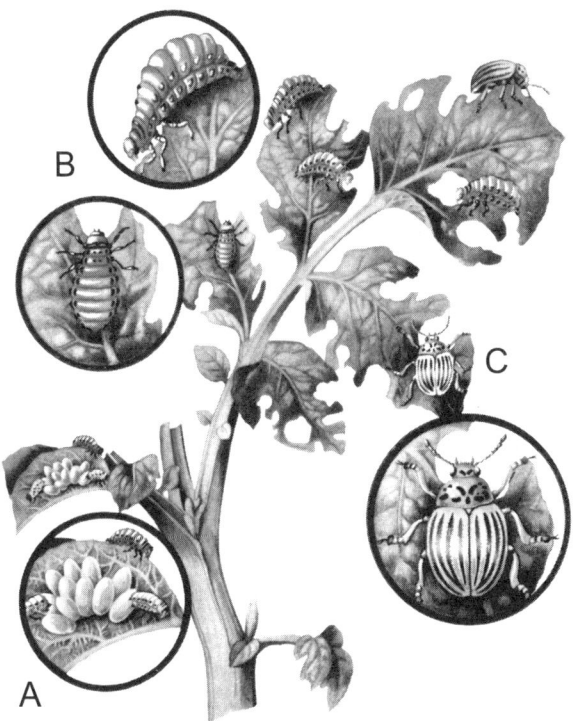

Abb. 5.10: Vielfraß-Käfer (Adephaga) in Aktion. Der Kartoffelkäfer (*Leptinotarsa decemlineata*) mit Eiern (A), geschlüpften Larven (B), ausgewachsenen Larven und Imagines (geschlechtsreife Adultformen) (C) auf dem Blatt einer Kartoffelpflanze (*Solanum tuberosum*). Der 1874 aus seiner Heimat Nordamerika nach Deutschland verschleppte, auch Coloradokäfer genannte Blattfresser breitet sich über Kartoffelpflanzen und andere Nacht-schattengewächse noch immer in vielen Teilen der Erde stetig aus (Bio-Invasion).

Am Beispiel des in Abb. 5.6 (rechts unten) und der Abbildung 5.10 dargestellten Kartoffel- oder Coloradokäfers (*Leptinotarsa decemlineata*) soll das Vermehrungspotential einer repräsentativen Coleopteren-Art illustriert werden. Die zu den Blattkäfern (Chrysomelidae) zählenden gelben Vielfresser können zwei Jahre alt werden. Ein Weibchen legt insgesamt nach und nach bis zu 2500 Eier ab, aus denen die roten Larven schlüpfen. Nach Verpuppung im Boden treten dann die Jungkäfer hervor, die wieder eine Wirtspflanze befallen. Käfer sind somit »vermehrungsfreudige« holometabole Insekten: sie durchleben nach dem Schlüpfen aus dem Ei ein Larven-, Puppen- und Imago-(Erwachsenen)-Stadium – eine für uns Menschen kaum vorstellbare Art der Individual-Entwicklung (Ontogenese).

Abschließend sei darauf hingewiesen, dass es im Verlauf der Erdgeschichte (Karbon-Zeit, s. Abb. 5.4) zu einem Jahrmillionen langen »Sauerstoff-Spitzenwert« von etwa 31 Vol. % gekommen ist (der heutige Sauerstoff-Gehalt der Atmosphäre liegt bei 21 Vol. %). Dieser »O_2-Puls« hat zum vorübergehenden »Insekten-Gigantismus« geführt (z. B. Riesen-Libelle, *Meganeura*, s. Kutschera 2008 a). Ob es in der Karbon-Zeit auch übergroße Käfer gab, ist mir nicht bekannt. Möglicherweise war der Chitinpanzer (Außenskelett der Insekten) zu schwer, um derartige Tiere am Leben zu erhalten. Die in Abb. 5.1 wiedergegebene Skizze, den auf einem Riesenkäfer reitenden Charles Darwin karikierend, soll die hier angesprochene Thematik verdeutlichen.

Fehlerkorrektur: Von Elefantenherden und Käferhorden

In diesem Abschnitt soll noch ein kleiner Fehler, der sich im oben zitierten *Stern*-Interview befindet, korrigiert werden. Die von mir damals aus dem Gedächtnis wiedergegebene Säuger-Artenzahl von etwa 4600 stammt aus dem Jahr 1993. 15 Jahre später (2008) waren bereits rund 5480 Säugertier-Spezies beschrieben. Die Zahl der tatsächlich auf der Erde existierenden Mammalia-Arten liegt gemäß verschiedener Hochrechnungen bei maximal 6000 (McDonald 2001). Großsäuger, wie z. B. die Elefanten (s. Kapitel 3 und 9), oder die Berggorillas, sind vom Aussterben bedroht. Die Zahl rezenter Mammalia-Arten wird möglicherweise aufgrund des ausgeprägten Jagd- und Zerstörungstriebes des Menschen in Zukunft eher ab- als zunehmen.

Nach Grimaldi und Engel (2005) muss die Zahl der real existierenden Käferarten auf mindestens 1,5 Millionen hochgerechnet werden, da nahezu täglich neue Spezies beschrieben werden, bevorzugt aus den tropischen Regionen der Erde. Auf Grundlage dieser Daten können wir errechnen, dass die Zahl rezenter Käferarten mindestens 250 Mal höher ist als diejenige der Säuger-Spezies.

Fazit: Der »Schöpfer« (d. h. die blinde Evolution) war ein Käfer-Fanatiker mit einer Vorliebe für die Polyphaga, einer Abneigung gegen die zum Aussterben »verdammten« Archostemata (Abb. 5.7 bis 5.9) und einem ausgeprägten »Willen« zur »Erschaffung« einzelliger Kleinstlebewesen (Bakterien, Algen, Amöben usw.; s. die Fünf-Reiche-Klassifizierung der Organismen, beschrieben in den Kapiteln 8 und 10). Für Säugetiere (Klasse Mammalia, einschließlich der Art *Homo sapiens*) hatte »Er« nur wenige ökologische Nischen auf der Erde eingerichtet, woraus sich die kleine Säuger-Artenzahl erklärt.

Anders formuliert: Kleine, auf ein Leben in Nischen angepasste Insekten (Coleoptera) konnten unzählige Mikro-Lebensräume erobern, besetzen und gegen konkurrierende Arten verteidigen, während für relativ große Wirbeltiere (Mammalia) derartige Räume in dieser Zahl nicht zur Verfügung standen – Elefantenherden benötigen ganz einfach viel mehr Platz und Ressourcen als Käfer- oder gar Bakterien-Populationen. Man könnte an dieser Stelle einwenden, dass aber doch derzeit auf der Erde etwa 6,7 Milliarden Menschen leben – die Spezies *H. sapiens* ist in Anbetracht dieser Tatsache mit einer gewaltigen Käfer-Horde zu vergleichen! Als Antwort soll das folgende Argument angeführt werden. Die seit etwa 1900 zu verzeichnende Massenvermehrung der Säuger-Spezies *H. sapiens* hat sozio-ökonomische und keine biologischen Ursachen (aber Konsequenzen) und soll daher in dieser vergleichenden Diskussion zu den Artenzahlen unberücksichtigt bleiben. Im Naturzu-

stand (d. h. bis vor die Zeit der industriellen Revolution) kam es
nicht zu einer derartigen Massenvermehrung, d. h. die Menschen waren eine in die Natur integrierte Säugerart, die z. B.
mit Wölfen und Bären um Nahrungsangebote u. a. Ressourcen
konkurrieren musste.

Darwins Selektionstheorie und Diskussionen zum Alter der Erde

In diesem Kapitel haben wir, ausgehend von den Ausführungen
des Naturwissenschaftlers R. Bommeli (1890), dargelegt, dass
nur wenige Jahre nach Erscheinen von Darwins Hauptwerk
(1859/1872) das Andersartigwerden der Organismen (d. h. Evolution an sich) als Tatsache anerkannt war. Diese Schlussfolgerung wird durch die Darstellungen zur Evolution der Coleopteren unterstützt. Auf Grundlage der bekannten Käfer-Fossil-
funde und molekularer Daten können wir die Abstammung
und Diversifikation von Darwins Lieblings-Insektengruppe
(Abb. 5.1) heute recht gut rekonstruieren (Hunt et al. 2007).
Wie bereits in Kapitel 3 dargelegt wurde, war jedoch 50 Jahre
nach Erscheinen von Darwins »Artenbuch« (d. h. 1909) ein gravierender Wandel bezüglich der akzeptierten Antriebskräfte der
Arten-Transformationen eingetreten. Eine so genannte *Muta-
tions-Theorie*, neue Typen von Organismen über spontane individuelle Erbgutänderungen erklären wollend, hatte das Varia-
tions/Selektions-Prinzip und die damit zusammenhängenden
Konzepte (Populationen als Kollektive sich fortpflanzender
Organismen usw.) verdrängt.

In diesem Zusammenhang war damals das Argument von
einer »relativ jungen Erde« von großer Bedeutung. In einem
klassischen Lehrbuch, welches unter dem Titel *Die Abstammungslehre. Eine gemeinverständliche Darstellung und kritische Übersicht der verschiedenen Theorien mit besonderer
Berücksichtigung der Mutationstheorie* erschienen ist, äußerte
sich der heute in Vergessenheit geratene Autor P. G. Buekers
(1909) zu dieser Frage wie folgt. Nach ausführlichen Darlegungen der damals gängigen Gegenargumente zum Darwin-

Wallace'schen Selektionsprinzip kommt Buekers auf das Erdalter zu sprechen: »Als Lord Kelvin (1899) die Ergebnisse der bis dahin gemachten Versuche, das Alter … der Erde zu bestimmen, zusammenfasste, kam er zu dem Schlusse, dass dieses Alter zwischen 20 und 40 Millionen Jahre liegen müsse. Eugen Dubois (1900/1902) schließt auf 36 bis 45 Millionen Jahre. Aus der Konstitution der Sonne leitet Helmholtz 20 Milllionen Jahre ab. Setzt man die Gesamtdicke der geologischen Schichten auf 80 km und die Schnelligkeit des Absatzes sedimentärer Bildungen auf 30 cm im Jahrhundert, so kommt man zu 26 Millionen Jahren.« Nun kommt Buekers (1909) zu seinem »Beweis« gegen die Darwinsche Variations/Selektions-Theorie: »Huxley und nach ihm Brooks berechnen mit manchen Forschern, dass der ganze Evolutionsprozess des Lebens nach der Selektionslehre bis zu 2500 Millionen Jahre erfordern würde. Haeckel schätzt die Dauer des Lebens auf 100 Millionen Jahre. Solche Schwierigkeiten, die einer Anwendung der Selektionstheorie ernstlich im Wege stehen, machen der Mutationstheorie keine Not oder lassen sich von ihrem Standpunkte aus viel leichter überwinden. Wir wollen sie in diesem Lichte etwas näher betrachten.«

Diese Ausführungen zeigen, dass fünf Jahrzehnte nach Veröffentlichung von Darwins Artenbuch eine zentrale Frage noch völlig offen war: Wie alt ist die Erde? Ist sie alt genug, um die von Darwin und Wallace (1858) postulierten Antriebskräfte der Arten-Transformation ermöglicht zu haben? Sind die in diesem Kapitel genannten absoluten Alterswerte geologischer Zeiträume und Epochen, Jahrmillionen umfassend, korrekt? Diese Fragen sollen im nächsten Kapitel diskutiert und beantwortet werden.

6. Evolutionszeit, die Geochronologie und das Alter der Erde

Der Begriff »Zeit« tritt uns im täglichen Leben in vielfachen Varianten entgegen. Man hört z. B. von der »Lebens-Zeit«, die einem Menschen statistisch betrachtet noch übrig bleibt, liest in Zeitungen von »Arbeitszeit-Börsen« oder von Empfehlungen, wie man über einen kostenpflichtigen »Zeit-Vertreib« seine Langeweile bekämpfen kann. Bibeltreue Evolutionsgegner fordern seit Jahren eine »Zeitmaschine«, mit der in die Vergangenheit gereist werden kann, um z. B. im Devon den Übergang vom urtümlichen Fisch zum ersten Amphibium »beobachten« zu können – ihrer naiven Ansicht zufolge soll nur das direkt durch Beobachtung und Experiment Zugängliche wissenschaftlich bedeutsam sein. Manche Menschen beklagen, mit zunehmendem Lebensalter würde »die Zeit« immer rascher verlaufen, Jugendliche »lassen sich Zeit«, um eine Berufsausbildung zu beginnen, da sie ja noch eine unermesslich lange »Zeitspanne« vor sich haben. Für kranke Menschen ist »die Zeit bald abgelaufen«, wenn das Ableben (der Tod) in greifbare Nähe rückt.

Die zuletzt genannten »Zeiten« haben einen direkten Bezug zur Evolution der Organismen, die sich in *Generationen-Abfolgen* abspielt. Wie wir in unserem Mozart-Kapitel 2 gesehen haben, beträgt die Generationszeit beim Menschen etwa 25 Jahre. Pro Jahrhundert können somit durchschnittlich vier Generationen einander folgen (Urgroßeltern-Großeltern-Eltern-Kinder). Daraus ergibt sich eine allgemeine Regel: »Die Uhr der Evolution tickt in der biologischen Einheit ›Generationen‹ (Evolutionszeit)« (Kutschera 2001, 2008 a). Wo aber ist der »Anfang der Zeit« anzusetzen? Anders formuliert: Zu welchem »Zeitpunkt« fing alles an? Da der Evolutionsbiologe die Stammesentwicklung der Organismen der Erde zu ergründen versucht (extraterrestrische Lebewesen sind bis heute unbekannt), stellt sich uns primär die Frage nach dem Alter der Erde.

Abb. 6.1: Die Erde und der Mond, vom Weltraum aus betrachtet, in einer Darstellung aus dem Jahr 1881. Zum Alter des Blauen Planeten und seines Trabanten gab es damals nur grobe Abschätzungen. Der weiße Punkt in der Erde veranschaulicht die heute widerlegte Theorie einer Mond-Absonderung von der noch jungen, flüssigen Erde. Diese Vorstellung wurde von George Howard Darwin (1845–1912), dem zweiten Sohn des großen Biologen, damals vertreten und fand Eingang in die Fachbücher.

In Abb. 6.1 ist eine klassische Zeichnung unseres Planeten, gemeinsam mit dem nach der Darwinschen Theorie entstandenen Mond, wiedergegeben. Im Jahr 1881, als dieses Bild veröffentlicht wurde, war die Frage nach dem Alter des »Blauen Planeten« noch völlig offen. Nach Klärung des Erdalters drängt sich die Problematik des absoluten Alters des Universums auf: Auch zu diesem zentralen Problem gibt es heute verlässliche Antworten. In den nächsten Abschnitten sollen nach einer »Zeit-Reise« die Vorstellungen einiger moderner Kreationisten diskutiert werden. Danach wollen wir die für Darwin (1859/ 1872) unlösbare Frage nach dem *tatsächlichen* Erdalter beantworten und die geologische Zeitskala 2004/2008 darlegen.

Eine kurze Zeitreise und das Diluvium

In der »guten alten Zeit«, als Charles Darwin noch Student war (um 1830), hatten die Menschen im christlich geprägten Europa keine »Zeit-Probleme«. Die durchschnittlich 50 Jahre dauernde Lebenszeit war mit Arbeiten, Beten, Kinderaufzucht und dem damit verbundenen harten Daseins-Wettbewerb (*Struggle for Life*) ausgefüllt. Nur wenige reiche Bürger hatten das Problem, sich die Zeit mit Kartenspielen, Reiten, Vergnügungsreisen usw. vertreiben zu müssen. Erstaunlicherweise waren wohlhabende Personen, die wie Charles Darwin unentgeltlich als Naturforscher tätig waren, seltene Ausnahmeerscheinungen. Die arbeitende Bevölkerung, noch zum Großteil in der Landwirtschaft beschäftigt, war mit den von den Amtskirchen vorgegebenen »Biblischen Zeiträumen« zufrieden, auf die wir weiter unten eingehen werden. Wir wollen bei der nachfolgenden Reise »zurück in die Vergangenheit« zwei Jahrtausende nach Beginn der modernen Zeitrechnung (Christi Geburt = Jahr null) beginnen.

Wie Abb. 6.2 A zeigt, ist eine typische mitteleuropäische Kulturlandschaft heute nahezu vollständig vom Menschen dominiert: Von den ursprünglichen Buchenwäldern sind nur noch kleine Relikte übrig geblieben. Eine einzige Spezies, die von Linnaeus im Jahr 1758 als *Homo sapiens* (»der kluge Mensch«) beschrieben wurde, passt die Umwelt in radikaler Weise seinen Bedürfnissen an: Autobahnen und Bahngleise durchkreuzen die Landschaft, so dass für die Tier- und Pflanzenwelt nur noch Inseln übrig bleiben. Großstädte und Industriegebiete, aus denen die Vegetation fast vollständig eliminiert ist, bieten den Menschen *un*-natürliche, aber bequeme Lebensbedingungen. Dieses Zeitalter der vom Menschen geprägten Welt (das *Anthropozän*) ist den meisten »Städtern« so zur Selbstverständlichkeit geworden, dass sie sich ihres Daseins im Beton- und Glaskäfig kaum mehr bewusst sind.

Reisen wir mit unserer »Zeitmaschine« ein Jahrhundert (d. h. etwa vier Menschen-Generationen) zurück (Abb. 6.2 B), so wird deutlich, dass zumindest ein Problem damals gravierender war als heute. Im Zeitalter der »Dampfmaschinen und

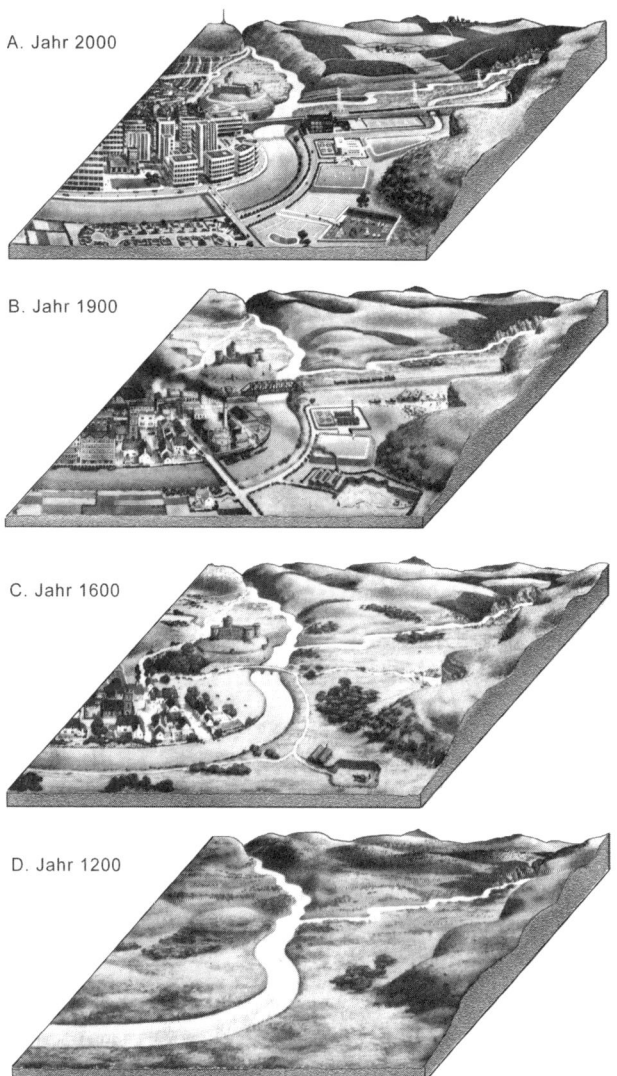

A. Jahr 2000

B. Jahr 1900

C. Jahr 1600

D. Jahr 1200

Abb. 6.2: Eine virtuelle Zeitreise in die Vergangenheit Mitteleuropas. Die Jahresangaben sind Näherungswerte. Das Jahr 2000 (A) wurde als runder Startpunkt gewählt, die Zeitpunkte (B) und (C) stellen charakteristische Entwicklungsstufen der Menschheit dar. Die Jahreszahl 1200 (D) bezieht sich auf den Dritten Kreuzzug, der zu dieser Zeit Europa erfasste.

der ungefilterten Kohleindustrie« (ca. 1850 bis 1900) sorgten sich die Menschen kaum um die Umwelt, mit dem Resultat, dass die Luft, das Wasser und die Bäume im Umkreis großer Industriezentren damals wesentlich stärker verschmutzt waren als im Jahr 2000. In diesem Zusammenhang sei auf das gut erforschte Birkenspanner-Phänomen hingewiesen (*Industrie-Melanismus* und damit einhergehende rasche Mikroevolution bei Nachtfaltern, s. Kutschera 2008 a).

Die in Abb. 6. 2 A, B dargestellte Zeitreise zurück zu den Urvätern der Deszendenztheorie (Darwin, Wallace, Haeckel, Weismann), etwa vier bis sechs Menschen-Generationen umfassend, können wir uns gerade noch anschaulich vorstellen (z. B. über Kindheitserinnerungen an unsere lange verstorbene Urgroßmutter). Bei der Betrachtung einer typischen Kulturland-schaft im Mittelalter (Jahr 1600, Abb. 6.2 C) versagt dann aller-dings unser Abstraktionsvermögen. Vor nur etwa 16 Menschen-Generationen waren unsere in kleinen Dörfern wohnenden Vorfahren noch an eine weitgehend intakte Umwelt angepasst. Es gab damals z. B. noch Wölfe, Bären und andere heute vom »zivilisierten Menschen« in Mitteleuropa weitgehend ausgerot-tete Säugetiere, mit denen sich unsere Vorfahren auseinander-setzen mussten (Konkurrenz um begrenzte Nahrungs-Ressour-cen usw.). Die in Abb. 6.2 D dargestellte Naturlandschaft aus dem Jahr 1200, in der noch relativ kleine, Ackerbau und Jagd betreibende Menschenpopulationen lebten, verliert sich für uns »in der grauen Vergangenheit«. So sind für uns z. B. der Dritte Kreuzzug (1189 – 1192) oder Personen wie Richard Löwenherz (1157 – 1199) abstrakte Begriffe. Es fällt uns daher heute schwer, in diese natürliche Umwelt europäischer »Eingebo-rener« zurückzukehren, da wir uns buchstäblich »meilenweit« von diesem relativ ursprünglichen Zustand entfernt haben. So gibt es z. B. im heutigen Mitteleuropa (Deutschland) praktisch keinen *Wald* mehr, sondern nur noch vom Menschen ange-pflanzten *Forst*. Der berühmte Schwarzwald, an dessen Rand ich aufgewachsen bin (Freiburg i. Br.), ist in Wirklichkeit weit-gehend eine Fichten- und Douglasien-Monokultur (Forst), aber die Menschen sprechen auch in Süddeutschland noch immer vom »deutschen Wald«, dem »Wald-Sterben« usw.

Es ist in Anbetracht dieser nur 800 Jahre (ca. 32 Menschen-Generationen) umfassenden »Zeitreise« nicht verwunderlich, dass selbst gebildete und aufgeklärte Menschen bis zum Erscheinen von Darwins Hauptwerk (1859) mit einem aus Texten der Bibel abgeleiteten Erdalter von 6000 bis 10 000 Jahren einverstanden waren. Da diese von den christlichen Kirchen damals dogmatisch verbreiteten Thesen einer relativ jungen, von einem übernatürlichen Geistwesen (biblischer Gott) in wenigen Tagen erschaffenen Erde »einleuchtend« war, hatten die geistlichen Würdenträger noch im »Zeitalter der Dampfmaschinen« (Abb. 6.2 B) keine Probleme mit der Verbreitung ihrer christlichen Glaubenslehren. Auch die ersten Naturforscher, wie z. B. der Züricher Arzt Johann Jacob Scheuchzer (1672 – 1733), glaubten, versteinerte Fische u. a. Fossilien seien Zeugen der biblischen Sintflut, die vor wenigen Jahrtausenden stattgefunden habe. In diesem Zusammenhang soll der in Kapitel 5 von Bommeli (1890) verwandte Begriff »Diluvialzeit« (*Diluvium*) definiert werden. In der klassischen Geologie stand dieses Wort als Synonym für das Eiszeitalter (*Pleistozän*). Im Themenbereich der biblischen Schöpfungs-Dogmatik bezieht sich der Begriff *Diluvium* allerdings auf den Mythos von der weltweiten Sintflut (Abb. 6.3). Die Anhänger der christlichen Sintflut-Lehre wurden im 19. Jahrhundert auch als *Diluvianer* bezeichnet. Im nächsten Abschnitt wollen wir die irrationalen Glaubenssätze zum Erdalter einiger moderner Diluvianer kennenlernen.

Institut für Schöpfungsforschung und die deutschen Wort- und Wissen-Diluvianer

Ich möchte an dieser Stelle ein weiteres Mal eine erstaunliche Koinzidenz schildern (Zusammentreffen zweier zufallsbedingter Ereignisse) und auf die analogen Abschnitte in Kapitel 1 (S. 15) und Kapitel 2 (S. 59) verweisen. Am Donnerstag, den 17. Januar 2008 beschäftigte ich mich mit der damals aktuellsten Fachliteratur zum Erdalter. Ich ordnete die entsprechenden Referenzen und bereitete exakt jene Manuskriptteile vor, die der

Abb. 6.3: Der christliche Mythos von der Sintflut, den Einzug der Tiere in die
Arche Noah darstellend. Unser Bild zeigt einen Ausschnitt eines Kupferstichs
aus dem Jahr 1600. Man beachte, dass immer ein Tier-Paar einwanderte, wobei
auch fiktive Arten, wie z. B. Einhörner, in dieser Phantasiegeschichte in das Bild
mitaufgenommen wurden.

Leser nun in gedruckter Form vor sich hat. Am selben Tag ging
eine E-Mail aus der Schweiz ein, in der unter Bezug auf mein
Buch *Streitpunkt Evolution* (Kutschera 2004) der folgende
bemerkenswerte Satz stand: »Was Herr Kutschera über die
›Tatsache‹ des Erdalters von 4,6 Milliarden Jahren sagt (Radio-
active Clocks) ist Unsinn! Ich habe auf diesem Gebiet seit ca.
20 Jahren geforscht und erkannt, dass in der Tat in der Vergangenheit der radioaktive Zerfall beschleunigt war … nur ganz

nebenbei: Die sehr erfolgreiche Theorie des Physikers und Mathematikers Dr. H. Müller ... sollte studiert werden.« Weiterhin weist der Autor dieser Botschaft auf den Kernchemiker Prof. E. Boudreaux hin, der gezeigt haben soll, »dass die radiometrischen Uhren mit einem kleinen Zeitrahmen vereinbar sind«. Fazit des Briefeschreibers aus dem Land der Eidgenossen: »Die Tatsache der Vielfalt der Millionen ... Lebewesen bestreite ich nicht, aber auch das ist kreationistisch deutbar.«

Auf die wenig originellen Ausführungen des zitierten Herrn Dr. H. Müller soll hier nicht eingegangen werden. Den zweiten »Junge-Erde-Befürworter«, Edward A. Boudreaux, findet man jedoch u. a. im Verzeichnis »Who's Who in Creation/Evolution«. Der US-Diluvianer war Professor für theoretische Chemie und bezeichnet sich als Anhänger einer wörtlich verstandenen biblischen Schöpfungslehre. Die Bibel sei das Wort Gottes, die sechs Schöpfungstage wären 24-Stunden-Einheiten, alle Erzählungen seien wahr. Aus diesen Gründen müssen nach E. A. Boudreaux auch die absoluten Altersangaben der Geophysiker (bzw. Geochronologen) falsch sein.

Was hat dieser amerikanische Junge-Erde-Gläubige mit den deutschen Diluvianern zu tun, auf die der oben zitierte Protestbrief verweist? Der prominente Kreationist Boudreaux ist u. a. mit der *Creation Research Society* in St. Joseph, Missouri, USA, assoziiert. Diese hat im Jahre 2000 gemeinsam mit dem *Institute for Creation Research* (ICR) in El Cajon, Kalifornien, einen von L. Vardiman et al. im Jahr 2000 herausgegebenen Band *Radioisotopes and the Age of the Earth* veröffentlicht. Eine in Baiersbronn/Schwarzwald beheimatete deutsche *Studiengemeinschaft Wort und Wissen e.V.* (W+W) hat mit erheblichem Aufwand dieses Mehr-Autoren-Buch, eine junge Erde »begründen wollend«, ins Deutsche übersetzt und verbreitet. Im Jahr 2004 ist dieses »Werk« unter dem Titel *Radioisotope und das Alter der Erde* veröffentlicht worden, zeitgleich mit der Monographie von F. Gradstein et al.: *A Geologic Time Scale 2004*. Vergleicht ein Laie das »Junge-Erde-Buch« von Vardiman et al. (2004) mit dem wissenschaftlichen Standardwerk von Gradstein et al. (2004), so kann dies zu einer problematischen Verwechslung von Mythen und Fakten führen. Das Buch der deutschen W+W-Diluvianer (Kreationisten) ist professionell gestaltet und enthält Kapitel, in denen gewisse physikalisch-chemische Fakten sachlich korrekt wiedergegeben sind. Aufschlussreich ist allerdings das »Vorwort zur deutschen Übersetzung«. Dort sind die drei folgenden Kernthesen niedergeschrieben: 1. Die biblische Schöpfungslehre setzt anstelle eines Jahrmilliarden andauernden Evolutionsprozesses das Schöpfungshandeln Gottes und die kurzen Zeiträume der biblischen Urgeschichte (1. Mose 1–11) voraus. 2. Radiometrische Datierungen legen jedoch große Zeiträume nahe. Damit erscheint eine notwendige Voraussetzung für eine Evolution der Organismen gegeben zu sein. 3. Forschungen im Deutungsrahmen der biblischen Schöpfungslehre (in den USA als »scientific creationism« bekannt) streben ein alternatives Verständnis kosmologischer und geologischer Zeitvorstellungen an (Sintflutmodell, Abb. 6.3).

In diesen Sätzen werden christlich-religiöse Mythen (z. B. die weltweite Sintflut), für die es keine objektiven Belege gibt, mit einer seit 1956 etablierten, in diesem Kapitel beschriebenen wissenschaftlichen Methode zur Altersbestimmung auf eine Stufe gestellt. Auf Grundlage eines biblischen Glaubenssatzes werden dann »Forschungen« gefordert, die u. a. unter dem paradoxen Begriff »sintflutgeologische Vorstellungen« verbreitet werden. Die in der Bibel beschriebene Sintflut ist ein *Mythos*, die Geologie jedoch eine *Naturwissenschaft*. Es werden somit religiöse Glaubensinhalte mit wissenschaftlichen Fakten vermengt und damit eine Art »Theo-Biologie (bzw. -Geologie)« geschaffen. Wie ich an anderer Stelle bereits im Detail ausgeführt habe, ist diese Vermengung von Glaube und Wissen als *Pseudowissenschaft* zu kennzeichnen (Kutschera 2004, 2007 a, 2008 a).

Die unterschiedlichen Auffassungen der US-Diluvianer, die sich als »scientific creationists« bezeichnen, und ihrer deutschen W+W-Kollegen werden in dem Buch von Vardiman et al. (2004) wie folgt zusammengefasst. Aus Gründen, die man aus biblischen Texten ableitet, wird von beiden Gruppen ein Erdalter von etwa 10 000 Jahren angenommen; einige Autoren des Sammelbandes glauben an ein Alter von 6000 Jahren. Die Erschaffung der Erde in der Schöpfungswoche (1. Mose 1) soll mit erheblicher geologischer Aktivität verbunden gewesen sein. Bis zum Einsetzen der Sintflut (Abb. 6.3) nehmen die US-Diluvianer eine geologische Ruhephase an, die mit dem Einsetzen der Flut abrupt unterbrochen wurde. Nach der Dogmatik der US-ICR-Kreationisten sollen die seit dem Kambrium weltweit gefundenen Fossilien im Wesentlichen »im Jahr der Sintflut« entstanden sein. Danach wird geologisch wieder mit einer Ruhephase gerechnet. Bei den deutschen W+W-Kreationisten hält man es dagegen für wahrscheinlich, dass »auch vor und noch einige Zeit nach der Sintflut erhebliche geologische Aktivität herrschte. Für die Bildung der phanerozoischen Schichten (Kambrium bis heute) steht demnach nicht nur ein einziges Jahr zur Verfügung, sondern ein Zeitraum von einigen tausend Jahren … Man strebt daher den Aufbau einer ›biblisch-urgeschichtlichen Geologie‹ an … Die biblische Vorgabe einer jungen Erde ist aber ebenso in dieses Konzept integriert« (Vardiman et al. 2004).

Eine junge, 6000 bis 10 000 Jahre alte Erde wird bei W+W somit *dogmatisch vorausgesetzt*, wobei dann »im Rahmen von Forschungen« die empirischen Fakten aus der Geochronologie so zurechtgebogen werden, dass sie den biblischen Glaubenssatz, von dem man ausgegangen ist, wieder bestätigen (*Zirkelschluss*). Diese pseudowissenschaftliche Denkweise wird seit über 20 Jahren über ein so genanntes »evolutionskritisches Lehrbuch«, in dem u. a. von »erschaffenen Grundtypen« berichtet wird, in Deutschland, Österreich und der Schweiz verbreitet. Eine ausführliche »Würdigung« dieser »Theo-Biologie« der deutschen W+W-Diluvianer wurde publiziert (Kutschera 2004, 2007 a, 2008 a). Zu welch absurden Schlussfolgerungen und Phantasie-Erzählungen diese oben beschriebene Vermengung von Glaube und Wissen führen kann, soll im nächsten Abschnitt dargelegt werden.

Das Rate-Resultat 2007: Wie alt ist der blaue Planet?

Das bereits erwähnte, von Henry M. Morris (1918 – 2006) gegründete US-*Institute for Creation Research* (ICR) hat, mit finanzieller Unterstützung der amerikanischen *Creation Research Society*, Ende der 1990er-Jahre die RATE-Gruppe gegründet (*R*adioisotopes and the *A*ge of *t*he *E*arth). Die Ergebnisse dieser »Junge-Erde-Arbeitsgemeinschaft« sind in dem bereits zitierten Sammelband von Vardiman et al. (2004) dargelegt. Im »Prolog« dieser »Rate-Monographie« fasste der amtierende Präsident des ICR, John D. Morris (Sohn des ICR-Gründers), die Dogmen seiner privaten »Forschungs-Gemeinschaft« wie folgt zusammen: »Das auf der Heiligen Schrift gründende Schöpfungsmodell der Erdgeschichte beinhaltet eine vor relativ kurzer Zeit erfolgte Erschaffung aller Dinge, an deren Ende aus Gottes Sicht alles als ›sehr gut‹ (1. Mose 1.31) beurteilt wurde. Durch die Rebellion Adams kam die Schöpfung unter Gottes Bann (1. Mose 3, 19–24) und war nicht mehr so gut wie zuvor. Später, zu Lebzeiten Noahs, wurde die Welt durch die globale Flut umgestaltet. Wir leben und treiben unsere wissenschaftlichen Studien in einer Welt, die einst von einem intelligenten und allmächtigen Gott perfekt erschaffen wurde, die aber verflucht und überflutet wurde. Für einen an der Bibel orientierten Wissenschaftler sind diese großen weltweiten Geschehnisse wirkliche Geschichte und müssen die Basis für jede historische Rekonstruktion bilden.«

Im Weihnachtsheft (Dezember 2007) der ICR-Zeitschrift *Acts & Facts* (Vol. 36/12) fasste der RATE-Projektleiter L. Vardiman die wesentlichen Resultate dieser »sintflutgeologischen Forschungen« zusammen und formulierte drei offene Probleme. Die US-»Sintflut-Schöpfungsforscher« erkannten, dass ein radioaktiver Zerfall gewisser chemischer Elemente tatsächlich stattgefunden hat, aber während bestimmter Epochen der Erdgeschichte (d. h. während der »Schöpfungswoche«) millionenfach rascher erfolgt sei. Daher sind die geochronologisch ermittelten Alterswerte falsch – die Erde ist wenige Tausend und nicht Millionen Jahre alt! Aus diesen »Forschungsergebnissen« resultieren jedoch nach Ansicht des bibeltreuen »Sintflut-

Geologen« L. Vardiman (2007) drei gravierende Probleme: ein theologisches, ein physikalisches und ein Umwelt-Dilemma. Das theologische Problem kann wie folgt zusammengefasst werden. Der Ausdruck »beschleunigter radioaktiver Zerfall« für Prozesse in den Atomkernen während der »Schöpfungswoche« steht im Widerspruch zu »Gottes Wort, alles wäre sehr gut«. Die RATE-Gruppe konnte (angeblich) zeigen, dass der beschleunigte Zerfall während der »Genesis-Flut« stattgefunden habe. Dieser Widerspruch zwischen dem »sehr gut« des Schöpfers und dem »beschleunigten Zerfall« kann im Moment nicht gelöst werden (die RATE-Gruppe empfahl, den Begriff »Zerfall« gegen das Wort »Prozess« auszutauschen). Im Zusammenhang mit der Hitzeentwicklung, die ein millionenfach beschleunigter radioaktiver Zerfall während der Flut-Zeit mit sich bringt, ergibt sich das Problem, dass die Sintflut-Gewässer hätten verdampfen und die Erdkruste hätte schmelzen müssen. Die RATE-Forscher sind sich sicher, dass der beschleunigte radioaktive Zerfall nicht nur von Gott verursacht wurde – »Er« habe das Hitzeproblem klar erkannt. Wie dieses physikalische Dilemma zu lösen ist, bleibt zu ergründen. Das Umwelt-Problem ist jedoch das gravierendste. Wie konnten Noah und seine Familie die enorme radioaktive Strahlung, die der beschleunigte Atomkern-Zerfall »während der einjährigen Sintflut« mit sich gebracht hatte, ertragen? Nach Vardiman (2007) soll das Wasser als Schutzfilter fungiert haben. Die ICR-Diluvianer geben allerdings zu, dass diese Erklärung unbefriedigend ist. Zur Veranschaulichung dieser Thesen soll nochmals auf die Abbildung 6.3 verwiesen werden.

Dieser wörtlich verstandene biblische Schöpfungsglaube (Junge-Erde-Kreationismus), kombiniert mit ausgewählten wissenschaftlichen Fakten, führt zu den oben geschilderten *Absurditäten*, die nur noch als eine *Pervertierung* des logisch-rationalen Denkvermögens bewertet werden können. Charles Darwin, Rudolf Bommeli und viele andere Denker und Forscher aus dem »Zeitalter der Dampfmaschinen« würden sich buchstäblich »im Grabe umdrehen«, wenn sie wüssten, dass noch im Dezember 2007 ein derartiger Unsinn im Zusammenhang mit der Theorie der biologischen Evolution verbreitet wurde.

Nach diesem Exkurs in die bizarre Gedankenwelt der modernen Evolutionsgegner, den ich der medienwirksamen Verbreitung dieser abstrusen Thesen wegen hier aufgenommen habe (s. Internet-Seiten von W+W bzw. dem ICR) wollen wir wieder zum Hauptthema zurückkehren. Welches Erdalter wurde zu Darwins Zeit von den logisch-rational denkenden Forschern angenommen?

Charles Darwin, Lord Kelvin und der Grand Canyon

Im Dezember 2003 beschwerten sich führende US-Geologen, wie z. B. der Präsident der *Geological Society of America* und der *American Geophysical Union* beim Vorstand des *Grand Canyon National Park* im Bundesstaat Arizona über ein Verkaufsangebot. Im Bookstore des Nationalparks wurde unter der Rubrik »Wissenschaft« eine Broschüre (booklet) mit dem Titel *Grand Canyon: A Different View* angeboten, in dem einige Artikel führender US-Kreationisten abgedruckt sind. Deren Botschaft lautete wie folgt: Die gewaltigen Wände des Canyons (Abb. 6.4) sollen ein Register der »Sechs Schöpfungstage« darstellen – diese Ereignisse fanden vor »einigen tausend Jahren« statt. Zahlreiche wissenschaftliche Studien haben jedoch zweifelsfrei belegt, dass der Colorado River im Verlauf der vergangenen 20 Millionen Jahre diesen ca. 1,6 km tiefen »Einschnitt« in die Landschaft »gesägt« hat (die »Einkerbe-Rate« betrug etwa 166 bis 411 m per Mio. J.). Diese Vorgänge waren mit einer durch Plattentektonik (s. Kapitel 7) verursachten langsamen Anhebung des Colorado-Plateaus verbunden (Atkinson und Leeder 2008). Von unten bis zum oberen Rand gemessen werden dort etwa 1800 Mio. J. dokumentierte Erdgeschichte freigelegt. Mit dem Argument, dass die angebotene Kreationisten-Broschüre einen extremen christlich-religiösen Standpunkt vertrete, der nichts mit der Naturwissenschaft Geologie zu tun habe, wurde die Schrift der US-Diluvianer zumindest aus dem Fach »Science books« entfernt. Diese Debatte zum Erdalter, die noch vor einigen Jahren weltweit für Schlagzeilen gesorgt hat, soll die Aktualität der hier diskutierten Frage nochmals verdeutlichen.

Abb. 6.4: Foto des Grand Canyon im US-Bundesstaat Arizona. Im Verlauf von etwa 20 Millionen Jahren grub der Colorado River (Rinne in der Bildmitte) die gewaltigste Schlucht aller Kontinente der Erde in das sich gleichzeitig hebende Plateau. Hiermit wurden weite Sediment-Formationen freigelegt und einer wissenschaftlichen Analyse zugänglich gemacht (Originalaufnahme).

Der Geologe Charles Darwin hat den Grand Canyon (Abb. 6.4) nicht besuchen können – zu Lebzeiten des Naturforschers herrschte dort noch weitgehend Wildnis. Betrachten wir heute diese eindrucksvollen Schluchten, freigelegte Sedimentformationen darstellend, so erfasst uns ein intuitives Gefühl für die unvorstellbar großen geologischen Zeiträume (Äonen, *deep time*). Beim Abstieg in die gigantische, aus Klippen und Schluchten bestehende Landschaft erfüllt den Naturforscher eine Art (nicht religiöse) »Ehrfurcht« vor den »ewigen« physikalischen Kräften und unermesslichen Zeitspannen in der Natur.

In seinem Hauptwerk diskutierte Darwin (1859/1872) die damals aktuelle Debatte zum Erdalter. In Kapitel X (On the Imperfection of the Geologic Record) erörterte er die Frage, warum es so wenige fossile Zwischenformen (*Connecting Links*) gibt und beantwortet dieses »Dilemma« mit seiner These, die Fossilfunde seien noch sehr lückenhaft. Wie wir in Kapitel 7 sehen werden, hatte Darwin mit dieser Einschätzung recht. Wir wissen aus Briefen des Jahres 1869, dass Darwin mit der damals noch offenen Frage nach dem tatsächlichen Erdalter große Probleme hatte – seine Schlussfolgerungen basierten auf der Annahme langer Zeiträume vor dem Beginn des Kambriums. Nach einer Besprechung des nachfolgenden Silur (s. Abb. 6.7) kommt Darwin (1859/1872) zu seiner Kernproblematik, die wie folgt übersetzt werden kann: »Wir kommen hier zu einem schwerwiegenden Einwand. Es erscheint zweifelhaft, ob die Erde in einem für Lebewesen bewohnbaren Zustand lange genug bestanden hat. Sir W. Thompson schlussfolgert, dass die Erdkruste vor 20 oder 400 Mio. J. verfestigt worden sei, aber wahrscheinlich sind auch 98 oder mehr als 200 Mio. J. Diese großen Differenzen zeigen, wie zweifelhaft diese Daten sind.« Für die Zeitspanne vom Kambrium bis heute führte Darwin (1859/1872) die damals abgeschätzten Werte von 60 oder 140 Mio. J. an. Diese Zitate zeigen, dass Charles Darwin in seinem »Artenbuch« das von heutigen Junge-Erde-Kreationisten (Diluvianern) noch immer geglaubte »biblische Erdalter« überhaupt nicht mehr für erwähnenswert gehalten hatte. Als examinierter Theologe war er selbstverständlich darüber informiert, dass Erzbischof James Ussher (1581 – 1656) die biblische Schöpfung (Abb. 6.3) exakt festgelegt (»berechnet«) hat: 1650 verkündete der prominente Theologe, Punkt 9:00 Uhr des Sonntags, den 23. Oktober 4004 v. Chr., sei »die göttliche Schöpfung« erfolgt. Im Jahr 1996 feierte man dann auch im Kreise der deutschen Wort- und Wissen-Kreationisten den runden Geburtstag der Erde – sie wurde damals geglaubte »6000 Jahre alt« (s. Kutschera 2008 a).

Bereits J.-B. de Lamarck hatte sich in seinen biologischen Schriften vom biblischen Erdalter distanziert und betonte, dass unser Planet um ein Vielfaches älter sein müsse. Sein Landsmann George-Louis Leclerc, Comte de Buffon (1707–1788), war vermutlich der erste Naturforscher, der unter dem Ignorieren biblischer Erzählungen 1778 ein Erdalter von 96 670 Jahren

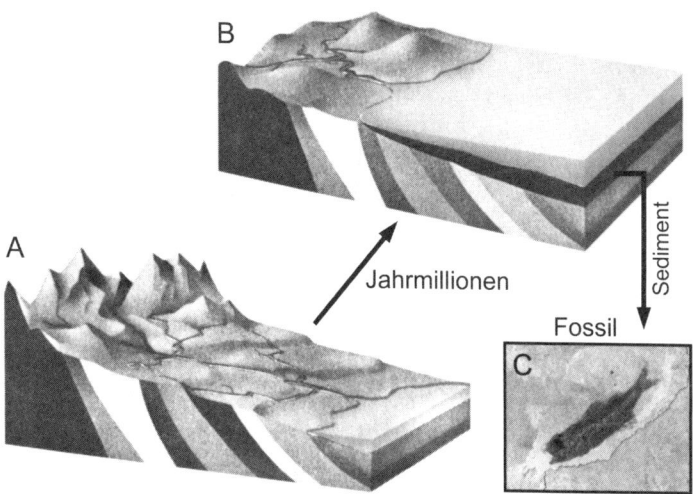

Abb. 6.5: Schematische Darstellung der Bildung von Sedimentgesteinen. Gebirgshänge (A) werden durch Erosionsprozesse (Regen, Stürme, Sonnenhitze, Verwitterungsvorgänge, Frostsprengungen) im Laufe der Jahrmillionen abgetragen. Die hierbei abgelösten Steinchen sammeln sich am Boden eines immer größer werdenden Meeres an, wobei feste Sedimentgesteine entstehen (B). Diese können die Hartteile toter Körper von Organismen einbetten und als Fossilien konservieren (C).

berechnet hatte. Buffon ging davon aus, dass der Planet als stetig auskühlender, in der Urzeit geschmolzener, riesiger Eisenball zu betrachten sei. Diese Annahme wurde später allerdings widerlegt.

Darwin wurde während seiner Ausbildung zum Geologen insbesondere durch das Studium der Werke von Charles Lyell (1797 – 1875) geprägt. In dessen dreibändigem Hauptwerk (1830) mit dem vollständigen Titel *Principles of Geology, Being an Attempt to Explain the Former Changes of the Earth's Surface, by Reference to Causes now in Operation* wird auf Grundlage abgeschätzter Sedimentationsraten (s. Abb. 6.5) ein Erdalter von 100 bis 300 Mio. J. angenommen. Wie aus dem langen Buchtitel hervorgeht, ging es Lyell aber im Wesentlichen um die Ausformulierung des Prinzips des *Aktualismus*. Dieses besagt, dass geologische Prozesse seit Jahrmillionen immer gleichartig verlaufen sind – die Gegenwart ist somit der Schlüssel zur Vergangenheit. Wir werden bei der Besprechung der Meteoriten-Analysen (s. Abb. 6.9) auf dieses auch als *Uniformismus* bezeichnete Konzept zurückkommen.

Wer war der von Darwin (1859/1872) zitierte »Sir W. Thompson«? Wir kennen alle die SI-Basiseinheit für die absolute (thermodynamische) Temperatur, das Kelvin (K) (SI steht für »Internationales Einheitensystem«). Diese Einheit, den absoluten Nullpunkt der Temperaturskala einschließend (0 K = −273 Grad Celsius, °C), erinnert an den englischen Physiker William Thompson (1824 – 1907), der später den Namen »Lord Kelvin of Largs« angenommen hatte. Die Verdienste von Thompson sowie seine Kalkulationen sind in einer Monographie von Burchfield (1975) zusammengefasst, der die nachfolgenden Informationen entnommen sind. Dieser Autor hat Thompsons Berechnungen zum Erdalter akribisch aufgelistet. So schätzte William Thompson 1862 das Alter der Erde auf möglicherweise 400 Mio. J.; 1868 war er sicher, dass die Erde (und die Lebewesen) nicht älter als 100 Mio. J. sei(en); 1876 ermittelte er den Wert von 50 Mio. J., 1897 galt die Altersangabe »näher bei 20 als bei 40 Mio. J.«, wobei die Zahl »24 Mio. J.« als genaueste Abschätzung angenommen wurde. Warum veröffentlichte der ansonsten so exakt arbeitende Physiker derart unterschiedliche Werte? Thompson ging bei seinen Berechnungen von seiner Theorie der stetigen Erdabkühlung einer ehemals etwa 3700 °C heißen, geschmolzenen Kugel aus, wobei sich diese Grundannahme später als falsch erwiesen hatte. Unser Planet verfügt über innere Hitzequellen (natürliche Radioaktivität), auf die in Kapitel 7 eingegangen wird.

Das relativ junge Erdalter von 400 bis 20 Mio. J., veröffentlicht von einer wissenschaftlichen Kapazität, brachte Charles Darwin nahezu zur Verzweiflung – wir können in diesem Zusammenhang durchaus von »Darwins zweitem Dilemma« sprechen. Sollten diese Berechnungen tatsächlich korrekt sein, so wäre das Darwinsche Theorien-System zum Artenwandel hinfällig. Derartige Sätze finden wir in zahlreichen Briefen, die Charles Darwin Anfang der 1870er-Jahre an Kollegen gesandt hatte (auf die 1879 veröffentlichte Abschätzung des Erdalters des Geophysikers George Howard Darwin – der zweite Sohn des Biologen – soll weiter unten eingegangen werden). Warum haben sich die Berechnungen des Physikers W. Thompson bald als Irrtümer herausgestellt? Im Jahr 1903 wurde von einer Hitzeentwicklung gewisser Radiumsalze berichtet. Diese Entdeckung der *Radioaktivität* und die daraus entwickelte *Geochronologie* werden wir im übernächsten Abschnitt darlegen. Zunächst soll jedoch noch die Ära der Geologie ohne absolute Altersangaben besprochen werden.

Die relative geologische Zeitskala: Entdecke das Devon!

Bei der Betrachtung der zerklüfteten, aber soliden Wände des Grand Canyon (Abb. 6.4) könnte man annehmen, dass diese Schichtgesteine aus einheitlichem, »ewig festem« Material bestehen, welches keiner Veränderung (Metamorphose) unterliegt. Das Gegenteil ist jedoch der Fall. Geologen haben seit Langem den »Kreislauf der Gesteine« entschlüsselt; ein Ausschnitt dieses Zyklus ist in vereinfachter Form in Abbildung 6.5 dargestellt. Wir betrachten ein Gebirge, das an ein Meer angrenzt. Die im Wesentlichen über die Plattentektonik (s. Kapitel 7) aufgetürmten, riesigen Gesteinsbrocken unterliegen stetig Zersetzungs(Erosions)-Prozessen, die durch Sonneneinstrahlung (Hitze), Frost-Sprengungen (Kälte), Regengüsse, Schneefälle usw. hervorgerufen werden. Im Verlauf geologischer Zeiträume (Jahrmillionen), die sich unseren Vorstellungen entziehen (s. Abb. 6.2), werden die Gebirge langsam abgetragen und in Form von Geröll sowie kleiner bis kleinster Steine (bzw. Sandkörner) über das Regenwasser gemäß den Gesetzen der sonnengetriebenen Wasserverdunstung (Aufwärtsbewegung) und Gravitationskraft (Regenfälle) in den Flüssen angereichert. Letztendlich sammeln sich die abgetragenen Materialien im tiefer gelegenen Meer an. Welch gewaltige Mengen an grob- und feinkörnigem Sand (»zerbröseltes Gestein«) ein reißender Fluss transportieren kann, wird deutlich, wenn man sich den Untergrund derartiger Fließgewässer betrachtet. Im Verlauf der

Jahrmillionen entsteht aus diesen Körnchen druckabhängig ein Schicht(Sediment)-Gestein, in welches die Hartteile verstorbener Lebewesen (Tiere, Pflanzen, Mikroben) eingebettet werden können (Fossilisation, s. Kapitel 7). Auf den in Abb. 6.5 C verkleinert abgebildeten versteinerten Fisch werden wir im nächsten Kapitel zurückkommen.

Der Naturforscher Nicolaus Steno (1638 – 1686) war einer der ersten Geologen, die zeigen konnten, dass Sedimentformationen (Strata) gesetzesmäßig abgelagert werden (s. Beitrag von R. Leinfelder im Sammelband Kutschera 2007 a). Da die entsprechenden Sedimentschichten charakteristische Fossilien tragen, konnte u. a. auf Grundlage des *Lagerungsgesetzes* (ältere Schichten liegen weiter unten, jüngere darüber) eine relative *geologische Zeitskala* abgeleitet werden. Diese klassische *Biostratigraphie* erlaubt nur Aussagen wie »älter bzw. jünger als«. Die Methode ist ungeeignet, absolute Zeitangaben über geologische Prozesse zu liefern

In der modernen Geologie werden als größte Zeit-Einheiten die *Äonen* definiert: *Archaikum* (Ur-Zeit), *Proterozoikum* oder *Eozoikum* (Früh-Zeit) und *Phanerozoikum* (Zeitalter der erkennbaren Lebensspuren). Das vor dem Archaikum eingereihte *Hardaikum* (Zeitraum zwischen dem Ursprung der Erde und dem Auftreten der ersten Gesteine) soll hier erwähnt, aber nicht diskutiert werden. Wir wollen, wie in der Evolutionsbiologie üblich, das Hardaikum dem Archaikum zuordnen (erste Phase der Ur-Zeit).

Im 19. Jahrhundert haben die Geologen vom »primären, sekundären, tertiären und quartären Äon« gesprochen. Dieses »Vier-Äonen-Prinzip« wurde später aufgegeben, aber die Begriffe Tertiär und Quartär haben sich bis heute erhalten.

Am Beispiel des Phanerozoikums, auf das sich Darwin (1859/1872) im Wesentlichen bezieht, soll die Ableitung der relativen geologischen Zeitskala erläutert werden. Man teilt das Äon Phanerozoikum in drei Ären ein: *Paläozoikum* (Erdalterum), *Mesozoikum* (Erdmittelalter) und *Känozoikum* (Erdneuzeit). Es sei an dieser Stelle hervorgehoben, dass keine kontinuierliche Sediment-Schichtenabfolge – auch nicht jene des gewaltigen Grand Canyon (Abb. 6.4) – eine vollständige Serie

Abb. 6.6: Reproduktion einer Postkarte aus der Umgebung von Devonshire, England, aus dem Jahr 2007. Unter der Überschrift »Entdecke das Devon« werden die Sehenswürdigkeiten des *National Trust* im Devon beworben. Nach Gesteinsformationen, wie sie auf dem links reproduzierten Teilfoto wiedergegeben sind, wurde das System (Periode) des Devon benannt (s. Abb. 6.7).

aller geologischen Ären der Erde enthält, da sich unser Planet seit Jahrmillionen im stetigen Wandel befindet (s. Kapitel 7).

Generationen von Geologen haben in jahrzehntelanger Kleinarbeit aus verschiedenen Gesteinsformationen (Systeme) die entsprechenden geologischen Ären (bzw. Perioden) rekonstruiert. Am Beispiel des *Paläozoikum* (Erdalterum) soll dies verdeutlicht werden (Abb. 6.6., 6.7). Der englische Geologe Adam Sedgwick (1785 – 1873) entdeckte im Nordwesten von Wales an Fossilien arme Gesteinsformationen und nannte diese im Jahr 1835 das »Kambrische System« (Periode des *Kambrium*; Namengebung: Cambria, lateinisch für Wales). Im gleichen Jahr wurde von Sedgwicks Schüler Roderick I. Murchison (1792 –1871) u. a. auf Grundlage bestimmter Fossilien das »Silurische System« beschrieben (Periode des *Silur*; der Name leitet sich von früheren Einwohnern einer Region West-

Englands und Wales ab, die Siluren genannt wurden). Wie Abb.
6.7 zeigt, wurde erst 1879 das »Ordovizische System« (Periode
des *Ordovizium*) entdeckt und beschrieben (benannt nach den
Ordovizen, ein früherer Keltenstamm). Geologen kombinierten
auf Grundlage charakteristischer Fossilien obere bzw. untere
Regionen der 1835 definierten »Kambrischen und Silurischen
Systeme« zum Ordovizium. Diese Schlussfolgerung hat sich
später bewahrheitet, d. h. das Ordovizium repräsentiert eine
separate Periode der Erdgeschichte (Cowen 2000, Levin 2003).

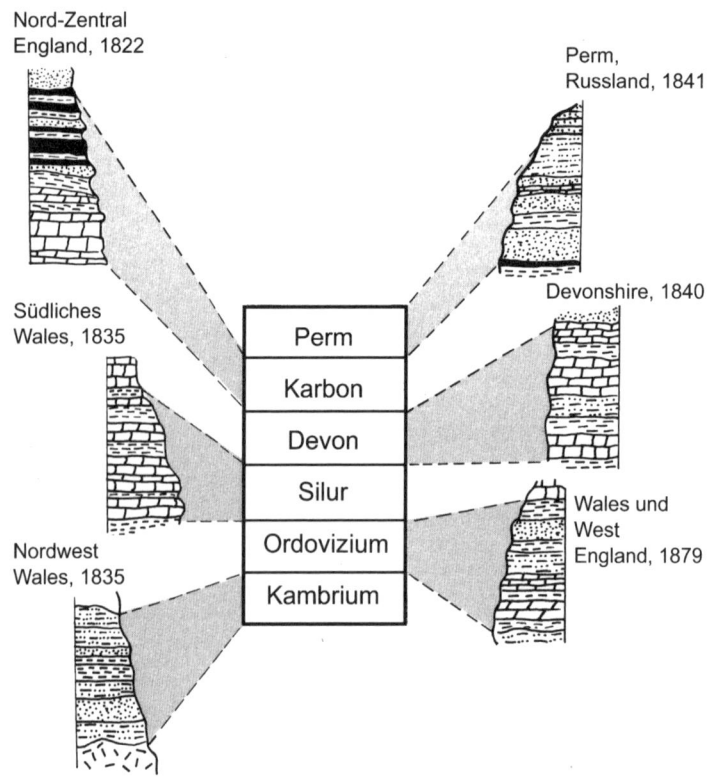

Abb. 6.7: Historische Entwicklung (Evolution) der standardisierten relativen geologischen Zeitskala für das Paläozoikum (Erd-Mittelalter). Wie die Graphik zeigt,
wurden so genannte »Typus-Sektionen« der geologischen Systeme kombiniert.
Dieser Erkenntnisprozess begann im Jahr 1822 (Karbon) und endete 1879 (Ordovizium) (nach Levin, H. L.: *The Earth Through Time*. 7. Ed. Hoboken, 2003).

Das »Devonische System« (Periode des *Devon*) wurde von Sedgwick und Murchison 1840 nach Gesteinsformationen in der Nähe der Ortschaft Devonshire benannt. Die dort entdeckten Fossilien unterscheiden sich gravierend von jenen des bereits 1822 beschriebenen »Karbonischen Systems« (Periode des *Karbon*), benannt nach Kohleschichten in Nord-Zentral-England. Wie die in Abb. 6.6 reproduzierte Postkarte zeigt, kann »das Devon« (in der Paläontologie das Fischzeitalter) in England besucht, besichtigt und »entdeckt« werden – die Landschaft ist eine Reise wert. Unglücklicherweise fehlt allerdings in allen mir bekannten Touristen-Informationen der Bezug zur Geologie bzw. Paläobiologie.

Im Jahr 1840 bereiste der englische Geologe Murchison mit einigen Kollegen den Westen von Russland. Auf Grundlage charakteristischer Fossilien konnte der Naturforscher »Silurische, Karbonische und Devonische« Gesteinsformationen entdecken und beschreiben. In bis zu diesem Zeitpunkt unergründeten Schichten, die oberhalb des Karbon und unterhalb der Trias (Mesozoikum, s. Abb. 6.8) abgelagert sind, entdeckte Murchison bestimmte Fossilien, die sich von jenen »darüber und darunter« eindeutig unterscheiden. Er nannte diese Gesteinsformation das »Permische System« (Zeitalter des *Perm*; Namengebung: Permia, ein altes Königreich zwischen dem Ural und der Wolga).

In analoger Weise wie die Ära des Paläozoikum (Erd-Altertum mit den Perioden Kambrium, Ordovizium, Silur, Devon, Karbon und Perm) entdeckt und beschrieben wurde, haben Geologen zwischen 1829 und 1874 das Mesozoikum (Erd-Mittelalter) und das Känozoikum (Erd-Neuzeit) charakterisiert. Im Wesentlichen wurden die entsprechenden Perioden bzw. Epochen (Tertiär, Quartiär) (s. Abb. 6.8) auf Grundlage typischer Fossilien identifiziert und benannt. Man hatte somit in jahrzehntelanger Kleinarbeit in einer von Zufallsentdeckungen gekennzeichneten Reihe von Erkenntnissen (Abb. 6.7) eine relative geologische Zeitskala erarbeitet. Als allerdings Wilhelm Schimper (1808 – 1880) im Jahr 1874 den Namen *Paläozän* für die erste Epoche im Tertiär vorschlug und die anderen Begriffe alle festgelegt waren, hatte man noch sehr vage Vorstellungen vom Erdalter und der Dauer der beschriebenen Ären. Wir wollen im nächsten Abschnitt auf die absoluten Altersdatierungen eingehen.

George Darwin, der Mond und die Geochronologie

Im Abschnitt »Eine kleine Mozart-Phylogenie« (s. Kapitel 2) hatten wir die Komponisten-Generationenabfolge Leopold-Wolfgang-Franz-Xaver Mozart kennengelernt. In analoger Weise könnte man, ausgehend von Großvater Erasmus (1731 bis 1802), eine »Darwin-Phylogenie« rekonstruieren. Unter den acht überlebenden Kindern von Charles und Emma Darwin sind die beiden Söhne Francis (1848 – 1925) und George Howard (1845 – 1912) als Botaniker bzw. Geophysiker zu den berühmtesten Fachleuten ihrer Zeit aufgestiegen. Die Leistungen von Francis Darwin wurden bereits in Kapitel 3 gewürdigt. Wir wollen hier die Bedeutung des zweiten Sohnes und älteren Bruders von Francis kennenlernen und mit diesen Anmerkungen zum Thema Geochronologie überleiten.

George Darwin war als Geologe/Mathematiker ausgebildet und erreichte zwei Jahre nach dem Tod seines Vaters mit der Ernennung zum »Professor für Astronomie und Experimental-Philosophie« (1883) in Cambridge den Gipfel seiner steilen akademischen Karriere. Als weltweit führender Fachmann auf dem Gebiet der Gezeiten-Forschung und Autor einer (später widerlegten) Theorie zum Ursprung des Mondes war G. Darwin einer der renommiertesten Naturwissenschaftler seiner Generation. Da er u. a. mit William Thompson befreundet war, der zum Verdruss seines Vaters Charles ein junges Erdalter propagiert hatte (ca. 24 Mio. J. in einer seiner letzten Publikationen), schaltete sich Sohn George in die Altersdebatte ein.

Ausgehend von seiner »Darwinschen Theorie der Mond-Entstehung«, die einen herausgeschleuderten Materie-Brocken aus der noch jungen (geschmolzenen) Erde postuliert (Abb. 6.1), kombiniert mit den Gezeiten-Kräften, errechnete G. Darwin 1879 ein Erdalter von »mindestens 56 Mio. J.« (Kushner 1993). Da sich Darwins Theorie vom herausgeschleuderten Mond später als unzutreffend erwiesen hatte, war auch diese Kalkulation nur eine grobe, unzuverlässige Abschätzung – diese Berechnungen blieben weitgehend unbeachtet. Wie Kushner (1993) ausführt, wurde George Darwin auf Grundlage seines wissenschaftlichen Gesamtwerks zu einem der Begründer der modernen Geophysik. In einem klassischen Werk mit dem Titel *The Earth* wird Darwins zweiter Sohn im Vorspann wie folgt gewürdigt: ›To the Memory of Sir George Howard Darwin, Founder of Modern Cosmology and Geophysics« (Jeffreys 1924).

Die 85 Jahre vor dem »Darwin-Jubiläum 2009« veröffentlichte Monographie von H. Jeffreys wurde in einem noch heute existierenden Universitätsverlag publiziert (*Cambridge University Press*). Sieben Jahrzehnte später ist bei dem kalifornischen Fachverlag *Stanford University Press* ein Buch mit ganz ähnlichem Titel erschienen, das noch nach Jahrzehnten als wichtigste Zusammenfassung aller Standard-Methoden und Daten zum Erdalter angesehen wird: *The Age of the Earth* von G. B. Dalrymple. Im Vorwort bezeichnet Dalrymple (1991) die »wissenschaftlichen Argumente« der US-Kreationisten für ein junges Erdalter als »Absurditäten«, die widerlegt seien. Die Standard-Monographie (gekürzte Neuauflage 2004) belegt, dass die Erde etwa 4600 Mio. J. alt ist. In dem Zeit-Schema der Abb. 6.8 wurde, kombiniert mit der geologischen Zeitskala 2004/2008, dieser Alterswert als »Nullpunkt« eingezeichnet. Im nächsten Abschnitt werden wir, ausgehend von Dalrymple (1991), die wesentlichen diesbezüglichen Fakten kennenlernen und hierbei u. a. auf Mond- und Meteoritengestein eingehen. Für jeden an Details zum Erdalter Interessierten sei das Werk von Dalrymple (1991, 2004) empfohlen, in dem auch die Leistungen von George Darwin gewürdigt sind.

Clair C. Patterson, die Uran-Blei-Methode und der Tod von Ludwig van Beethoven

Wie in der klassischen Musik gibt es auch in den Naturwissenschaften überragend kreative Individuen, deren Werke die Jahrzehnte überdauern und nachfolgende Generationen zum

Weiter-Komponieren (bzw. -forschen) motivieren. Diese Begründer bzw. Vollender waren immer Ausnahmeerscheinungen – W. A. Mozart und C. Darwin seien als Paradebeispiele genannt (s. Kapitel 10).

Das Gebiet der absoluten Altersdatierung von Gesteinen und Mineralien (*Geochronologie*) und somit das »Erdaltersproblem« ist mit Berühmtheiten wie den bereits genannten Forschern W. Thompson und G. Darwin verbunden. Ein wenig bekannter, streitbarer Naturwissenschaftler, der u. a. auch die Todesursache des Komponisten Ludwig van Beethoven (1770 – 1827) entschlüsseln half, sei in diesem Abschnitt gewürdigt: der amerikanische Chemiker Clair C. Patterson (1922 – 1995). Zunächst wollen wir jedoch den historischen Faden unserer Darwin-Erdalter-Geschichte wieder aufgreifen.

Mit der Entdeckung der Radioaktivität durch Henri Bequerel (1852 – 1908) im Jahr 1896, kombiniert mit dem Nachweis, dass radioaktive Atome unter Freisetzung von Strahlung und Wärme mit konstanter, Termperatur-unabhängiger Rate in Tochter-Nuklide transmutieren (Erkenntnisse des Ehepaars Marie und Pierre Curie, 1867 – 1934 bzw. 1859 – 1906) war um 1902 endlich eine »Uhr« zur Bestimmung geologischer Zeiträume gefunden. So zerfällt z. B. das Nuklid (Atom bzw. Isotop) Uran-238 über verschiedene Zwischenprodukte mit einer konstanten Halbwertszeit (T $\frac{1}{2}$) von 4 500 Mio. J. zum Tochter-Nuklid Blei-206 (U-238/Pb-206), während das an Masse ärmere Uran-235 über Zwischenprodukte mit einer T $\frac{1}{2}$ von 704 Mio. J. in Blei-207 übergeht (U-235/Pb-207). Hierbei wird radioaktive Strahlung frei (Alpha-Teilchen, d. h. Helium-4-Atomkerne).

Wie die Autoren Allegre et al. (1995) und DeLaeter (1998) berichten, hat der Physiker Ernest Rutherford (1871 – 1937) auf Grundlage radioaktiver Zerfallsdaten 1929 erstmals ein Erdalter von etwa 3400 Mio. J. ermittelt. Die »Ursprungs-zu-Tocher-Nucleotid-Verhältnisse« von Gesteinsproben werden seit Ende der1920er-Jahre mit speziellen Analysegeräten, den *Massenspektrometern*, quantifiziert. Diese Apparaturen wurden von DeLaeter (1998) als »Zeitmaschinen« bezeichnet. Die historische Entwicklung dieser *Geochronologie* (Verfahren zur historische Entwicklung dieser *Geochronologie* (Verfahren zur Messung von Nuclid-Verhältnissen unter Einsatz der Massenspektrometrie) wurde u. a. von Dalrymple (1991) und DeLaeter (1998) im Detail dargestellt. Die folgenden acht Methoden waren 1998 weltweit in den Laboratorien experimentell arbeitender Geophysiker etabliert.

1. *Uran-Blei-Methode(n)*: Diese Verfahren wurden seit 1929, d. h. dem Jahr der Entdeckung der Uran(U)-Blei(Pb)-»Zeitmaschine«, stetig verbessert und verfeinert. Da beide Uran-Blei-Übergänge (U-238/Pb-206 und U-235/Pb-207), mit den T $\frac{1}{2}$-Werten von 4500 bzw. 704 Mio. J., simultan gemessen werden können, wird üblicherweise ein Pb-207/Pb-206-Verhältnis ermittelt, aus dem das Alter der Probe errechnet werden kann. Dieses Verfahren wird auch als »Blei-Blei(Pb-Pb)-Methode« bezeichnet.

2. *Kalium-Argon-Methode*: Das Element Kalium (K) besteht aus den Isotopen K-39, K-40 und K-41, wobei das radioaktive K-40 in zwei Endprodukte, das Edelgas Argon (Ar)-40 und Calcium (Ca)-40, zerfällt (T $\frac{1}{2}$ etwa 1251 Mio. J.). Seit 1966 ist die K-Ar-Methode als zuverlässiges Verfahren etabliert.

3. *Rubidium-Strontium-Methode*: Das Element Rubidium (Rb)-87 zerfällt mit einer T $\frac{1}{2}$ von 48 000 Mio. J. zum Tochter-Nuklid Strontium (Sr)-87. Seit 1953 wird dieses Rb-Sr-Verfahren zur Altersdatierung von Gesteinsproben eingesetzt.

4. *Samarium-Neodym-Methode*: Das seltene Erde-Element Samarium (Sm)-147 zerfällt in Neodym (Nd)-143 mit einer T $\frac{1}{2}$ von etwa 106 000 Mio. J. Auf Grundlage dieses Befundes wird das Sm-Nd-Verfahren seit 1975 u. a. zur Datierung von Mondgesteinen eingesetzt.

5. *Lutetium-Hafnium-Methode*: Das seltene Element Lutetium (Lu)-176 zerfällt mit einem T $\frac{1}{2}$-Wert von 35 700 Mio. J. zu Hafnium (Hf)-176. Seit 1980 ist die Lu-Hf-Methode in der Geochronologie im Einsatz.

6. *Rhenium-Osmium-Methode*: Das Element Rhenium (Rh)-187 zerfällt mit einem T $\frac{1}{2}$-Wert von 4470 Mio. J. zu Osmium (Os)-187. Seit 1961 gilt die Rh-Os-Methode als zuverlässiges Verfahren zur Altersdatierung von Gesteinen.

7. *Kalium-Calcium-Methode*: Dieses bereits unter Punkt 2 (Kalium-Argon-Methode) angesprochene Verfahren wird nur in einigen speziellen Fällen zur Altersdatierung eingesetzt und soll daher nicht weiter behandelt werden.

8. *Karbon-14-Methode*: Dieses Verfahren wird seit Jahrzehnten mit Erfolg in der Archäologie (Altertumskunde) und Paläo-Anthropologie (Wissenschaft vom Ursprung des modernen Menschen) eingesetzt. Da in der Regel nur Zeiträume von bis zu 200 000 Jahren erfasst werden können, soll diese Standardmethode hier nicht näher erläutert werden.

Die erst seit etwa 2001 routinemäßig in der Geochronologie eingesetzte Hafnium-Wolfram-Methode zur Datierung von Mond- und Meteoritengesteinen wird im letzten Abschnitt dieses Kapitels angesprochen.

Im Jahr 1956 ist eine Forschungsarbeit des Chemikers Clair C. Patterson mit dem Titel »Age of meteorites and the Earth« erschienen, in der erstmals das exakte Erdalter beschrieben ist. Unter Einsatz der damals bereits gut etablierten Pb-Pb-Methode (Bestimmung von Isotopenverhältnissen unter Verwendung der Massenspektrometrie) konnte Patterson (1956) zeigen, dass die Alterswerte von Meteoriten und der Erde identisch sind. Dieses »Ursprungsalter des Sonnensystems« wurde auf 4550 Mio. J. vor heute datiert. Wie Allegre et al. (1995), Casanova (1998) u. a. Naturforscher immer wieder betont haben, war Pattersons Ermittlung des tatsächlichen Erdalters *eine der größten natur-wissenschaftlichen Entdeckungen des 20. Jahrhunderts.* Meteoriten (insbesondere kohlenstoffhaltige Chondrite) sind unverändert gebliebene Bruchstücke der Ur-Materie des jungen Sonnensystems; sie werden daher auch als »Relikte aus der Ur-Zeit des entstehenden Planetensystems« bezeichnet. Meteoriten gelangen immer wieder als feste Materiebrocken in die Erdatmosphäre und schlagen dann in Form »kosmischer Bomben« ein, wobei sie häufig beim Eintritt in die Atmosphäre in Stücke zerbrechen. Besonders bekannt sind Bruchstücke des Meteoriten Allende, der 1969 in Mexiko niedergegangen ist.

Dalrymple (1991, 2004) hat 12 Meteoriten-Bruchstücke, die mehrfach mit verschiedenen Methoden datiert wurden, tabellarisch aufgelistet. Durchschnittliche Alterswerte der Namen tragenden Meteoriten 1. bis 12. (Mittelwerte ± Messfehler) sind, mit Angabe der entsprechenden Methode (z. B. Argon-Argon, Ar-Ar), in der nachfolgenden Auflistung alphabetisch wiedergegeben:

1. Allende: (Ar-Ar): 4520 ± 20, 4530 ± 20, 4480 ± 20, 4550 ± 30, 4570 ± 30, 4500 ± 20, 4560 ± 50 Mio. J.
2. Angra dos Reis: (Sm-Nd): 4550 ± 40, 4560 ± 60 Mio. J.
3. Gnarenai: (K-Ar): 4440 ± 60, (Rb-Sr): 4460 ± 80 Mio. J.
4. Intarch: (Rb-Sr): 4460 ± 80, 4390 ± 40 Mio. J.
5. Invinas: (Sm-Nd): 4560 ± 80, (Rb-Sr): 4500 ± 70 Mio. J.
6. Moama: (Sm-Nd): 4460 ± 30, 4520 ± 50 Mio. J.
7. Mundrabrilla: (K-Ar): 4500 ± 60, 4570 ± 60, 4540 ± 40, 4500 ± 40 Mio. J.
8. Olivenza:(Rb-Sr): 4530 ± 160, (K-Ar): 4490 ± 60 Mio. J.
9. Saint Severin: (Sm-Nd): 4550 ± 330, (Rb-Sr): 4510 ± 150, (K-Ar) 4430 ± 40, 4380 ± 40, 4420 ± 40 Mio. J.
10. Shaw: (K-Ar): 4430 ± 60, 4400 ± 60, 4290 ± 60 Mio. J.
11. Weekeroo Station: (Rb-Sr): 4390 ± 70, (K-Ar) 4540 ± 30 Mio. J.
12. Y-75011: (Rb-Sr): 4500 ± 50, 4460 ± 60, (Sm-Nd): 4520 ± 160, 4520 ± 330 Mio. J.

Diese geochronologischen Altersdatierungen, mit verschiedenen Methoden an zahlreichen Meteoriten von unterschiedlichen Personen an unterschiedlichen Orten (Instituts-Laboratorien) der Welt unabhängig voneinander durchgeführt, haben das »klassische Blei-Blei-Alter« der Erde, das von Patterson (1956) erstmals ermittelt wurde, eindeutig bestätigt (Durchschnittswert ca. 4550 Mio. J.). Nach Scott (2007) repräsentieren Metcoritcn (Chondriten), die aus Asteroiden-Fragmenten und Sonnennebel-Materie zusammengesetzt sind, die Ur-Materie, aus der vor etwa 4550 Mio. J. der Planet Erde hervorgegangen ist.

Die Pb-Pb-Methode konnte in den letzten Jahren nochmals verfeinert werden, so dass z. B. Chondriten-Alterswerte von 4566,7 ± 1,0 und 4564,7 ± 0,6 Mio. J. gemessen wurden (Scott

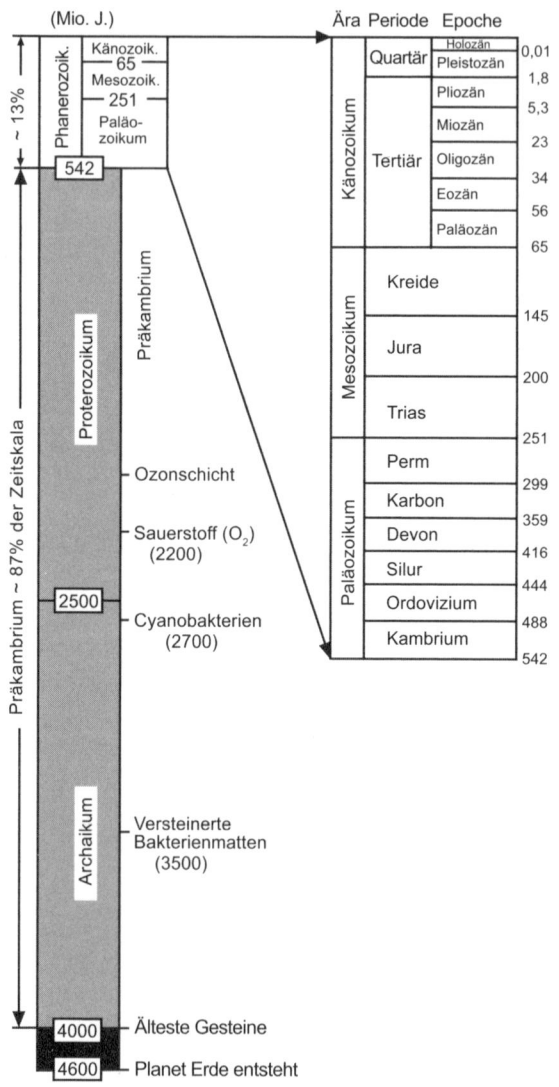

Abb. 6.8: Die geologische Zeitskala 2004/2008 mit den wichtigsten Altersangaben (in Jahrmillionen, Mio. J.). Das Erdalter ist mit ca. 4600 Mio. J. verzeichnet (nach Kutschera, U.: *Evolutionsbiologie*. 3. Auflage, Stuttgart, 2008 und *Fact Sheet* 2007 – 2015, *US Geological Survey*, Reston VA 20192).

2007). Man beachte die minimalen Fehler dieser aktuelleren Werte, verglichen mit den von Dalrymple (1991) aufgelisteten klassischen Daten (s. die oben reproduzierte Meteoriten-Serie 1. bis 12.). Unter Einsatz dieser Methoden wurden die ältesten Mondgesteine auf ein Alter von etwa 4470 Mio. J. vor heute datiert.

Nach diesen buchstäblich »erschöpfenden« Darlegungen zum Alter der Ur-Materie des Sonnensystems (Meteoriten) soll auf die *absolute geologische Zeitskala* verwiesen werden (Abb. 6.8). Mit immer besseren Mess-Methoden konnte z. B. der Beginn des Kambrium auf 542 ± 1,0, der Beginn der Trias auf 251 ± 0,4 und der Beginn des Tertiär auf 65,5 ± 0,3 Mio. J. vor heute datiert werden. Diese absolute geologische Zeitskala wurde in der Monographie von Gradstein et al. (2004) im Detail und in Lehrbüchern in vereinfachter Form, mit einer kurzen Beschreibung der entsprechenden Methoden, dargestellt (Kull 2007, Kutschera 2008 a). Amerikanische Geochronologen haben im April 2008 über eine astronomische Kalibrierung der Kalium-Argon-Methode die Messfehler dieses radiometrischen Datierungsverfahrens von etwa ± 1 auf ± 0,25 % reduziert und eine noch präzisere geologische Zeitskala erarbeitet (Kerr 2008). Diese Fortschritte in der Geochronologie beweisen, dass sich der Wissenschaftszweig stetig weiterentwickelt und immer genauere absolute Alterswerte liefert.

Kommen wir abschließend auf den »Titelhelden« dieses Abschnittes, den 1995 verstorbenen Chemiker Clair C. Patterson, zurück. Im Zusammenhang mit seinen Blei(Pb-Pb)-Altersdatierungen befasste sich dieser bedeutende Wissenschaftler u. a. mit den vom Menschen verursachten Blei-Verunreinigungen der Umwelt. Patterson warnte als einer der Ersten vor gefährlichen Bleivergiftungen, doch die Industrie und Politik in den USA ignorierten seine deutlichen Worte (Casanova 1998). Erst nach vielen Jahren hat man auf Pattersons aggressiv-kämpferisch verbreitete Ratschläge gehört und Blei-Wasserleitungen sowie Pb im Benzin eliminiert – zum körperlich-psychischen Wohlbefinden vieler US-Bürger.

Die Erkenntnisse von Patterson (1956), zusammengefasst in Allende et al. (1995), hätten z. B. das unbeschreibliche Leiden

Abb. 6.9: Foto eines Bruchstücks des Meteoriten Allende (kohlenstoffhaltiger Chondrit), der 1969 in Mexiko niedergegangen ist. Der extraterrestrische Steinbrocken stammt vermutlich aus dem Asteroidengürtel und ist ein Überrest aus der Ur-Zeit unseres Planetensystems. Das Alter des Meteoriten-Fragments wurde auf etwa 4550 Millionen Jahre vor heute datiert (nach einer Abbildung aus *Carnegie Science*, Winter 2005/2006, Washington D.C.).

des Komponisten Ludwig van Beethoven verhindern können. Wie eine im Jahr 2001 durchgeführte Analyse von Haaren, die nach dem Tod des Meisters abgeschnitten und für die Nachwelt konserviert wurden, ergab, war der Bleigehalt im Körper des Verstorbenen ca. 100-fach höher als in den Kontrollen. Beethoven litt und starb somit an einer Bleivergiftung – als Todesursache wird ein äußerst qualvolles Nieren- und Leberversagen genannt. Woher stammte das Element Pb im Körper des Komponisten? Wir wissen, dass Beethoven regelmäßig den billigen Weißwein getrunken hatte, der von den Winzern mit Bleizucker anstatt mit dem teuren Rohrzucker gesüßt wurde. Um seine körperlichen Schmerzen zu lindern, trank Beethoven immer wieder das giftige Gebräu. Schmerzmittel nahm er nicht zu sich, da er nur bei klarem Verstand komponieren konnte.

Blei (Pb)-Analysen haben somit nicht nur das Alter der Erde (bzw. des Sonnensystems) (Abb. 6.10) aufgeklärt, sondern auch die Todesursache von Beethoven entschlüsselt. Zu den Gründen für das frühe Ableben des Komponisten W. A. Mozart gibt es derzeit noch keine endgültige Antwort, die auf entsprechenden Gewebeanalysen basiert (s. Kapitel 2).

Fazit: Ereignisse, die in der Vergangenheit *tatsächlich* stattgefunden haben (Planetenbildung, Tod eines Komponisten) können heute unter Einsatz physikalisch-chemischer Analysemethoden exakt datiert (bzw. identifiziert) werden. Im letzten Abschnitt dieses Kapitels wollen wir auf noch genauere Datierungen der Planeten- und Mondbildung eingehen und mit diesen Messwerten unser Kapitel zum Erdalter abschließen.

Das Salz der Meere und der Anti-Darwinsche Ur-Einschlag

Die im letzten Abschnitt zusammengetragenen Daten belegen, dass unser Sonnensystem (und somit die Erde) vor etwa 4566 Mio. J. entstanden ist, woraus sich der abgerundete Wert »ca. 4600 Mio. J.« ergibt (Dalrymple 1991, 2004, Scott 2007). Diese Altersangabe basiert im Wesentlichen auf der radiometrischen Datierung von Meteoriten- und Mondgestein (Abb. 6.9, 6.10). Die ältesten festen Gesteine der heutigen, seit Jahrmillionen dynamischen Erdkruste sind etwa 4000 Mio. J. alt – im Hardaikum verliert sich die terrestrische »Mineralien-Spur« (Abb. 6.8). Obwohl diese Daten auf unabhängigen Chronometern (»Clocks in the rocks«) basieren und somit im wahrsten Sinne des Wortes »solide bzw. felsenfest« sind, wurde das Erdalter noch mit einer weiteren, von radiometrischen Zerfallsdaten völlig unabhängigen Methode ermittelt, die nachfolgend kurz zusammengefasst ist.

Wie der Geologe L. G. Collins (2006) im Detail dargelegt hat, kann man über den heutigen Kochsalz(NaCl)-Gehalt der Ozeane, genauer gesagt über die Konzentration an Chlorid(Cl^-)-Ionen, das minimale Alter der Weltmeere und somit des »Blauen Planeten« ermitteln. Im Gegensatz zum Element Natrium (Na), das mit beachtlichen 2,83 % in der Erdkruste vertreten ist, kommt Chlor (Cl) zu nur 0,0130 % im Gesteinsmantel vor – die beiden häufigsten Elemente der Erdkruste sind Sauerstoff (O) mit 46,6 % und Silizium (Si) mit 27,72 %. Der Gehalt an Natrium-Ionen (Na$^+$) im Meerwasser (ca. 30,8 % aller geladenen Teilchen) kann daher über Verwitterungsprozesse erklärt werden (s. Abb. 6.5). Für Chlorid-Ionen, die ca. 55,3 % der negativ geladenen Teilchen ausmachen, ergibt sich allerdings eine enorme »Element-Lücke«. Wie Collins (2006) belegt, stammen die Chlorid-Ionen der Meere im Wesentlichen aus Vulkan-Ausgasungen.

Flüchtiges, heißes Hydrogenchlorid (HCl, in Wasser gelöst entsteht die Salzsäure) wird in gut abschätzbaren Mengen jährlich über den globalen Vulkanismus in die Atmosphäre gebracht (ca. 7,8000 $\times$ 10^{12} g HCl pro Jahr; wegen der leichten Wasserstoff-Ionen sind das etwa 7,5863 $\times$ 10^{12} g Chlorid-Ionen pro Jahr). Diese Vulkangase gelangen über den sauren Regen letztlich in die Ozeane. Da die Menge der Chlorid-Ionen aller Meere zusammengerechnet mit etwa 2,6715 $\times$ 10^{22} g bekannt ist, kann durch Division dieser Chlorid-Masse durch die jährliche Vulkan-Emissionsrate (7,5863 $\times$ 10^{12} g Chlorid) ein Zeitraum von etwa 3500 Mio. J. errechnet werden.

Es hat somit etwa 3,5 Milliarden Jahre lang gedauert, bis die Weltmeere den heutigen Chlorid-Gehalt erreicht haben. Collins (2006) geht nun auf alle denkbaren Einwände und Zusatzfaktoren ein: Am Resultat, dass die salzigen (Chlorid-reichen) Meere etwa 3500 Mio. J. alt sind, führt jedoch kein Argument vorbei. Da die Erde lange vor den Ozeanen entstanden ist (die enormen Wassermassen stammen vermutlich aus frühen Kometeneinschlägen und somit aus dem Weltall), ist unser Planet daher definitiv älter als 3500 Mio. J. Das Minimal-Alter des blauen Planeten liegt somit bei etwa 3,5 Milliarden Jahren.

Trotz dieser unabhängigen Bestätigung des minimalen Erdalters, die letztendlich die Zuverlässigkeit der Geochronologie nochmals untermauert hat, konnte in den Jahren 2001 bis 2005 eine internationale Forschergruppe noch präzisere Daten zum Alter der Erde und des Mondes erarbeiten. Unter Einsatz verbesserter Massenspektrometer (»Zeitmaschinen«) und der oben erwähnten Hafnium-Wolfram(Hf-W)-Chronometrie gelang es einem Forscherteam vom »Zentrallabor für Geochronologie, Universität Münster, Deutschland, dem Institut für Isotopengeologie und Mineralische Rohstoffe, ETH Zürich, Schweiz, dem Institut für Geologie und Mineralogie, Universität Köln, Deutschland, und dem Department of Earth Sciences, Oxford University, England« unter Verwendung von Mond- (u. Meteoriten-)Gestein, zu zeigen, dass der Trabant und der Planet Erde vor 4527 ± 10 Mio. J. etwa zeitgleich fest geworden sind. Die Institutionen wurden hier genannt, um die Geochronologie als etablierte Naturwissenschaft zu kennzeichnen.

Diese Daten zeigen somit, dass Erde und Mond bereits etwa 30 Mio. J. nach der Entstehung des Sonnensystems (vor 4566 Mio. J.) als Festkörper auskristallisiert und zu damals noch glühend heißen »Kugeln« geworden sind (Kleine et al. 2005) (Abb. 6.10). Weiterhin unterstützen diese Daten die so genannte »Einschlag-Hypothese« der Mond-Entstehung. Wie Abb. 6.1

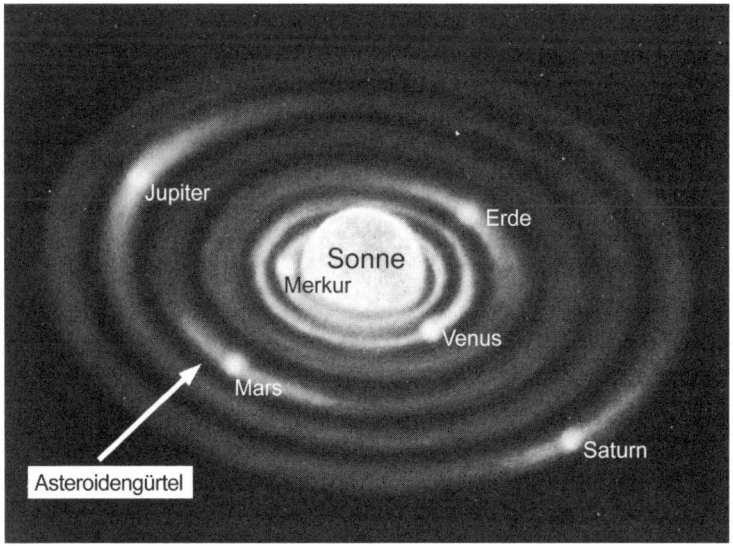

Abb. 6.10: Ursprung unseres Sonnensystems, mit schematischer Darstellung der Planeten-Entstehung vor 4566 Mio. J. Aus einer kosmischen Staub-Gas-Scheibe haben sich die hier dargestellten inneren Gesteinsplaneten Merkur, Venus, Erde und Mars gebildet (Verfestigung vor ca. 4527 Mio. J.; Asteroidengürtel, s. Pfeil). Die Gasplaneten Jupiter und Saturn sind mit eingezeichnet.

zeigt, hatte George Darwin um 1870 eine »Schleudermond-Theorie« formuliert, die nicht bestätigt werden konnte (Dalrymple 1991, Kushner 1993). Aus den Resultaten von Kleine et al. (2005) kann u. a. geschlossen werden, dass der Mond vor etwa 4300 Mio. J. durch einen seitlichen Ur-Einschlag eines Himmelskörpers von der Größe des Mars und einer daraus resultierenden Abtrennung noch heißer Gesteinsmassen entstanden ist. Diese »Anti-(George)Darwinsche Einschlag-Katastrophen-Theorie« zum Ursprung des Mondes wird allerdings unter Fachleuten noch kontrovers diskutiert.

Mit diesen Daten zum definitiven Erdalter (erste Zusammenlagerungen kosmischer Staub- und Gasteilchen vor 4566 und Verfestigung vor etwa 4527 Mio. J., s. Abb. 6.10) konnte ein zentrales »Darwinsches Dilemma« gelöst werden: Die Erde ist *tatsächlich* uralt und hat selbst eine geologische Entwicklung (Evolution), von einer staubigen Gasscheibe bis zum oberflächlich erkalteten Planeten, durchlaufen. Die organismische Evolution »hatte somit ausreichend Zeit«, um über Abermillionen von Generationen-Abfolgen und Auf- bzw. Abbau unermesslich individuenreicher Populationen verschiedenster Mikro- und Makroorganismen die heutige Biodiversität hervorzubringen.

Das Darwinsche Problem des *Uniformismus* (Lyell 1830), d. h. die Frage, ob die »Gegenwart *tatsächlich* der Schlüssel zur Vergangenheit« ist, kann heute in analoger Weise als definitiv geklärt betrachtet werden. Die Tatsache, dass die Überreste aus der Ur-Zeit der Erde (Meteoriten, Abb. 6.9, 6.10), wie die heutigen modifizierten Gesteine, mit ein und denselben Methoden analysiert werden können, führt zur folgenden eindeutigen Schlussfolgerung: Jene Naturkräfte und Gesetze, die vor etwa 4600 Mio. J. zur Bildung dieser chemisch unverändert gebliebenen Ur-Materiebrocken geführt haben, sind dieselben wie jene, die noch heute wirken bzw. gelten (Beweis für die Gültigkeit des Uniformismus).Wäre dem nicht so, so könnten z. B. Astrophysiker auch nicht unter Einsatz der Methoden der *Kosmochronologie* in die »Vergangenheit blicken« und u. a. das Alter des Universums bestimmen (der genaueste derzeit publizierte Wert beträgt 13 700 ± 200 Mio. J., s. Dauphas 2005). Weiterhin sei darauf hingewiesen, dass ohne die Gültigkeit des Uniformismus (Syn: *Aktualismus*) eine Sequenzierung von DNA-Bruchstücken, die aus über 100 000 Jahre alten Proben isoliert worden sind, nicht möglich wäre, da die mit heutigen DNA-Proben kalibrierten Apparate derartige »Urzeit-Gen-Fragmente« nicht erkennen und bearbeiten könnten (s. Kapitel 9).

7. Darwins Erdbeben-Schock: Paläobiologie, Pangaea und die dynamische Erde

In meiner kleinen Fossiliensammlung befindet sich eine präparierte Kalkplatte mit einem versteinerten Fisch (Abb. 7.1). Das Fossil ist so gut erhalten, dass ein interessierter siebenjähriger Junge, dem ich dieses Originaldokument aus der Erdgeschichte einmal in die Hände gegeben habe, nach kurzer Betrachtung die Platte zu seiner Nase hinführte: »Riecht der Fisch noch?«, war seine spontane Frage. Ich erklärte dem wissbegierigen Kind, dass der Fisch vor Jahrmillionen kurz nach seinem Tod von Schlamm überdeckt wurde: Die verknöcherten, festen Bestandteile der Leiche (Skelett) wurden dann von darüberliegenden Sandlagen in ein entstehendes Schichtgestein eingebettet und somit im Laufe der Zeit zu einem Fossil (s. Abb. 6.5, S. 171).

Der etwa 8 cm lange versteinerte Fisch (*Dapalis macrurus*) stammt aus einer heute u. a. wegen Raubgrabungen geschlossenen Fossilien-Fundstelle in Südfrankreich (Forcalquier, Alpes-de-Haute-Provence) und ist dort in recht großen Individuenzahlen gefunden worden. Neben Fischen wurden in den dünnen, mergeligen Plattenkalken bei Forcalquier auch versteinerte Vogelfedern, Insekten und Laubblätter entdeckt.

Geochronologische Untersuchungen haben gezeigt, dass die Kalkschichten dieser Grabungsschutzzone Südfrankreichs der Periode des Tertiär (Epoche Oligozän, vor 34 bis 23 Millionen Jahren) zuzuordnen sind. Diese Sedimentgesteine sind daher etwa 30 Mio. J. alt. Der Ort Forcalquier, in dessen Umgebung das Fisch-Fossil gefunden wurde, liegt heute nahezu 600 m über dem Meeresspiegel. Da typische Knochenfische wie *D. macrurus* an Land keine Überlebenschance haben, folgt, dass vor Jahrmillionen in der heute hügeligen Region Südfrankreichs ein See lag. Weiterhin belegen einige fossile Exemplare aus der *D. macrurus*-Population, dass diese Fischart ein Raubtier war: Bei einigen Individuen hat man einen halb verdauten kleinen Fisch

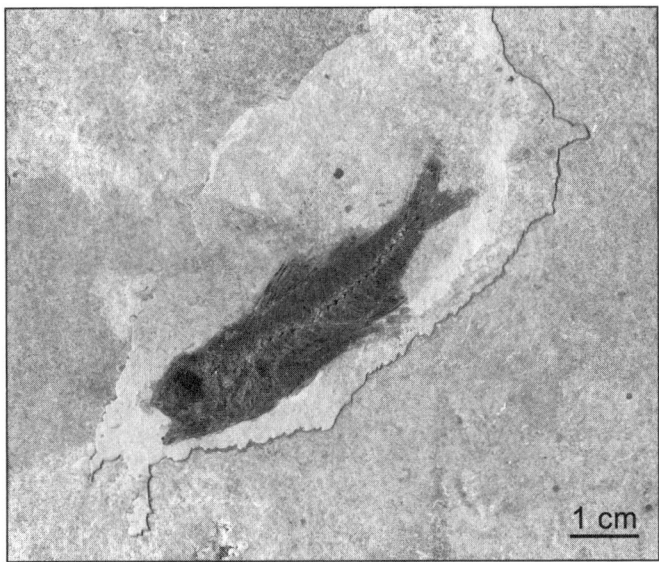

Abb. 7.1: Original-Kalkplatte mit einem herauspräparierten fossilen Fisch (*Dapalis macrurus*) aus dem Tertiär (Oligozän). Das Fossil stammt aus einer alten aufgelösten Sammlung und befindet sich im Privatbesitz des Autors.

im Magen eines ausgewachsenen *Dapalis*-Exemplars gefunden. Kombinieren wir diese Fakten miteinander, so folgt, dass vor Jahrmillionen in der Bergregion um Forcalquier ein großer Süßwassersee gelegen haben muss, in dem Raubfische und andere aquatische Organismen co-existiert haben. Da die Art *D. macrurus* im Miozän (vor etwa 10 Mio. J.) aus den Fossilreihen verschwindet und somit *ausgestorben* ist, konnte nach dem Austrocknen bzw. Verlanden des Süßgewässers offensichtlich nirgendwo eine Relikt-Population über Generationen-Abfolgen weiterbestehen.

Diese Befunde führen uns zu den beiden zentralen Themen des vorliegenden Kapitels, der *Paläobiologie* und dem Konzept der *dynamischen Erde*. In den nächsten Abschnitten wollen wir die historischen Wurzeln dieser Wissenschaftsdisziplinen kennenlernen, dann auf Darwins Erdbeben-Erlebnis zu sprechen kommen und am Ende eine Synthese dieser Befunde vollziehen.

Muscheln auf Bergen im Zentrum von Deutschland und eine Seligsprechung

Im bergigen Wolfhager Festland bei Kassel, d. h. mitten in Deutschland (bzw. Europa), findet man in Sedimentformationen des Unteren Muschelkalk (Trias, ca. 248 Mio. J. alt) neben zahllosen Bruchstücken von Meeresmuscheln auch marine Schnecken und Seelilien (Abb. 7.2 A, B). Wie gelangten Muscheln und andere Meeresorganismen auf Berge?

Dieser Frage ist der Mönch, Anatom und Geologe Nicolaus Stenonis, genannt Steno (1638 – 1686) nachgegangen. In seiner lateinischen Schrift *De solido intra solidum naturaliter contento dissertationis prodromes*, ins Deutsche übersetzt »Vorläufer einer Abhandlung über Festes, das in der Natur in Festem eingeschlossen ist« (1669) vermutete Steno, dass die Erde nicht

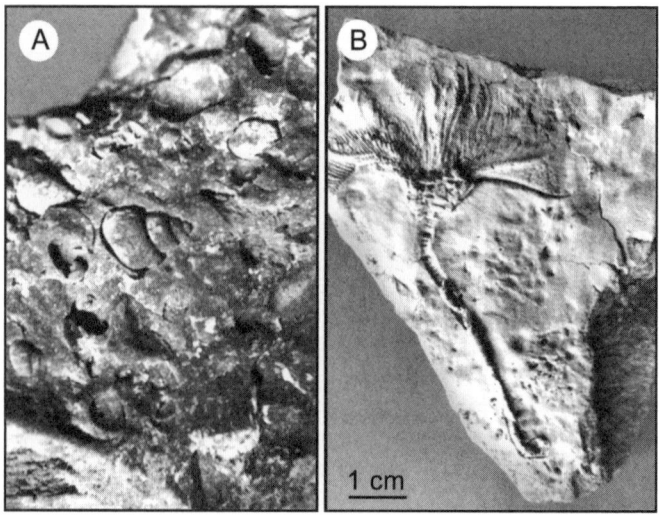

Abb. 7.2: Fossile Meerestiere in der Mitte Deutschlands. Während des Zeitabschnitts der Trias (Unterer Muschelkalk, vor etwa 248 Mio. J.) wurden kalkige und mergelige Gesteine abgelagert. Im Muschelkalkmeer lebten u. a. Schnecken (*Omphaloptycha*) (A) und Seelilien (*Chelocrinus*) (B). Die Versteinerungen wurden am Großen Hopfenberg südöstlich von Wolfhagen bei Kassel gefunden (nach Bös, W. & Kunz, R.: *Geologische Sehenswürdigkeiten im Wolfhager Land*. Landkreis Kassel-Wolfhagen, 2002).

statisch sei, sondern wahrscheinlich ein dynamisches, sich stetig umbildendes System darstellt. Auf Grundlage der von ihm besonders intensiv untersuchten »Muscheln auf Bergen« folgerte Steno sinngemäß, dass jene Meeresweichtiere, welche die Schalen abgesondert haben, nach dem Tod in Sedimente eingegraben wurden, wo dann die Muschelschalen zu Stein geworden sind. Nach Rückzug des Meeres konnte man die versteinerten Muscheln (d. h. Fossilien) an trockenem Festland im Sedimentgestein finden.

Diese naturalistische Erklärung des gläubigen Mönchs Nicolaus Steno stand im Widerspruch zum christlich-religiösen Schöpfungsglauben seiner Zeitgenossen: Versteinerte Fische, Schnecken u. a. Dokumente der Erdgeschichte (Abb. 7.1, 7.2) wurden als »Relikte der Sintflut« und somit als »Beweise« für die Korrektheit der Bibel interpretiert. Wie A. Cutler (2003) ausführt, sollen diese »Sintflut-Relikte« ein erkennbares Mahnzeichen für die Sündhaftigkeit des Menschen und die Macht des biblischen Gottes symbolisiert haben. Es ergab sich jedoch bei wörtlicher Auslegung der Bibel, wie sie noch heute von Kreationisten vertreten wird (Kutschera 2004, 2007 a), das folgende Problem: Im »Heiligen Buch« steht geschrieben, der göttliche Schöpfer habe die Erde in der ersten Woche erschaffen und sie entsprechend geformt – danach ordnete er die Sintflut an. Wie gelangten dann aber die Meeresmuscheln in die Gesteine, die ja bereits erschaffen waren, als die Fluten kamen? Infolge der Sintflut konnten Muschelschalen auf Bergen *abgelagert* werden, nicht jedoch in deren Gesteinskörper *hinein*gelangen. Dieses »biblische Dilemma« wird in der lesenswerten Monographie von Cutler (2003) im Detail erörtert.

Nach christlicher Dogmatik ist die Welt vor einigen Jahrtausenden erschaffen worden. Zu Lebzeiten Stenos glaubte man an die Berechnung des bereits zitierten Erzbischofs James Ussher: Als Tag der Welt-Erschaffung nannte Ussher den 23. Oktober 4004 v. Chr. – der blaue Planet war somit um 1670 »etwa 5674 Jahre alt«. Wir wollen nach diesem Exkurs auf Stenos Hauptleistungen zurückkommen.

In seiner Schrift *De solido* (1669) formulierte Steno das »Prinzip der Überlagerung« (*Lagerungsgesetz*). Dieses besagt, dass Sedimentgesteine schichtweise übereinander gelagert sind: die unterste Schicht wurde zuerst und die oberste zuletzt abgelagert – dies war eine wenig überraschende Feststellung. Bemerkenswert war allerdings Stenos allgemeine *Schlussfolgerung*: Basierend auf den unteren (älteren) und oberen (jüngeren) Sedimentschichten könne man nach Analyse der eingeschlossenen Fossilien die Geschichte der Erde ablesen. Mit den Schriften von Steno wurde somit die wissenschaftliche Erforschung von Sedimentformationen und deren Einlagerungen begründet (*Biostratigraphie*). Hiermit war die Basis für die Paläontologie gelegt. Steno war vermutlich der erste unabhäniger Denker, der erahnte, dass die Erde eine *Entwicklungsgeschichte* durchlaufen hatte. Die kritische Frage bezüglich einer wörtlichen Bibelauslegung konnte der fromme Naturforscher geschickt umgehen.

Der Mönch Steno war vom lutherischen zum katholischen Glauben übergetreten. Wegen seines stetig wachsenden Ruhmes wurde daher anlässlich des 300. Geburtstages von Steno (1938) ein erster Versuch unternommen, den Katholiken heiligzusprechen. Nachdem er 1953 wieder bestattet wurde, prüfte eine kirchliche Kommission 20 Jahre lang Zeugenaussagen zu möglichen »Wundern« und »Heilungen« durch Stenos Fürbitten. Nachdem 1974 ein Bericht veröffentlicht wurde, dauerte es weitere zehn Jahre: Die Fachleute konnten leider nur ein einziges »Steno-Wunder« bestätigen (angebliche Spontanheilung eines Krebskranken durch Gebete). Dies genügte nur für eine »Seligsprechung«, nicht jedoch zur posthumen Promotion in den Rang eines katholischen »Heiligen«. Am 23.10.1988 wurden dann von Papst Johannes Paul II. Nicolaus Stenos wissenschaftliche Arbeiten und sein »heiligmäßiges« Leben gewürdigt – die Seligsprechung war damit vollzogen. Erstaunlicherweise erfolgte diese späte »Ehrung« des Erst-Vermuters (genauer gesagt: Erahners) der dynamischen Erde exakt am selben Datum, zu dem der »erste Schöpfungstag« durch Bischof Ussher festgelegt war (ein 23. Oktober, s. Cutler 2003). Bei 364 alternativen Tagen des Jahres 1988 hat hier wieder einmal der *Zufall* ein erstaunliches Resultat herbeigeführt (s. Kapitel 2).

Charles Darwins paläontologische Probleme

Obwohl der Mönch und Naturforscher Nicolaus Steno die klassische Geologie mitbegründet hatte, war man zu Lebzeiten des Gelehrten von den modernen Erdwissenschaften (*Earth Sciences*) noch weit entfernt. Die Paläontologie wurde, nachdem Georg Bauer (genannt Agricola, 1494–1555) den Begriff »Fossil« (Versteinerung) geprägt hatte, u. a. von dem bereits in Kapitel 3 vorgestellten französischen Naturforscher Georges Cuvier (1769–1832) mitbegründet.

Um die Etablierung der aus der klassischen Versteinerungskunde hervorgegangenen Wissenschaftsdisziplin der *Paläobiologie* nachvollziehen zu können, wollen wir in diesem Abschnitt auf Darwins Probleme bezüglich der Paläontologie seiner Zeit zu sprechen kommen. Die Kapitel X und XI in Darwins Artenbuch (1859/1872) sind weitgehend dieser Thematik gewidmet: Sie tragen die Überschriften »On the Imperfection of the Geological Record« (»Über die Lücken in den Fossilreihen«) und »On the Geological Succession of Organic Beings« (»Über die geologische Abfolge fossil erhaltener Organismen«). In diesen Kapiteln listet der selbstkritische Naturforscher alle offenen Probleme und Einwände aus der Paläontologie, die gegen seine Deszendenztheorie erhoben werden könnten, auf. Darwin behandelt die »Nicht-Perfektion« (Lückenhaftigkeit) der Fossilfunde, das »plötzliche« Auftreten gewisser Fossilien, insbesondere zu Beginn des Kambriums, die damals noch weitgehend fehlenden Zwischenformen sowie die Tatsache, dass um 1870 noch keine eindeutigen präkambrischen Lebensspuren entdeckt waren. Darwins »Dilemma« bezüglich des Erdalters wird ebenfalls in diesen Abschnitten thematisiert (s. Kapitel 6).

Am Ende gelangt Darwin dennoch zu einer bemerkenswerten Schlussfolgerung: » … All the chief laws of palaeontology plainly proclaim … that species have been produced by ordinary generation: old forms have been supplanted by new and improved forms of life, the products of Variation and Survival of the Fittest« (Darwin 1859/1872). Dieses Schlüsselzitat kann wie folgt übersetzt werden: »Alle Grundgesetze der Paläontologie zeigen eindeutig an, … dass die Arten über Generationenfolgen

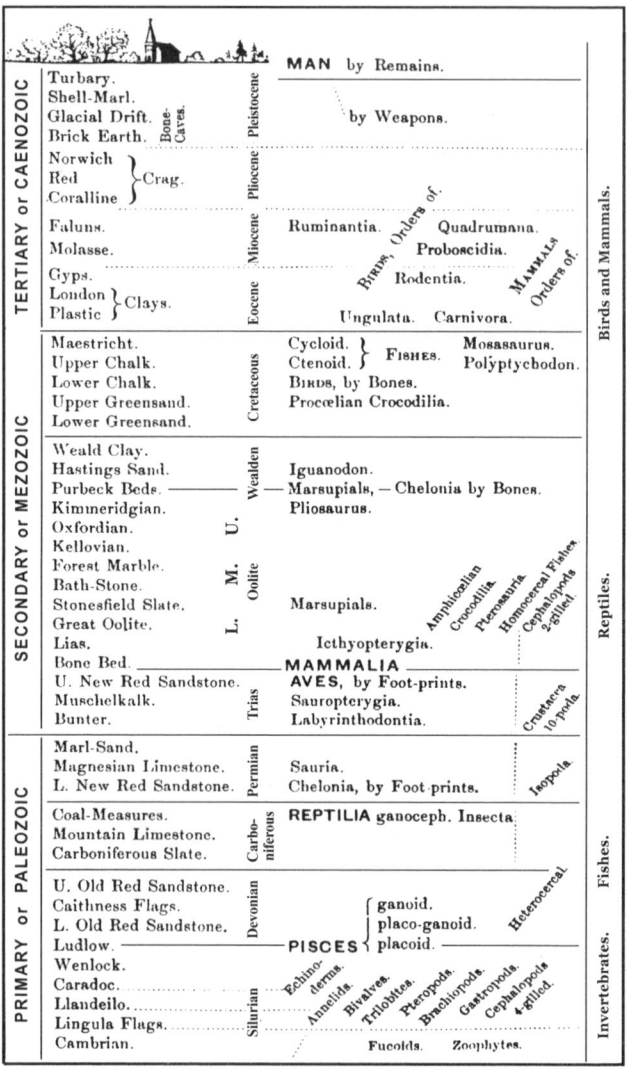

Abb. 7.3: Schematische Darstellung der bekannten Fossilabfolgen während der Zeit, als Charles Darwin sein Artenbuch verfasste. Man beachte die Dreiteilung in »Primär, Sekundär und Tertiär« (Paläo-, Meso- und Känozoikum). Die Abfolge der wichtigsten Wirbeltierklassen entspricht im Prinzip unserem aktuellen Wissensstand: Fische (Pisces) im Devon, Reptilien im Karbon, erste Ur-Säuger (Mammalia) zum Ende der Trias, Säugetiere und Vögel (Birds and Mammals) im Tertiär. Der Mensch tritt erst gegen Ende der Eiszeiten (Pleistozän) auf (nach Owen, R.: *Paleontology*. London, 1861).

produziert worden sind. Ältere Lebensformen wurden durch neuere, verbesserte Varietäten ersetzt, die Produkte von Variation und dem Überleben der am besten Angepassten.« Warum war sich der ansonsten so zögerliche Darwin bezüglich der Tatsache der organismischen Evolution trotz der zahlreichen ungeklärten Fragen hier so sicher?

Ein Blick in den Kenntnisstand der Paläontologie um 1860 liefert die Antwort. Wie Abb. 7.3 zeigt, konnte bereits damals eine Abfolge fossiler Wirbeltiere (und Pflanzen) rekonstruiert werden, die mit dem vollständigeren Schema von Bommeli (1890) in allen wesentlichen Punkten übereinstimmt (s. Abb. 5.4, S. 139) und unser heutiges Bild vom Formenwandel in groben Zügen widerspiegelt. Da alle Lebewesen von Vorläufer-Organismen (Elterngeneration) abstammen, muss auf eine kontinuierliche »Deszendenz mit Modifikation« (d. h. Evolution) geschlossen werden. Die Transformation der Arten war für Darwin somit durch die damaligen Befunde der Versteinerungs-kunde recht gut belegt, obwohl er die »Evolution an sich« noch als Theorie bzw. These (Nr. 1) verstanden wissen wollte (s. Kapitel 1 und 10). Seit etwa 1980 wurden zahlreiche präkambrische Versteinerungen (z. B. Stromatolithen) gefunden und größere Lücken in den Fossilreihen geschlossen, womit unser Bild vom Arten- und Formenwandel im Verlauf der Jahrmillionen immer exakter rekonstruiert werden konnte (fossile Zwischen-formen, s. Prothero 2007, Shubin 2008, Kutschera 2008 a).

Richard Owen, homologe Organe und der erste Dinosaurier

Das in Abb. 7.3 wiedergegebene Schema zur Stammesentwick-lung der Organismen (Schwerpunkt Wirbeltiere) wurde von dem britischen Paläontologen und Anatomen Richard Owen (1804 – 1892) publiziert. Dieser bedeutende Naturforscher ist u. a. durch die Einführung des Begriffs *Dinosaurier* (»Schreckens-Echsen«) bekannt geworden. Im Jahr 1841 veröffentlichte Owen eine Definition für ausgestorbene, an Land lebende Rie-senreptilien, die durch nach unten abstehende, röhrenförmige

Abb. 7.4. Vollständig wiederhergestelltes Skelett des Dinosauriers *Iguanodon bernissartensis*. Das Fossil stammt aus dem Wealden von Bernissart in Belgien, ist etwa 10 m lang und wurde im 19. Jahrhundert in Museen bewundert. Es sei auf die weitgehende Übereinstimmung (Homologie) des Körperbaus der Menschen und des Sauriers hingewiesen (nach einem anonymen Bild aus dem 19. Jahrhundert).

Beine und andere anatomische Merkmale gekennzeichnet sind. Das erste dieser »Dino-Lauftiere« wurde von Gideon Mantell (1790–1852) um 1818 entdeckt und 1825 mit dem Gattungsnamen *Iguanodon* versehen.

Im Steinkohlebergwerk Bernissart (Belgien) wurden dann 1877 in einer Tiefe von 322 m aus einer Unteren Kreideformation 29 mehr oder weniger vollständige *Iguanodon*-Skelette gefunden, rekonstruiert und in einem Museum aufgestellt. Begleitend dazu konnten jeweils fünf Krokodile und Schildkröten, ein Salamander, über 2000 Fische und etwa 4000 versteinerte Pflanzenreste geborgen werden (Abel 1922, 1939).

Neben der Morphospezies (Art) *I. bernissartensis* (Abb. 7.4) wurde um 1880 von dem britischen Paläontologen die Spezies *I. mantelli* Owen beschrieben. Der Naturforscher wurde jedoch insbesondere durch die Einführung der Begriffe »homologe bzw. analoge Organe«, die später als »Abstammungs- bzw. Funktions-Verwandte Strukturen« erkannt wurden, bekannt. So lassen sich z. B. die Organe bzw. Skelettelemente des etwa 140 Mio. J. alten *Iguanodon* mit den entsprechenden Körperstrukturen heute lebender Menschen homologisieren. Angefangen vom Grundbauplan (Kopf mit Ober- und Unterkiefer und je einer Zahnreihe, einer Nase mit zwei Öffnungen und zwei Augen; Körper mit Hals und Rumpf, der je zwei Arme und Beine mit jeweils fünf Fingern trägt) bis hin zu einzelnen Knochen (z. B. Speiche und Elle im Unterarm) stimmen die Dinosaurier mit dem Menschen im Prinzip überein (Abb. 7.4, s. auch Abb. 7.7 B). Diese grundlegenden Homologien im Körperbau aller bisher untersuchten Vierfüßer (Tetrapoda) der Erde belegen die gemeinsame Abstammung der Landwirbeltiere von Lurch-artigen Urformen (Shubin 2008).

Bezüglich der Baupläne der Tiere postulierte Owen so genannte »Archetypen«, die nicht kausal erklärbar seien. Der Paläontologe lehnte das Konzept der Evolution trotz seiner Erkenntnisse bezüglich der Homologien im Tierreich ab – er glaubte an spezielle Schöpfungsakte eines übernatürlichen Geistwesens. Charles Darwin hatte mit Owen daher einige unangenehme Konflikte auszustehen. Der bescheidene Naturforscher empfand für den eigenwilligen, egozentrischen, zu Intrigen neigenden Owen bald eine starke persönliche Abneigung. Offensichtlich war Owen von heftigen Neidgefühlen geplagt, da Darwins Artenbuch nach 1860 im Zentrum des Interesses vieler Londoner Bürger stand, während die Leistungen des ruhmsüchtigen Paläontologen weit weniger Beachtung fanden. Mit der Wiederherstellung vollständiger Dinosaurier-Skelette hatte Owen trotz seiner kreationistischen Ansichten wertvolle Beiträge zur Entwicklung der modernen Paläontologie geleistet. Die Skelett-Rekonstruktionen befinden sich noch heute in einem Museum, wo sie im 19. Jahrhundert von Menschengruppen als Sensation bewundert wurden. Das *Igua-*

nodon-Exemplar in Abb. 7.4 ist in einem Werk des österreichischen Naturforschers Othenio Abel zu finden. Im nächsten
Abschnitt wollen wir diesen Urvater der Paläobiologie kennenlernen.

Othenio Abel, die Begründung der Paläobiologie und ein vergessener Evo-Beweis

In der amerikanischen Fachliteratur wird üblicherweise der
Ursprung der modernen *Paläobiologie* mit dem Jahr 1975 in
Verbindung gebracht: Damals wurde erstmals ein Fachjournal
mit dem Titel *Paleobiology* publiziert, das noch heute neben
Periodika wie *Historical Biology, Journal of Palaeontology,
Lethaia, Precambrian Research* usw. zu den führenden Zeit-
schriften auf dem Gebiet der wissenschaftlichen »Ursprungs-
forschung« zählt. Weiterhin verweisen manche Autoren auf das
Standardwerk von G. G. Simpson (1944), in dem erstmals
paläobiologische Inhalte dargelegt sein sollen (Jackson und
Erwin 2006). In einem biologiehistorischen Beitrag konnte
jedoch belegt werden, dass die Paläobiologie bereits im Jahr
1911von dem österreichischen Naturwissenschaftler Othenio
Abel (1875 – 1946) begründet wurde (Kutschera 2007 b). Dieser
außergewöhnlich produktive Forscher hatte schon 1906 in
einem Übersichtsartikel zum Thema »Fossile Flugfische« eine
Definition der Paläobiologie geliefert, die er dann in seinem umfassenden Hauptwerk *Grundzüge der Palaeobiologie der
Wirbeltiere* (Abel 1911) präzisierte: »Ich führe für jenen Zweig
der Naturwissenschaften, der sich die Erforschung der Anpassungen der fossilen Organismen und die Ermittlung ihrer
Lebensweise zur Aufgabe stellt, die Bezeichnung ›Paläobiologie‹
ein« (Abb. 7.5). Weiterhin betrachtete Abel die Paläobiologie als
ein »Mittel zur Erforschung stammesgeschichtlicher Zusammenhänge«. Ein Beispiel, das Abelsche Verfahren der historischen Rekonstruktion darstellend, zeigt Abb. 7.6. Die Dokumente belegen, dass bereits vor Jahrmillionen (Trias) einzelne
Fischpopulationen, die als Arten zu interpretieren sind, durch
drastisch vergrößerte Brustflossen gekennzeichnet waren. Da

heute bekannt ist, dass der bis zu 200 m weite Flug gewisser
tropischer Meeresfische (Familie Exocoetidae) ein durch Räuber
ausgelöstes Fluchtverhalten darstellt, belegen derartige Fossilfunde, dass bereits in der Urzeit die natürliche Selektion (Raub-
Feinddruck) am Werk war und letztendlich die Gestalt der Tiere
bestimmt hat (Kutschera 2005, 2008 a). Weiterhin rekonstruierte Abel (1922) aus Fossilfunden u. a. die Evolution der ausgestorbenen Mastodonten (Familie Mammutidae), die als entfernte Verwandte der Elefantenartigen (Familie Elephantidae) zu
den Rüsseltieren zählen (Säuger-Ordnung Proboscidea). Abel
(1922) konnte die evolutionäre Entwicklung des Rüssels aus

Abb. 7.5: Portrait von Othenio Abel (1875 – 1946) und das Cover seines 1911
erschienenen Standardwerks. Mit diesem Buch wurde die Wissenschaftsdisziplin der Paläobiologie begründet (nach Kutschera, U.: *Trends Ecol. Evol.* 22,
172 – 173, 2007).

einer verlängerten, mit zwei Endlöchern versehenen Nase belegen. Diese Abelsche »Rüssel-Theorie« der ausgestorbenen
Mastodonten ist in Abb. 3.14, mit einer aktuellen Datierung
der zu Grunde gelegten Fossilfunde, dargestellt (s. Kapitel 3, S.
101).

Othenio Abel versuchte weiterhin durch Gründung eines
deutschsprachigen Fachjournals die von ihm etablierte
Wissenschaftsdisziplin voranzubringen. Im Jahr 1928 erschien
Band 1 der Fachzeitschrift *Palaeobiologica: Archiv für die
Erforschung des Lebens der Vorzeit und seiner Geschichte.* Der
Herausgeber (O. Abel) hat diesen Band seinem akademischen
Lehrer Louis Dollo (1857 – 1931) gewidmet. Während des 2.
Weltkriegs wurde das Journal eingestellt – die letzte Ausgabe ist
1948 erschienen. Diese Fakten belegen, dass die moderne
Paläobiologie in Europa begründet wurde und nicht eine moder-
ne »US-Erfindung« ist, wie immer wieder behauptet wird.

Wir wollen in diesem Abschnitt, in Ergänzung zu den in
Kapitel 5 referierten Befunden, zwei Zitate aus einem klassischen Lehrbuch zur Geschichte des Lebens auf der Erde
anführen, um die Bedeutung der Paläobiologie für die
Evolutionsforschung nochmals zu verdeutlichen. So schrieb
z. B. L. Reinhardt (1925) in einem Abschnitt zur Paläontologie
diesbezüglich das Folgende: »Alle, auch die gewaltigsten
Veränderungen auf der Erdoberfläche, sind durch die Sum-
mierung kleiner, aber außerordentlich langer Zeiträume hindurch fortwirkender Ursachen zu erklären. Alles Lebendige hat
sich kontinuierlich aus sich selbst entwickelt und verändert.
Die gesetzmäßige Aufeinanderfolge der Versteinerungen be-
weist, dass die Kontinuität des Lebens niemals durch allgemeine Katastrophen unterbrochen wurde.« (Anmerkung: Der Autor
bezieht sich auf Umweltkatastrophen, die im Sinne von
Georges Cuvier alle Lebewesen der Erde ausgelöscht haben sollen, s. Kapitel 3.) Bezüglich der von Charles Darwin begründeten Deszendenztheorie äußerte sich Reinhardt (1925) wie folgt:
»Alle in wesentlichen Merkmalen übereinstimmenden Formen
sind auch wirkliche Verwandte, und deshalb darf man im Sinne
der Deszendenztheorie oder Abstammungslehre in der Tat von
einem natürlichen System sprechen. Die Versteinerungen kön-

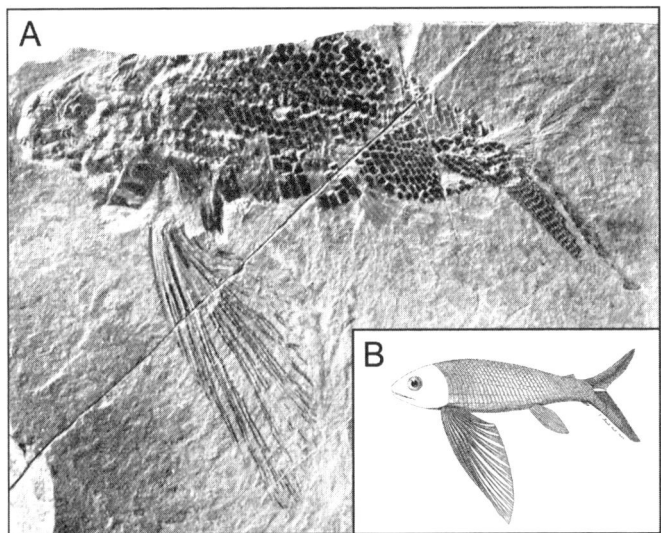

Abb. 7.6.: Originalfossil eines Flugfischs (*Thoracopterus niederristi*) aus den österreichischen Raibler-Schichten (Trias) (A) und Rekonstruktion des lebenden Wirbeltiers (B) (nach Abel, O.: *Jahrbuch Geol. Reichsanstalt* 56, 1 – 3, 1906).

nen danach von nichts anderem als von den Ahnen der jetzt lebenden Organismen herrühren. Durch das Studium der zeitlichen Aufeinanderfolge derselben müssen wir auch die Entwicklungsgeschichte ... kennenlernen.« Noch klarer formuliert Reinhardt (1925) seinen »paläontologischen Evolutionsbeweis« in dem folgenden Satz: »Nur die Abstammungslehre bietet dem Naturforscher eine natürliche Lösung des Rätsels über die Entwicklung und Aufeinanderfolge der organischen Lebewelt, mögen auch die Meinungen über die Ursachen, welche die Umänderungen der Arten in einer bestimmten Richtung hervorrufen, noch geteilt sein. ... So entstand nach und nach die bunte Fülle der Organismenwelt aus einigen wenigen Grundformen.« Mit diesen Zitaten aus dem Jahr 1925 wollen wir die allgemeinen Betrachtungen zur Paläobiologie abschließen und uns einigen konkreten Beispielen aus diesem Wissenschaftszweig zuwenden. Ein umfassendes Bild von der Entwicklung der Tier- und Pflanzenwelt im Verlauf der Erdgeschichte wurde an anderer Stelle publiziert (Futuyma 1998, Levin 2003, Cowen 2000, Storch et al. 2007, Prothero 2007, Kutschera 2008 a).

Trilobiten und Dinosaurier: Evolution ausgestorbener Langzeit-Urtiere

Neben den mikroskopisch kleinen Bakterien und kernhaltigen (eukaryotischen) Einzellern, die als »unsichtbare Dauer-Organismen« der Evolution angesehen werden müssen, kennen wir zwei ausgestorbene Tiergruppen (Makroorganismen), die außergewöhnlich lange – über Millionen von Generationen-Abfolgen hinweg – auf der Erde existiert haben: Die Trilobiten des Erdaltertums (Paläozoikum) und die Dinosaurier des Erdmittelalters (Mesozoikum).

Bereits Darwin (1859/1872) erwähnte in seinem Artenbuch mehrfach die heute als »Dreilapper« bekannten wirbellosen Urzeit-Tiere, die Gliederfüßer(Arthropoden)-Gruppe der Trilobitomorpha (Abb. 7.7 B, 7.8). Über nahezu 300 Millionen Jahre

Abb. 7.7: Versteinerte Trilobiten aus dem Devon (*Phacops*) (A) und Skelett eines Riesen-Dinosauriers aus der Kreidezeit (*Apatosaurus*) (B). Zum Vergleich wurde das Skelett eines modernen Menschen (*Homo sapiens*) mit aufgestellt. Die Homologie der Skelettelemente der beiden Land-Wirbeltiere ist offensichtlich (Beleg für die Abstammungsverwandtschaft der abgebildeten Vertebraten) (nach Abel, O.: *Lebensbilder aus der Tierwelt der Vorzeit.* Jena, 1922).

hinweg haben diese »Meeres-Käfer des Paläozoikums« die Ozeane besiedelt. Es wurden bisher etwa 15 000 Arten dieser Hartschaler beschrieben. Trilobiten treten erstmals in unterkambrischen Gesteinen auf (vor etwa 540 Mio. J., Gattungen *Fallotaspis*, *Olenellus*) und sterben gegen Ende des Perm aus (vor 250 Mio. J.). Die letzten Vertreter dieser erfolgreichen hartschaligen Gewebetiere (Metazoa) (z. B. *Paraphillipsia*, *Kathwaia*, *Acropyge*) fielen dem Perm/Trias-Massenaussterben zum Opfer, bei dem vor 251 Mio. J. über 90% aller Tierarten ausgelöscht wurden. Die Ursachen dieser größten Katastrophe in der dokumentierten Erdgeschichte sind im letzten Abschnitt dieses Kapitels beschrieben.

Darwin (1859/1872) postulierte, dass »alle Kambrischen und Silurischen Trilobiten von einem Krebstier abstammen, das vor der Kambrium-Zeit gelebt haben muss«. Diese Darwinsche Hypothese vom Präkambrischen Ursprung der Trilobiten konnte durch aktuelle Forschungen untermauert werden (Hughes 2007). Die vor etwa 250 Mio. J. zu Ende gegangene Evolution der Trilobiten lässt sich heute auf Grundlage umfassender Fossilfunde gut rekonstruieren (Fortey 2004, Hughes 2007). In Abb. 7.8 ist ein vereinfachtes Schema dargestellt, in dem die modifizierten Baupläne dieser Meeres-Hartschaler, die erstmals im Kambrium auftauchten, im Ordovizium/Silur ihre größte Entfaltung erlebten, im Devon/Karbon rückläufig waren und am Ende des Perm ausstarben, wiedergegeben sind. Auf die komplexe Systematik und die verschiedenen Abstammungsreihen innerhalb der Trilobitomorpha kann hier nicht eingegangen werden (Details s. Fortey 2004, Hughes 2007). Zwei allgemeine Schlussfolgerungen aus der Trilobiten-Urzeitforschung sollen jedoch vorgestellt werden:

1. Die Trilobitomorpha waren weder Krebse noch Käfer, sondern bildeten eine eigenständige Arthropodengruppe, die aus einfach gebauten präkambrischen Urformen hervorgegangen ist: Über eine in der Erdgeschichte einmalig umfangreiche, globale adaptive Radiation (Vervielfachung der Arten- und Formenzahl unter Neubesetzung entsprechender ozeanischer Lebensräume) wurden die Trilobiten zu den erfolgreichsten Meeresbewohnern der dokumentierten Erdgeschichte. Die

Individualentwicklungen (Ontogenesen) zahlreicher Trilobiten-Spezies konnten aus Fossilfunden rekonstruiert werden.

2. Die ausgestorbenen Trilobiten des Erdaltertums waren keine »primitiven« Gliederfüßer, sondern mit bizarren Körperauswüchsen und komplexen Augen versehene wirbellose Meerestiere, die als »Erfolgsmodelle der Evolution« über nahezu 300 Mio. J. hinweg die Ur-Ozeane beherrscht haben. Durch Variation eines einfachen, im Kambrium evolvierten »Grund-Bauplans« entstanden im Verlauf der Jahrmillionen tausende verschiedene morphologisch komplex gestaltete Gliedertiere (Makroevolution). Die Trilobiten-Forschung zeigt, dass die Evolution der Organismen über Entwicklungs-Begrenzungen (developmental constraints) in gewisser Weise kanalisiert verläuft: Nur jene Grundstrukturen, die während der Ontogenese durchlaufen werden, können über Variation und natürliche Selektion umweltabhängig neue Formen (Bauplan-Varianten) hervorbringen. Diese Evo-Regel gilt auch für Wirbeltiere, Insekten und andere mehrzellige Organismen (Gilbert 2003, Kutschera 2008 a).

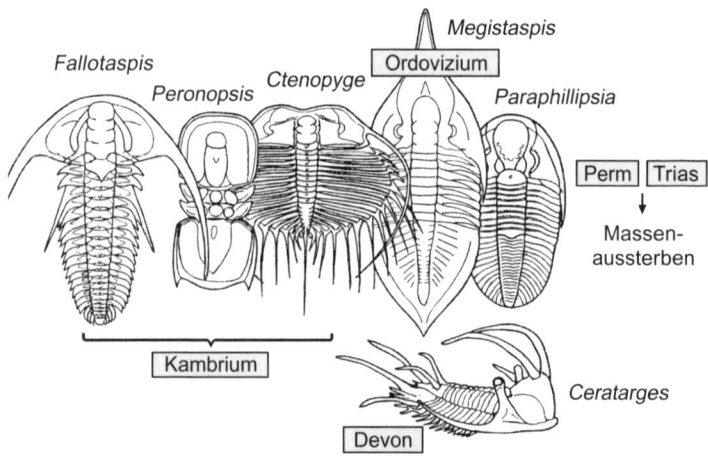

Abb. 7.8: Evolution und Formenvielfalt der Trilobiten, ausgestorbene Meeres-Hartschaler aus dem Paläozoikum (Erdaltertum). Die ältesten Trilobiten sind aus dem unteren Kambrium bekannt (*Fallotaspis*, vor etwa 530 Mio. J.). Gegen Ende des Perm (vor 251 Mio. J.) sind die letzten Trilobiten (*Paraphillipsia*) ausgestorben (nach Hughes, N. C.: *Annu. Rev. Earth Planet. Sci.* 35, 401 – 434, 2007).

Im Gegensatz zu den Trilobiten werden die heute viel bekannteren Dinosaurier des Erdmittelalters in Darwins Artenbuch (1859/1872) kaum gewürdigt – das Wissen der damaligen Zeit war diesbezüglich noch zu lückenhaft.

Zur Systematik und Evolution der über 500 beschriebenen Arten (bzw. Gattungen) der »Schreckens-Echsen«, die von Richard Owen 1841 zur Reptilienklasse Dinosauria zusammengefasst wurden, liegt eine umfassende Monographie vor (Weishampel et al. 2004). Die wesentlichen Resultate sollen hier, mit Bezug auf die Fragen nach dem Bauplan-Wandel (Makroevolution) und der enormen Größe einiger dieser Land-Wirbeltiere, diskutiert werden.

Gegen Ende des Erdaltertums (Paläozoikum) ereignete sich das bereits oben erwähnte größte Massenaussterben aller Zeiten (Perm/Trias-Übergang vor etwa 251 Mio. J.). Im nachfolgenden Mesozoikum (vor 251 bis vor 65 Mio. J.), d. h. über eine Zeitspanne von 160 Millionen Jahren hinweg, dominierten die Dinosaurier das Festland der Erde (Abb. 7.4, 7.7). Nach Sereno (1999) werden die aus kleinen, auf den beiden Hinterbeinen umherhüpfenden Räubern der mittleren Trias (z. B. *Coelophysis*, *Heterodontosaurus*) hervorgegangenen Dinosauria in drei Abstammungslinien (Gruppen) eingeteilt:

1. *Ornithischia* (Hornschnabel-Dinosaurier, Pflanzenfresser). Beispiele: *Heterodontosaurus* (Trias, Jura), *Stegosaurus* (Jura, Kreide), *Ankylosaurus*, *Iguanodon* (Jura, Kreide), *Anatosaurus*, *Protoceratops*, *Triceratops* (Kreide).
2. *Sauropodomorpha* (Elefantenfuß-Schwanenhals-Dinosaurier, Pflanzenfresser). Beispiele: *Plateosaurus* (Trias), *Camptosaurus* (Jura), *Apatosaurus*, *Brachiosaurus*, *Diplodocus* (Jura, Kreide).
3. *Theropoda* (Zweibeinige Raubsaurier, Fleischfresser). Beispiele: *Coelophysis* (Trias), *Allosaurus*, *Ornitholestes* (Jura), *Velociraptor*, *Deinonychus*, *Tarbosaurus*, *Tyrannosaurus* (Kreide).

Die bekanntesten Dinosaurier sind, mit Gattungsnamen versehen, in Abb. 7.9 entlang der Zeitachse dargestellt (Mesozoi-

kum: Trias-, Jura- und Kreidezeit). Die Wirbeltiere wurden aus
mehr oder weniger vollständig erhaltenen Skeletten rekonstruiert (s. das versteinerte Skelett eines *Apatosaurus* in Abb. 7.7 B
und die Rekonstruktion dieses Riesen-Reptils in Abb. 7.9). Drei
wichtige Erkenntnisse von allgemeiner Bedeutung wurden aus
den Dinosaurier-Forschungen der letzten Jahre, von denen
Darwin nichts wissen konnte, abgeleitet (Sereno 1999, Prothero
2007, Kutschera 2008 a):

1. In allen drei Abstammungsreihen können frühe Urformen
und evolvierte, Jahrmillionen später auftretende abgeleitete
Gattungen bzw. Arten identifiziert werden. So haben sich z. B.
die Theropoda in verzweigten Linien über die Reihe *Coelophysis* (Urform), *Allosaurus*, *Tarbosaurus* bis hin zur 12 m langen Tyrannenechse (*Tyrannosaurus rex*) entwickelt. Diese hoch-
gradig evolvierte Art (*T. rex*, ein Räuber bzw. Aasfresser) ist
durch ein großes Gebiss, Stummelärmchen und somit einen
außergewöhnlichen Dino-Bauplan gekennzeichnet.

Die Riesen-Sauropodomorpha (z. B. *Apatosaurus*, *Brachiosaurus*, *Diplodocus*) lassen sich aus urtümlichen Arten der Trias
(z. B. *Plateosaurus*) ableiten. Am besten belegt ist die evolutive
Abstammung gewisser Vertreter der Ornithischia, der Horn-
dinosaurier (Ceratopsida). Eine der zahlreichen kleinen, horn-
losen Urformen der frühen Kreidezeit wird durch die Gattung
Protoceratops repräsentiert, aus der sich über Zwischenformen
die gehörnten Arten der späten Kreidezeit entwickelt haben (z. B.
Triceratops, das »Dreihorn-Horrorgesicht«) (Abb. 7. 9).

Diese über Jahrmillionen hinweg abgelaufenen Generatio-
nen-Abfolgen haben zu neuen Wirbeltier-Bauplänen geführt
(Adaptation an spezielle ökologische Nischen, Verteidigung der
Pflanzenfresser vor Riesen-Raubsauriern usw.) und sind daher
Paradebeispiele für makroevolutionäre Übergänge der Land-
wirbeltiere des Erdmittelalters.

2. Während der etwa 160 Mio. J. andauernden Evolution der
Dinosaurier ist es in allen drei systematischen Gruppen zu
einer Zunahme der durchschnittlichen Körpergröße der Tiere
gekommen (Reptilien-Gigantismus). Die ersten Dinosaurier
(z. B. *Coelophysis*, *Plateosaurus*) waren deutlich kleiner als ihre
späteren Nachkommen (z. B. *Allosaurus*, *Apatosaurus*). Diese

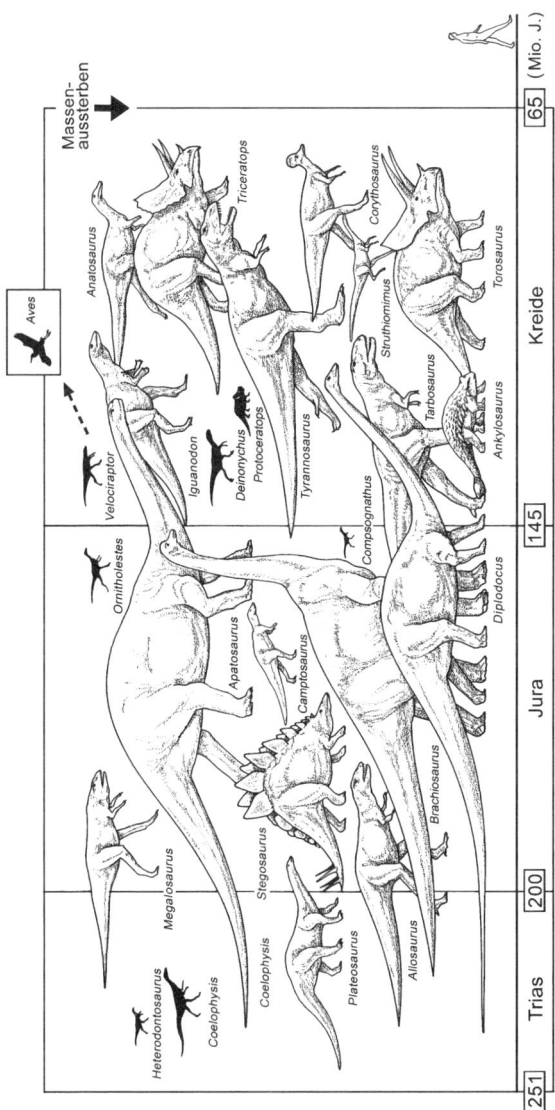

Abb. 7.9: Evolution der Dinosaurier, dargestellt entlang der Zeitachse (Mesozoikum, Erdmittelalter). Repräsentative Vertreter bekannter Gattungen aller drei Dinosaurier-Gruppen (Ornithischia, Sauropodomorpha, Theropoda) sind im gleichen Maßstab im Vergleich zu einem modernen Menschen dargestellt. Mio. J. = Millionen Jahre vor heute (nach Wellnhofer, P.: *Museumsbrief* 70, 1 – 19, St. Gallen, 1991).

Zunahme der Körpermasse der Dinosaurier im Verlauf der Jahrmillionen (Copes Regel, s. Hone und Benton 2005) wird über die in der Erdgeschichte einmalige Landpflanzen-Bedeckung des Riesen-Urkontinents Pangaea erklärt (s. Abb. 7.13, 7.14). Den Pflanzenfressern (Ornithischia und Sauropodomorpha) stand über Jahrmillionen hinweg eine nahezu unerschöpfliche Nahrungsquelle zur Verfügung, so dass sich immer größere, besser vor den Attacken der Raubsaurier (Theropoda) geschützte Artengruppen entwickeln konnten. Da die Blätterfresser u. a. über lange, kräftige Schwänze die aggressiven Räuber »ohrfeigen« konnten, haben sich im Verlauf der Jahrmillionen nur größer gewachsene Raubdinosaurier im Daseinswettbewerb gehalten – die Jäger brachten, wie die Pflanzen fressenden Giganten der Urzeit, immer gewaltigere Formen hervor (die größten Sauropoden waren bis zu 30 m lang). Dieser Trend gipfelte im größten fossil belegten Land-Raubtier, dem *Tyrannosaurus rex* (»König der Tyrannenechsen«).

3. Als besonders gut dokumentierter makroevolutionärer Großübergang im Mesozoikum soll die Evolution der Vögel (Aves) angesprochen werden. Diese »Vogelwerdung« (Avinisation) vollzog sich in zahlreichen Einzelschritten: Aus kleinen, auf Bäumen lebenden Raubdinosauriern (Theropoda, nächster Verwandter z. B. *Velociraptor*) entstanden über gut belegte Zwischenformen (z. B. *Microraptor*, ein gefiederter Räuber) während der mittleren Kreide die Vögel. Auch das Geheimnis vom Ursprung der Feder konnte in den letzten Jahren aufgeklärt werden: Vogelfedern sind nicht etwa den Reptilienschuppen homolog – sie sind aus stiftförmigen Wärmeisolatoren von am Boden lebenden Raubdinosauriern durch Funktionswechsel hervorgegangen. Der 1860 entdeckte, von Darwin (1872) nur kurz erwähnte Ur-Vogel *Archaeopteryx* (s. Abb. 5.3, S. 136) wird heute als Federn tragender Klein-Dinosaurier, einen evolutionären Seitenast darstellend, interpretiert. Über gefiederte »Dino-Vögel«, die fossile Zwischenformen im Bereich Theropode/Urvogel darstellen, haben sich alle rezenten Vögel der Erde entwickelt. Aus diesem Grund werden in der modernen Evolutionsbiologie die Vögel zu den Dinosauriern gestellt – »birds are dinosaurs« lautet die allgemeine Schlussfolgerung dieser For-

schungsrichtung (Weishampel et. al. 2004). Alle Dinosaurier-Arten (mit Ausnahme der zu Vögeln evolvierten Formen) sind am Ende der Kreidezeit ausgestorben. Die Ursachen dieses Desasters werden weiter unten diskutiert.

Der Darwin-Strauß und die mögliche Rückkehr der Dinosaurier

In populären Filmen (z. B. *Jurassic Park*) wird das Wiederaufleben einiger der nicht zu Vögeln evolvierten Groß-Dinosaurier beschrieben. Über Bernstein-Insekten, die an Dinosauriern Blut gesaugt haben, soll aus isolierter Dino-Erbsubstanz (DNA) der Bauplan für Riesenformen, wie z. B. *Tyrannosaurus rex*, gewonnen und über Vogeleier »ausgebrütet« werden können. Wir wissen heute, dass in Fossilien eingeschlossene DNA nicht länger als etwa 100 000 Jahre erhalten bleibt – danach liegen nur noch Bruchstücke der Erbsubstanz vor (Details s. Kapitel 9). Eine

Abb. 7.10: Lebende Dinosaurier-ähnliche Vögel mit *T.rex*-artigen Beinen. Der Darwin-Strauß (Syn.: kleiner Darwin-Nandu, *Pterocnema pennata*) ist ein flugunfähiger, straußenähnlicher, in Gruppen lebender Laufvogel aus Südamerika. Dinosaurier-Forscher wollen derartige Laufvögel als Versuchsobjekte verwenden, um mit gentechnischen Verfahren an urtümliche Dino-Vögel erinnernde Lebensformen zu züchten (Evolutionsexperiment im Rückwärtsgang).

»Wieder-Erschaffung« der ausgestorbenen Urzeit-Riesen ist nach heutigem Kenntnisstand über diesen Weg daher nicht möglich.

Bei Vorträgen, die ich im Februar und Oktober 2008 in Stanford, Kalifornien, gehört habe, hat ein amerikanischer Dinosaurier-Experte ein alternatives Konzept zur »Wiederbelebung der Giganten der Urzeit« vorgestellt. Da die Vögel die Nachfahren kleiner Raubdinosaurier sind, könnte man bei Saurier-ähnlichen Laufvögeln, wie z. B. dem australischen Emu oder dem südamerikanischen Darwin-Strauß (Abb. 7.10) über molekulargenetische Transformationen den »ehemaligen Dinosaurier im heutigen Vogel« in gewisser Weise »wiedererwecken«. Ob es einmal gelingen wird, aus Laufvögeln moderne »Dino-Birds« zu züchten und somit im Prinzip die organismische Evolution »im Rückwärtsgang« ablaufen zu lassen, wird sich in den nächsten Jahren zeigen.

Charles Darwin wäre über die hier besprochenen paläobiologischen Befunde zu den Trilobiten und Dinosauriern erfreut gewesen – das von ihm nur vage umschriebene Konzept der Makroevolution (gradueller Bauplan-Wandel innerhalb bestimmter Organismengruppen im Verlauf der Jahrmillionen) wird durch diese Dokumente aus der Erdgeschiche eindrucksvoll belegt (Abb. 7.8, 7.9). Die Tatsache, dass der nach ihm benannte Darwin-Strauß (Abb. 7.10) an seinem 200. Geburtstag als ein Modell-Vogel zur möglichen »Wiederherstellung« der ausgestorbenen Dinosaurier diskutiert wird, hätte den britischen Naturforscher überrascht. Zu Darwins Zeit wäre der Vorschlag einer (gentechnischen) »Rück-Züchtung« eines lebenden, Dinosaurier-ähnlichen Laufvogels als reine Fiktion abgetan worden, da man über die Mechanismen der Vererbung und dem zu Grunde liegenden Erbmolekül DNA noch nichts wusste. Dieses Beispiel soll ein weiteres Mal verdeutlichen, welche enormen Fortschritte in der Evolutionsforschung seit ihrer Begründung durch Darwin (1859/1872) bis heute zu verzeichnen sind.

Abstammung der Landwirbeltiere und der Säuger

Der Übergang von Wasser bewohnenden Ur-Fischen zu den ersten amphibienartigen Vierfüßern (Tetrapoda) ereignete sich im späten Devon (vor etwa 390 bis 360 Mio. J.) und zählt zu den wichtigsten evolutionären Großübergängen in der Erdgeschichte. Die ältesten mit verknöcherten, armartigen »Paddelflossen« ausgestatteten Fische (*Eustenopteron*) sind aus 390 Mio. J. alten Sedimentformationen bekannt. Über eine Reihe gut belegter Zwischenformen (*Connecting Links*) (*Gogonasus, Panderichtys, Tiktaalik*) sind im Verlauf von weniger als 20 Mio. J. noch an Fische erinnernde vierfüßige Ur-Amphibien entstanden (z. B. die Tetrapoden *Acanthostega* und *Ichthyostega*) (Prothero 2007, Kutschera 2008 a). Der Entdeckung einer besonders bedeutsamen Zwischenform, dem »Fisch-Ibium« *Tiktaalik*, wurde eine eigene Monographie gewidmet (Shubin 2008). Dieser Fossilfund ist aus zwei Gründen bedeutsam. Die Paläobiologen haben gezielt in jenen Sedimentformationen gegraben, in denen eine fossile Zwischenform in der Reihe Paddelfisch (*Panderichthys*) – Ur-Tetrapode (Land-Vierfüßer) zu erwarten war und dort dann auch das *Connecting Link Tiktaalik* gefunden. Aus dem von Darwin (1859/1872) begründeten Konzept des Gradualismus ergibt sich der Rückschluss, dass in einer Sedimentformation definierten Alters (etwa 370 Mio. J.) eine Fisch-Ur-Lurch-Zwischenform begraben sein sollte – diese Vorhersage aus Darwins Deszendenztheorie wurde eindrucksvoll bestätigt. Nach diesem von Shubin (2008) unter dem populären Titel »Dein innerer Fisch« beschriebenen Verfahren sucht man heute gezielt nach noch unentdeckten Zwischenformen. Weiterhin ist die an ein kleines Krokodil erinnernde Zwischenform *Tiktaalik* auch aus paläobiologischer Sicht von großer Bedeutung. Der stufenweise (graduelle) Übergang fischartiger Wirbeltiere vom Wasser- zum Landleben vor etwa 370 Mio. J. kann auf Grundlage der hier aufgelisteten Fossilien recht präzise rekonstruiert werden (Details s. Prothero 2007, Shubin 2008, Kutschera 2008 a).

Seit den 1920er-Jahren bemühen sich die Paläobiologen darum, den evolutionären Großübergang vom Reptil zum urtüm-

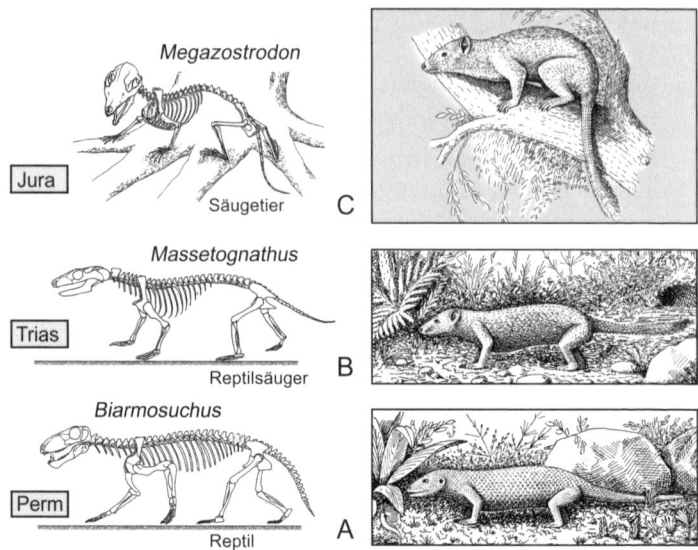

Abb. 7.11: Evolution der Säugetiere, veranschaulicht in einer vereinfachten Abstammungsreihe. Im späten Perm (vor 260 Mio. J.) lebten Raubzähner (*Biarmosuchus*) mit gleichförmigen, säbelartigen Reißzähnen (A). Der Reptilsäuger (*Massetognathus*) verfügte bereits über ein für Ursäuger charakteristisches Gebiss (Trias, vor 230 Mio. J.) (B), während das etwa 150 Mio. J. alte Säugetier der Juraperiode (*Megazostrodon*) (C) durch Schneide- und Mahlzähne gekennzeichnet war. Die rechts abgebildeten, nach Skeletten rekonstruierten Wirbeltiere besiedelten nacheinander unterschiedliche Lebensräume. Die graduelle Evolution vom Reptil zum Säugetier war somit mit einer Anpassung an unbesetzte ökologische Nischen und neue Ernährungsweisen verbunden (nach Kemp, T. S.: *Acta Zool.* 88, 3 – 22, 2007).

lichen Säugetier zu rekonstruieren (Abel 1911, 1922, 1939; Naef 1933). Wir wollen hier die Resultate des Paläontologen T. S. Kemp (2005, 2007) referieren, der anhand zahlreicher bestens dokumentierter Zwischenformen (Reptilsäuger, »mammallike reptiles«) diesen makroevolutionären Schritt erklärt hat. In Abb. 7.11 ist ein vereinfachtes, auf drei repräsentativen Fossilien basierendes Schema wiedergegeben, wobei die hypothetische Rekonstruktion der Wirbeltiere in ihrem jeweiligen Lebensraum beigegeben ist. Diese Bilder basieren auf Skizzen des Zoologen A. Naef (1933), der die hier diskutierte Problematik auf Grundlage der damals bekannten Fossilfunde nachgezeichnet hat.

Nach Kemp (2005, 2007) lassen sich die Säugetiere, die anatomisch u. a. durch ein differenziertes Zahnwerk gekennzeichnet sind (Schneide- und Mahlzähne zum Zerkauen der Nahrung), von kleinen, räuberischen, an heutige Eidechsen erinnernde Reptilien aus dem späten Perm ableiten (Zeitraum vor etwa 290 bis 270 Mio. J.). In Abb. 7.11 A ist der zu den Therapsida zählende Raubzähner *Biarmosuchus* abgebildet, der anatomisch dem gleichzeitig lebenden, aber wesentlich bekannteren *Lycaenops* ähnelt. Es ist wahrscheinlich, dass Räuber, wie *Biarmosuchus* und *Lycaenops*, die als Pflanzenfresser bekannten Schaufel-Reptilien (*Lystrosaurus*-Herden) (Abb. 7.13) angegriffen haben, aber Belege für derartige Kämpfe gibt es keine.

Über die Reptilsäuger (Cynodontia), die auch als Hundezähner bekannt sind (*Cynognathus*, *Thrinaxodon*) haben sich während der Trias die ersten Säugetiere entwickelt. In Abb. 7.11 B ist ein Verwandter der oben genannten Gattungen, der fossil gut bekannte *Massetognathus* (Cynodontia) abgebildet, der eine Zwischenform im Übergangsbereich Reptil/Säugetier darstellt. Die ältesten fossil erhaltenen Säugetiere sind aus der Jura- und Kreidezeit bekannt (*Jeholodens*, *Eomaja*). In unserem Schema ist der kleinwüchsige Ur-Säuger *Megazostrodon* aus der frühen Jura-Periode dargestellt (Abb. 7.11 C). Aus den gut erhaltenen Fossilien folgt, dass diese ersten Säugetiere, die im Schatten der Dinosaurier gelebt haben, Baumbewohner wurden. Wie Benton (2005) im Detail ausführt, belegen die verfügbaren Dokumente, dass Ur-Mammalia wie *Megazostrodon* mit relativ großen Gehirnen ausgestattete, behaarte, ihre Jungtiere säugende, eine konstante Körpertemperatur aufweisende Klettertiere waren, die an noch heute lebende Beutelratten (*Didelphis*) erinnern. Das differenzierte Gebiss u. a. anatomische Merkmale weisen auf eine Insekten-Nahrung hin.

Wie die Rekonstruktionen der lebenden Tiere zeigen, erfolgte die »Mammalisation« (Säugetier-Werdung) über einen Zeitraum von über 80 Mio. J. hinweg in Anpassung an sich graduell ändernde Lebensbedingungen. Weiterhin war dieser makroevolutionäre Trend vom Reptil zum Säuger mit einer Verfeinerung des Gehörsinnes verbunden. Diese von K. B. Reichert und E. Gaupp im 19. Jahrhundert formulierte Ableitung der Gehörknöchelchen der Säuger aus Scharnierknochen des primären Kiefergelenks gewisser Reptilien (Funktionswechsel) ist in der Fachliteratur beschrieben (Prothero 2007, Kutschera 2008 a).

Nach T. S. Kemp (2005, 2007) waren die ersten, noch kleinwüchsigen Ur-Säuger, die im Schatten der Dinosaurier gelebt haben, genötigt, während der kalten Nächte aktiv zu sein und Insekten zu jagen. Diese während der Jura-Periode durch konkurrierende Land-Wirbeltiere erzwungene Lebensweise hat im Verlauf der Jahrmillionen zu den typischen, auch für uns Menschen zutreffenden Säuger-Merkmalen geführt (Wirbeltierklasse Mammalia, deren Vertreter ihre Jungtiere über abgeschiedene Muttermilch ernähren und ein embryonal angelegtes Haarkleid besitzen, das bei Walen, Flusspferden, Elefanten und Menschen während der Entwicklung im Mutterleib wieder zurückgebildet wird). In Kapitel 9 werden wir auf die Evolution des Schnabeltiers eingehen, ein urtümlicher, Eier legender, mit Entenschnabel versehener Säuger aus Australien.

Die Abstammung der Walartigen (Cetacea) und Menschen (Hominidae) von entsprechenden Urformen (Flusspferd- bzw. Schimpansen-ähnliche Vorfahren) ist in der Fachliteratur zur Evolutionsbiologie im Detail beschrieben (s. Benton 2005, Junker 2006, Junker und Paul 2009, Prothero 2007, Storch et al. 2007, Kutschera 2008 a). In Kapitel 9 wird die Evolution des Menschen im Zusammenhang mit der Diversifikation der afrikanischen Elefanten dargestellt, wobei Fossilfunde mit molekularbiologischen Daten kombiniert werden (Prinzip der unabhängigen Beweise).

Nach diesem Ausflug in einige Spezialgebiete der modernen Paläobiologie, in der Fakten referiert wurden, die Darwin (1859/ 1872) nicht erahnen konnte, wollen wir uns dem Phänomen der dynamischen Erdkruste zuwenden. Am Ende dieses Kapitels soll eine Synthese dieser Forschungsrichtungen vorgenommen werden.

Darwins Erdbeben-Erlebnis und die Entdeckung der Kontinentaldrift

In Kapitel XIV seines Reiseberichts beschrieb der damals 23-jährige Charles Darwin ein Erlebnis, das auf den jungen, sensiblen Mann wie ein Schock gewirkt hat. Am 20. Februar 1835 ereignete sich auf der südamerikanischen Halbinsel Valdivia ein außergewöhnlich heftiges Erdbeben. Darwin erlebte diesen etwa zwei Minuten andauernden Erdstoß, als er im Wald liegend eine Ruhepause einlegen wollte. Obwohl er während des Bebens aufrecht stehen konnte, war die Erdbewegung für ihn buchstäblich »Schwindel erregend«. Der Nachwuchsforscher war von diesem Erlebnis sowie den sichtbaren Schäden in den umliegenden Ortschaften aufs Tiefste entsetzt und brachte diese Gefühle in erschütternden Worten zum Ausdruck (Darwin 1839/1845). Im Sommer 1986 habe ich in Stanford/Kalifornien ein mittelschweres Erdbeben erlebt – um Mitternacht knallte es, als wäre ein Lastwagen gegen das Holz-Wohnhaus gefahren; alle Bücher fielen aus den Regalen, Zimmerlampen schaukelten; Hausbewohner liefen geschockt auf die Straße und erwarteten ein Nachbeben, das allerdings ausgeblieben ist. Dieser kurze Erlebnisbericht soll die in Darwins Reise-Erinnerungen niedergeschriebenen Empfindungen unterstreichen.

Bemerkenswert ist die von Darwin (1839/1845) gezogene Schlussfolgerung. Das verheerende Erdbeben von 1835 zerstöre »unsere älteren Vorstellungen: Die Erde, wahres Sinnbild der Festigkeit, hat sich unter unseren Füßen wie eine dünne Kruste auf einer Flüssigkeit bewegt«, lesen wir in sinngemäßer Übersetzung. Diese Darwinsche Interpretation des schweren Valdivia-Erdbebens ist erstaunlich: Der Naturforscher hat das von Nicolaus Steno angedeutete Konzept einer dynamischen Erde wohl intuitiv geahnt, aber diesen Gedanken in seinen späteren Werken nicht weiterverfolgt.

Im »Darwin-Wallace-Jahr 1858« ist dann aber ein Buch eines heute in Vergessenheit geratenen (gläubigen) Naturwissenschaftlers erschienen, in dem erstmals eine Erdkrusten-Dynamik beschrieben wurde, die in Abb. 7.12 aus dem Original wiedergegeben ist. Der französische Forscher Antonio Snider-Pelle-

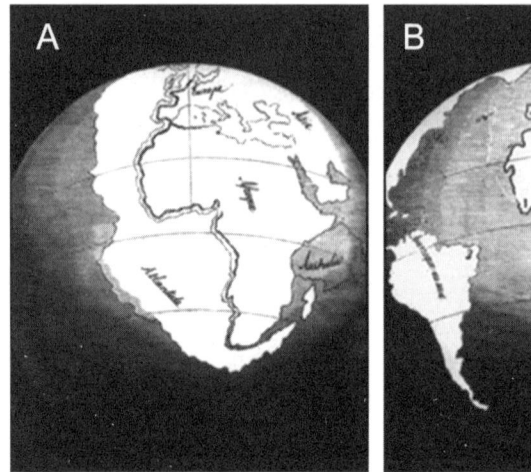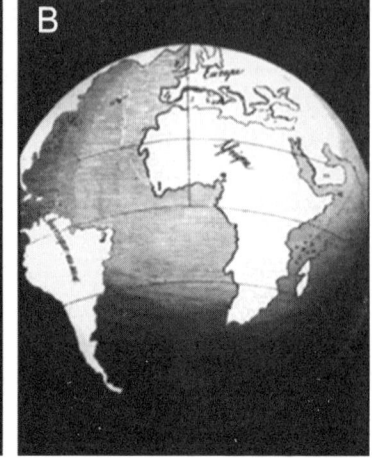

Abb. 7.12: Reproduktion einer Originalkarte der Erde, wie sie 1858 von A. Snider-Pellegrini gezeichnet wurde. Im linken Bild (A) sind die Kontinente Amerika und Afrika aneinandergelagert, im rechten Schema (B) sind die Kontinentalplatten voneinander getrennt dargestellt. Diese u. a. biblisch-religiös motivierte Hypothese blieb weitgehend unbeachtet.

grini (1802 – 1885) veröffentlichte 1858 in Paris ein Buch mit dem Titel *La Création et ses Mystères dévoilés* (»Die Schöpfung und ihre Mysterien enthüllt«), in dem er auf Grundlage identischer pflanzlicher Fossilien in Sediment-Schichten aus dem Karbon von Nordamerika und Europa postulierte, dass die Kontinente vor langer Zeit einmal zusammengefügt waren. Danach soll es zu einem Auseinanderdriften der Kontinente gekommen sein. Da Snider-Pellegrini an eine wörtliche Auslegung der Bibel glaubte (in der Genesis gibt es die Angabe, »Gott hätte den weltweiten Ozean an einer Stelle geschaffen«), interpretierte er seine geologische Theorie im Zusammenhang mit der biblischen Sintflut. Diese Vermischung naturwissenschaftlicher Fakten (das Zueinanderpassen der heutigen Kontinente, fossile Pflanzen in Europa und Nordamerika) mit biblischen Mythen (Sintflut-Erzählung) hat dazu geführt, dass die Hypothese des bibeltreuen Geographen von den Fachkollegen ignoriert worden ist.

Wir verdanken es dem Lebenswerk von Alfred Wegener (1880 bis 1930), dass die Hypothese von der Kontinentalverschiebung (Abb. 7.12, 7.13) zu einer soliden Theorie ausgearbeitet wurde, die heute im Konzept von der *dynamischen Erde* zu einer Tatsache erhärtet werden konnte. Unabhängig von seinem Vorgänger fiel Wegener bei der Betrachtung einer Weltkarte auf, dass die Küstenzonen von Afrika und Südamerika wie ein Puzzle zusammenpassen. Noch deutlicher wird diese Kongruenz, wenn man die Unterwasser-Ränder (Schelfe) der Kontinente miteinander vergleicht. Weiterhin stellte Wegener u. a. fest, dass fossile Reste des Farns *Glossopteris* im heutigen Südamerika, Afrika, Indien, Australien sowie in der Antarktis gefunden werden. Bereits 1912 veröffentlichte Wegener auf dieser Basis zwei Aufsätze zur »geophysikalischen Grundlage ... der Horizontalverschiebung der Kontinente«, aber erst sein Buch mit dem Titel *Die Entstehung der Kontinente und Ozeane* (1915; 4. Auflage 1929) brachte den Durchbruch. In dieser umfassenden, 70 Jahre nach Darwin (1859) in ihrer Endfassung publizierten Monographie wurde eine neuartige Geologie begründet. Wegener (1929) listet eine Vielzahl an Befunden auf, die seine revolutionäre Theorie untermauern: Im »Jung-Karbon« sollen alle heutigen Einzelkontinente zum Superkontinent *Pangaea* (alles Land) zusammengefügt gewesen sein, der im Einheits-Ozean *Panthalassa* (alles Meer) gelegen haben soll. Im Verlauf des Erdmittelalters soll Pangaea auseinandergedriftet sein, womit alle heutigen Kontinente und Ozeane entstanden sind (Abb. 7.13, 7.14). Diese von Wegener ausgearbeitete *Verschiebungstheorie* stellte der Autor der damals (1929) verbreiteten Annahme entgegen, dass die »Kontinentalblöcke ... ihre relative Lage zueinander die ganze Erdgeschichte hindurch unverändert beibehalten hätten (*Permanenztheorie*)«. Ähnlich wie Darwin (1859) stellte Wegener (1929) die von ihm postulierte dynamische Veränderung der damals angenommenen Konstanz (der Arten bzw. Kontinente) gegenüber. Er schrieb u. a. das Folgende: »Die ... bei der Permanenz zugrunde gelegte Annahme, dass die relative Lage der Kontinentalschollen ... zueinander sich nie geändert habe, muss falsch sein. Die Kontinentalschollen müssen sich verschoben haben. Südamerika muss neben Afrika gelegen und mit diesem eine einheitliche Kontinentalscholle gebildet haben« (Wegener 1929).

Obwohl Wegener bezüglich der Antriebskräfte der von ihm postulierten Kontinentalverschiebungen keine überzeugenden Mechanismen vorlegen konnte, zog er bemerkenswerte Schlussfolgerungen: »Die Kräfte, welche die Kontinente verschieben, sind dieselben, welche die großen Faltengebirge erzeugen. Kontinentalverschiebungen, Spaltung und Zusammenschub, Erdbeben, Vulkanismus … stehen untereinander zweifellos in einem großartigen ursächlichen Zusammenhang« (Wegener 1929).

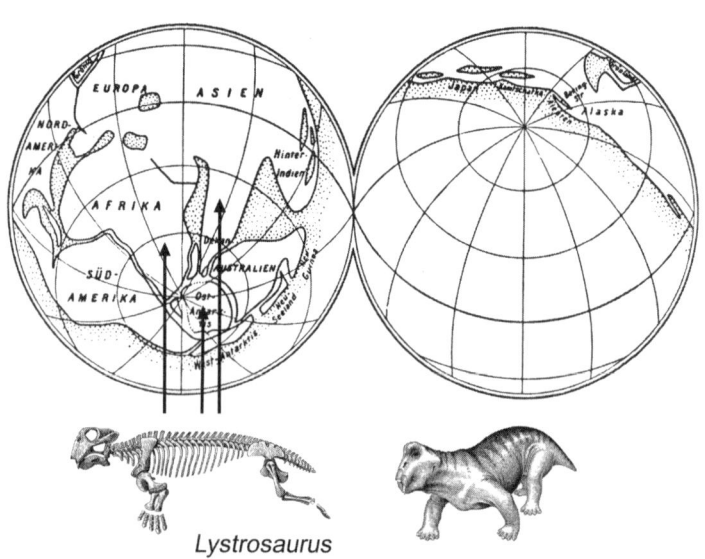

Lystrosaurus

Abb. 7.13: Theorie der Kontinentalverschiebungen nach A. Wegener (1929). Die Kontinente sollen gegen Ende des Erdmittelalters (Karbon) zu einer Groß-Scholle vereinigt gewesen sein (Pangaea). Nachdem man 1969 in der Antarktis (Trias-Formation) versteinerte Knochen von Schaufel-Reptilien (*Lystrosaurus*) gefunden hatte, galt die Kontinentalverschiebungstheorie als bestätigt. Zuvor hatte man in gleich alten Schichten auch in Afrika und Asien (Indien) *Lystrosaurus*-Skelette geborgen. Da diese Landwirbeltiere das Meer nicht überqueren konnten, müssen die Kontinentalplatten während der Perm-Trias-Zeit aneinandergelagert gewesen sein (nach Botha, J. & Smith, R.M.H.: *Lethaia* 40, 125 – 137, 2007).

Trotz dieser bemerkenswerten Schlussfolgerungen wurde die Theorie der Kontinentalverschiebungen von der Mehrzahl der Geowissenschaftler abgelehnt, da Wegener (1929) nicht in der Lage war, die Ursachen seiner postulierten Wanderungsbewegungen zu benennen. Seine diesbezüglichen Hypothesen (z. B. eine durch die Erdrotation erzeugte Fliehkraft) waren nicht ausreichend durch Fakten untermauert, so dass der selbstkritische Autor immer wieder Zweifel an seinen eigenen Thesen äußerte.

Erst Mitte der 1960er-Jahre konnte Wegeners Theorie definitiv bestätigt werden. Paläontologen hatten in Sedimentgesteinen der heutigen Antarktis fossile Reste von Schaufel-Reptilien (*Lystrosaurus*) gefunden. Diese an Land lebenden Urzeit-Kriechtiere der Perm/Trias-Periode haben das große Massenaussterben vor etwa 251 Mio. J. überlebt und wurden erst durch die ersten Dinosaurier (z. B. *Coelophysis*) vor 225 Mio. J. langsam verdrängt – die letzten Exemplare sind mit dem Aufstieg der »Schreckens-Echsen« aus den Fossilreihen verschwunden (Botha und Smith 2007). Da *Lystrosaurus*-Individuen ansonsten nur in Afrika und Indien gefunden worden waren, zog man die Schlussfolgerung, dass die heutigen Kontinente Antarktis, Afrika und Indien vor etwa 255 Mio. J. eine große Landmasse gebildet haben (Abb. 7.13). Mit den antarktischen *Lystrosaurus*-Funden und anderen Entdeckungen (z. B. Untersuchungen zum Alter und der Struktur der Ozean-Böden, Rekonstruktion von Erdbebenzonen usw.) wurde das Konzept der *Plattentektonik* abgeleitet. Diese neue Sicht vom Blauen Planeten basiert auf den Befunden, dass die *Lithosphäre* (Kruste und oberer Gesteinsmantel bis zu einer Tiefe von 150 km) aus starren Platten besteht, die sich mit messbarer Geschwindigkeit auf ihrer halbplastischen Unterlage, der *Asthenosphäre* (Erdmantel), bewegen. Die etwa 20 driftenden Erdplatten sind nicht mit den Kontinenten identisch – die pazifische Platte liegt z. B. im Ozean.

Die von Wegener (1929) postulierte Verschiebung der Kontinente ist heute eine belegte Tatsache (Abb. 7.14), über deren Ursachen aber noch keine abschließende Theorie vorliegt. Es ist allerdings weitgehend abgesichert, dass die Hitze im Erdinneren (Uran-Zerfall, d. h. natürliche Radioaktivität) hierbei eine entscheidende Rolle spielt.

Durch das Driften der starren Erdschollen der Lithosphäre entstehen an den Plattengrenzen z. B. Faltengebirge. Da es hierbei zu langsamen Deformationen gewaltiger, unvorstellbar großer Gesteinsmassen kommt, können über diese physikalischen Prozesse Erdbeben, Tsunamis (viele Meter hohe Flutwellen) und Vulkanausbrüche verursacht werden.

In Abb. 7.15 ist der San-Andreas-Graben in der Region zwischen Palo Alto/Stanford und San Francisco zu sehen. Entlang der amerikanischen Westküste reiben die Ostpazifische und die Nordamerikanische Platte aneinander. Parallel zu dieser spannungsgeladenen, 1100 km langen Verwerfungszone kommt es immer wieder zu heftigen Erdbeben – die angestaute Spannung zwischen den Platten wird hierbei ruckartig freigesetzt. Die Erdstöße vom 18. April 1906 (Zerstörung von San Francisco, Beben mit der Stärke 7,8 auf der Richterskala) und 1989 (heftiges Beben mit zahlreichen Todesfällen in der Bay Area, Region Stanford/San Francisco) waren Vorboten eines zukünftigen Erdschocks der Stärke 6,7 oder mehr, welcher für den Zeitraum 2000 bis 2030 mit einer 70%igen Wahrscheinlichkeit von Fachleuten des *US Geological Survey* vorhergesagt ist. Diese »frohe Botschaft« für einen in Stanford/Kalifornien im Nebenamt tätigen Wissenschaftler wurde am 16. April 2008 über Tageszeitungen verbreitet – zufälligerweise exakt in jener Woche, als ich dieses »Erdbeben-Unterkapitel« verfasst habe. Die sich von Mexiko bis zum Norden von San Francisco erstreckende Verwerfung führt zu einer geologischen Zweiteilung von Kalifornien: San Francisco liegt noch auf der Nordamerikanischen, Los Angeles bereits auf der Pazifischen Platte. Die Großstädte bewegen sich derzeit mit messbarer Geschwindigkeit voneinander weg (Kontinentaldrift).

Fazit: Alfred Wegener (1929) hatte mit seiner »Kontinentalverschiebungs-Erdbeben-Vulkanismus-Theorie« im Prinzip recht, obwohl die exakten Ursachen dieser geophysikalischen Prozesse derzeit noch im Dunkeln liegen (Probst 1986, Nield 2007.

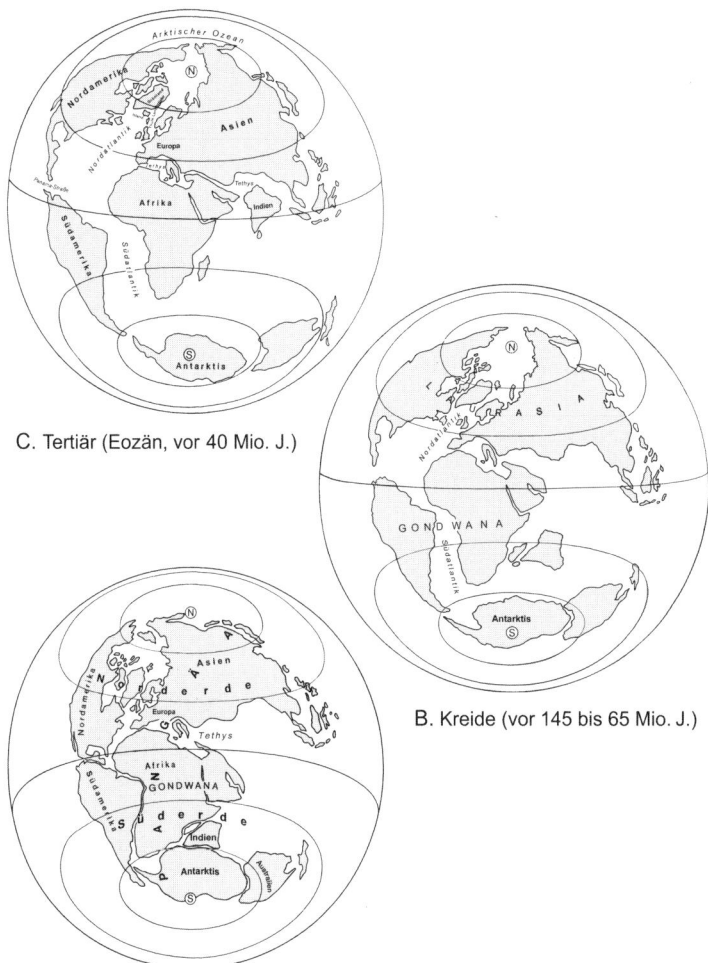

C. Tertiär (Eozän, vor 40 Mio. J.)

B. Kreide (vor 145 bis 65 Mio. J.)

A. Perm (vor 299 bis 251 Mio. J.)

Abb. 7.14: Lage der Kontinente im Perm (Ende Paläozoikum), der Kreidezeit (Mesozoikum) und im Tertiär (Känozoikum). Das belegte Auseinanderdriften des Superkontinents Pangaea (A) über die Bruchstücke Gondwana (im Süden) und Laurasia (im Norden) (B) zu den Einzel-Kontinenten, wie sie im Prinzip noch heute vorliegen (C), ist schematisch veranschaulicht. Die Evolution der Organismen wurde durch diese, über die Plattentektonik verursachten Verschiebungen entscheidend beeinflusst. S = Südpol, N = Nordpol (nach Probst, E.: *Deutschland in der Urzeit*. München, 1986).

Dynamische Erde, Makroevolution und Massenaussterben

Die in den letzten Abschnitten zusammengetragen Fakten belegen eindeutig, dass die Erde kein statisches, sondern ein dynamisches System ist. Geologen haben in jahrzehntelanger Kleinarbeit die Veränderungen in der Gesteinsschicht der Erde (Lithosphäre) dokumentiert und quantifiziert. Folgende Daten finden sich in der Fachliteratur:

1. Die Verschiebungsraten der Kontinentalplatten liegen im Bereich zwischen 2 bis 15 cm pro Jahr – Beispiel: Die kalifornischen Großstädte San Francisco und Los Angeles entfernen sich derzeit mit einer Geschwindigkeit von etwa 5 cm pro Jahr voneinander.
2. Gebirge heben sich mit einer Geschwindigkeit von 0,1 bis 2 mm pro Jahr und werden über Erosionsprozesse mit der gleichen Rate abgetragen; diese kleinen Änderungen können heute exakt ermittelt werden.
3. Die Sedimentationsraten in Seen liegen im Bereich zwischen 2 bis 25 m pro Million Jahre – sie sind somit um ein Vielfaches geringer als die Abschätzungen der Geologen im 19. Jahrhundert. Daher waren auch die damaligen Berechnungen des Erdalters unzutreffend (s. Kapitel 6).

Diese Daten beweisen u. a., dass sich die Kontinente *tatsächlich* verschoben haben und sich noch heute weiterbewegen. Die 1858 formulierte *Hypothese* von A. Snider-Pellegrini (Abb. 7.12) wurde über eine solide *Theorie* von A. Wegener (Abb. 7.13) zu einem *Faktum* erhärtet (Prinzip der dynamischen Erde, s. Abb. 7.14). Wie bereits erwähnt, gibt es im »Darwin-Jahr 2009« noch keine allgemein anerkannte, sämtliche Teilaspekte dieser langsamen Bewegungen erklärende Theorie. Allerdings sind sich die Geophysiker einig, dass die Hitze im Erdkern als Triebkraft der Plattentektonik angesehen werden muss. Es gilt weiterhin als gesichert, dass der Zerfall der Uran-Isotope U-235 und U-238, die als schwerste natürlich vorkommende chemische Elemente vor über 4500 Mio. J. gebildet worden sind, im

Erdkern als wichtigste »Hitze-Generatoren« fungieren (Nield 2007). Die Erdplatten-Dynamik wird somit in entscheidendem Ausmaß von jener Hitze angetrieben, die durch den natürlichen Uran-Zerfall im Inneren des Planeten erzeugt wird (zur Uran-Blei-Methode in der Geochronologie, s. Kapitel 6). Heiße, aufsteigende Materie aus dem Erdinneren (Magma, d. h. eine gasreiche Gesteinsschmelze) ist somit jenes zähflüssige, kochende Material, das über Vulkanausbrüche zu den bekannten Lavaströmen führt (Abb. 7.16).

Was hat die Erdplatten-Dynamik und deren Konsequenzen (Vulkanismus, Gebirgsbildung, Entstehung von Seen und tiefen Ozean-Gräben usw.) mit dem Thema »Evolution der Organismen« zu tun? Wie bereits dargestellt, ging Darwin (1859/1872) trotz seines »Erdbeben-Erlebnisses« aus dem Jahr 1835 und einigen diesbezüglichen Bemerkungen in den unpublizierten »Transmutation-Notebooks« (s. Kapitel 3) in seinem Hauptwerk von einer statischen Erde aus. Die Bedeutung der Kontinental-Drift (Abb. 7.14) für die Verbreitung der Tiere und Pflanzen

Abb. 7.15: Der heilige San Andreas in Kalifornien, südlich von San Francisco, auf die neben der Autobahn liegende geologische Verwerfung zeigend. Der mit Wasser gefüllte Graben (San Andreas Lake) ist Teil jener Erdbeben-Region, in der zwei Kontinentalplatten unter hohem Druck aufeinandertreffen (Originalaufnahme).

(Biogeographie), der Schaffung von Reproduktionsbarrieren (separate Lebensräume) und die Konsequenzen für die Umwelt der Organismen (durch Vulkanismus ausgelöste Vergiftung der Atmosphäre und damit verbundene Aussterbe-Ereignisse) wurde erst nach 1980 klar erkannt und ist Bestandteil der *Erweiterten Synthetischen Theorie der biologischen Evolution* (Kutschera 2001, 2008 a, Kutschera und Niklas 2004).

Über einen Zeitraum von etwa 100 Mio. J. hinweg, vom Perm bis zum Ende der Jura-Periode, bestand der Superkontinent Pangaea (Abb. 7.14 A) – danach drifteten die Kontinentalschollen auseinander. Einige Konsequenzen dieses geologischen Prozesses für den graduellen Bauplanwandel (Makroevolution) ausgewählter Wirbeltiergruppen sollen hier dargelegt werden. Die Folgen des Auseinanderbrechens von Pangaea zu Beginn der Kreidezeit (Öffnung des Atlantischen Ozeans, Abb. 7.14 B, C) für die Evolution der Dinosaurier hat Sereno (1999) im Detail dargelegt. Während der »Pangaea-Zeit« (Trias, Jura) waren die Baupläne der »Schreckensechsen« noch relativ einheitlich. Erst gegen Ende der Kreide entstanden neue Dino-Typen mit exzessiven Körpermerkmalen (z. B. *Ankylosaurus, Protoceratops, Triceratops, Corythosaurus, Tyrannosaurus,* s. Abb. 7.9). Diese makroevolutionären Schritte werden auf geographische Separation der sich an neue Umweltverhältnisse anpassenden Dinosaurier-Untergruppen und die damit verbundenen lokalen Aussterbeereignisse einzelner Populationen zurückgeführt (Weishampel et al. 2004). Die Kontinentaldrift während der Kreidezeit hatte auch gravierende Konsequenzen für die Evolution der Säugetiere (Mammalia). Wie Abb. 7.11 zeigt, sind die Ursäuger während der Juraperiode (vor etwa 150 Mio. J.) entstanden – danach erfolgte die geographische Separation einzelner Populationen (Ursachen: Öffnung des Tethys-Meeres, Entstehung der Ur-Kontinente Gondwana im Süden und Laurasia im Norden, Abb. 7.14). Auf geographisch separierten Kontinenten (bzw. Groß-Inseln) entwickelten sich die Säugetiere über ganz unterschiedliche Abstammungslinien, so dass wir heute z. B. in Afrika, Südamerika, Australien und auf Madagaskar verschiedene Mammalia-Gruppen vorfinden (z. B. Afrikanische Elefanten mit Verwandten in Indien; Faultiere und Ameisenbären in Südamerika; urtümliche Beutelsäuger wie die Kängurus oder das Schnabeltier in Australien; Lemuren und Kattas auf Madagaskar).

Alfred R. Wallace, der als Begründer der Zoogeographie in die Geschichte der Biologie eingegangen ist, hat die Tierwelt in geografische Zonen eingeteilt (z. B. Paläarktische Region, zu der u. a. Europa und Russland zählen). Von den zu Grunde liegenden historischen Ursachen dieser Kontinent-abhängigen terrestrischen Biodiversität (d. h. der Plattentektonik) konnte der Naturforscher, wie auch sein Kollege Charles Darwin, nichts wissen.

In den Abb. 7.8 und 7.9 sind zwei der fünf großen Massenaussterbe-Ereignisse in der dokumentierten Erdgeschichte eingezeichnet: Die gewaltige, globale Katastrophe vor 251 Mio. J. (Ende Paläozoikum, Perm/Trias) und das Desaster vor 65 Mio. J. (Ende Mesozoikum, Kreide/Tertiär). Als Hauptursache des »Trilobiten-Sterbens«, bei dem nahezu 90% aller damaligen Land- und Meeresorganismen ausgelöscht wurden (Perm/Trias-Übergang), gelten weltweite Vulkanausbrüche. Diese sind über der Einheits-Scholle Pangaea an vielen Stellen etwa gleichzeitig eingetreten und haben über Hunderttausende von Jahren hinweg die Atmosphäre vergiftet. Auch das Dinosaurier-Sterben gegen Ende des Erdmittelalters wird auf weltweiten Vulkanismus zurückgeführt (Abb. 7.16). Zusätzlich zur Vergiftung der Luft durch ätzende Vulkangase (s. S. 188) hat der dokumentierte Einschlag eines etwa 10 km breiten Himmelskörpers (Asteroid oder Komet) die Lebensbedingungen der großen Landreptilien gravierend verschlechtert – Bruchstücke des »Dino-Meteoriten« hat man in den letzten Jahren gefunden und auf exakt 65 Mio. J. vor heute datiert. Details zu dieser durch die Plattentektonik (Vulkanismus) und extraterrestrische Faktoren (Meteoriten-Einschlag) verursachten globalen Klimakatastrophe wurden zusammenfassend dargestellt (s. Kring 2007, Retallack et al. 2007, Kerr 2008, Kutschera 2008 a).

Die beiden Groß-Katastrophen in der Erdgeschichte haben so genannte »Massenaussterben« ausgelöst, denen nahezu 90 bzw. 70 % aller damaligen Tierarten zum Opfer gefallen sind. Auch die Pflanzenwelt wurde hierbei erheblich dezimiert. Die Überle-

Abb. 7.16: Der Ausbruch des Vesuv in einer künstlerischen Darstellung aus dem 19. Jahrhundert. Vulkanausbrüche und die damit verbundenen Klimakatastrophen (Emissionen gewaltiger Mengen giftiger Gase, Lavaflüsse u.s.w.) haben in der Erdgeschichte wiederholt zu großen Massenaussterbe-Ereignissen geführt. Der Vulkanismus wird u. a. durch die kontinuierliche Verschiebung der Kontinental-Schollen verursacht (Plattentektonik).

benden des Umwelt-Desasters vor 65 Mio. J. (u. a. Ur-Vögel und Kleinsäuger) haben zu Beginn der Erd-Neuzeit eine explosive evolutionäre Entwicklung (adaptive Radiation) durchlaufen, da die Lebensräume von den ehemaligen Konkurrenten im wahrsten Sinne des Wortes »leergefegt« waren.

Im nächsten Kapitel wollen wir von den bekannten terrestrischen Makroorganismen (Wirbeltiere) in die weit weniger populäre »Welt der aquatischen Kleinstlebewesen« (Mikroorganismen) abtauchen und hierbei ganz neue Prinzipien und Faktoren der Evolution kennenlernen.

8. Makroevolution durch Integration, Kooperation und Versklavung: Die Anti-Darwinsche Symbiogenesis-Theorie

Dieses Kapitel soll mit einer wahren Geschichte eingeleitet werden. Ein Evolutionsbiologe unterhielt sich mit einem Soziologen und erzählte diesem, dass der Körper des Menschen von Milliarden domestizierter Bakterien durchsetzt sei, die als Endosymbionten auf selbstlose Weise unsere kernhaltigen Zellen (Eucyten) mit der universellen »Energiewährung« Adenosintriphosphat (ATP) versorgen. Ohne diese als *Mitochondrien* (Kraftwerke der Eucyte) bezeichneten umgewandelten Bakterien würden wir – wie auch die anderen Tiere, die Pilze, Pflanzen und Einzeller – nicht existieren können. Anders formuliert: Das Leben aller aus Eucyten aufgebauten ein- und mehrzelligen Organismen (Eukarya), von den Amöben bis zum Menschen, ist von der Existenz spezieller Zell-Organellen, die mit gewissen frei lebenden Bakterien verwandt und vor Jahrmillionen aus archaischen Meeres-Mikroben hervorgegangen sind, abhängig. In Abwesenheit der Mitochondrien gäbe es keine ausreichende ATP-Produktion; ohne die »Energie-Paketchen ATP« würde der Zellstoffwechsel jedoch sofort zum Stillstand kommen. Leben und Tod werden vom ATP-Zyklus determiniert, der in den Mitochondrien seinen Ursprung hat und sich im Cytoplasma der Körperzellen verzweigt (Kutschera 2002). Unser Stoffwechsel basiert somit auf dem Vorhandensein intrazellulärer, domestizierter Mikroben, den Mitochondrien (Abb. 8.1).

Diese Geschichte von den »gutartigen« Bakterien (Mitochondrien), die in den Körperzellen des Menschen und der Pflanzen existieren und dort als lebensnotwendige »Helfer« tätig sind, rief bei dem Soziologen, der »den Menschen in seiner Gesamtheit« studierte, Erstaunen und Zweifel hervor. Warum sind sich die Evolutionsforscher in dieser Angelegenheit so sicher? Woher stammen die selbstlosen Mitochondrien des Körpers? Wie werden sie an die Nachkommen weitergegeben?

Diese Fragen gehen auf Untersuchungen und theoretische Schlussfolgerungen des russischen Biologen C. S. Merezhkowsky zurück, der 1905/1910 mit der Formulierung einer damals wenig beachteten »Symbiogenese-Theorie« ein neues Teilgebiet der Biowissenschaften begründet hat, das seit etwa 1990 im Zentrum des Interesses vieler Evolutionsforscher steht. Der

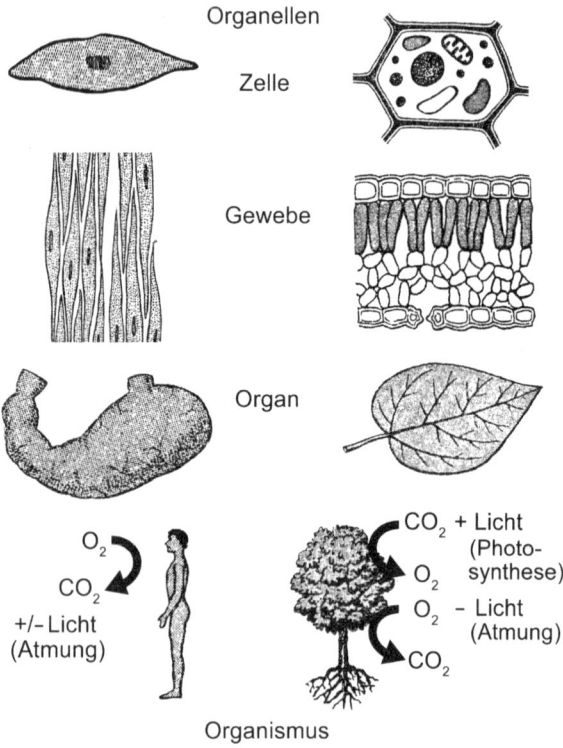

Abb. 8.1: Vom Organismus zur Zell-Organelle. Die Säugerspezies Mensch (*Homo sapiens*) ist, wie z. B. auch die Stiel-Eiche (*Quercus robur*), durch eine arttypische Gestalt (Morphologie) gekennzeichnet. Organe, wie z. B. der Magen oder das Laubblatt, dienen der Ernährung (Verdauung bzw. Photosynthese). Die Organe sind aus verschiedenen Geweben zusammengesetzt, die aus Gruppen ähnlicher Zellen bestehen. Innerhalb der Zellen können Strukturen mit spezieller Funktion (Organellen) erkannt werden. Die entsprechenden Gaswechselprozesse (Aufnahme bzw. Abgabe von Kohlendioxid, CO_2 und Sauerstoff, O_2) sind im Text beschrieben.

Wissenschaftler Merezhkowsky hat sich allerdings primär mit dem Ursprung der Chloroplasten der Pflanzen befasst, jedoch mit seinen grundlegenden Untersuchungen und Schlussfolgerungen auch die Aufklärung der evolutionären Herkunft der Mitochondrien eingeleitet (Abb. 8.2). In diesem Kapitel sollen zunächst Leben, Werk und der spektakuläre Selbstmord dieses in seiner Bedeutung Charles Darwin gleichrangigen Naturforschers vorgestellt werden. Danach wird ein aktuelles Symbiogenese-Konzept beschrieben und dessen Bedeutung für das Verständnis der Evolution der Organismen dargelegt.

Mitochondrien und Chloroplasten: DNA-haltige Organellen des Tier- und Pflanzenkörpers

Um die von C. S. Merezhkowsky in den Jahren 1905 bis 1910 eingeleitete Revolution im biologischen Denken verstehen zu können, sollen in diesem Abschnitt einige allgemeine Grundlagen rekapituliert werden. Da die Evolutionsforscher C. Darwin und A. R. Wallace im Wesentlichen Makroorganismen (Tiere, Pflanzen) und Kollektive derselben (Populationen) im Blick hatten, wollen wir in diesem Exkurs – gemäß dem von Merezhkowsky eingeführten Prinzip – vom Lebewesen (Mensch, Pflanze) zur Zelle bzw. den Organellen absteigen.

Das individuelle mehrzellige lebende System (der *Organismus*) ist aus Funktionseinheiten, den *Organen*, zusammengesetzt, die wiederum Organsysteme bilden können. In Abb. 8.1 ist ein Mensch einer Stiel-Eiche gegenübergestellt. Es wird verdeutlicht, dass unser repräsentativer Großsäuger z. B. über ein Verdauungssystem verfügt, womit er die aufgenommene energiereiche Nahrung (z. B. Reis, d. h. Kohlenhydrate) abbauen und dem Körper zugänglich machen kann. Derartige *heterotrophe* Organismen (Tiere, Pilze, viele Einzeller) beziehen ihre Nahrung letztlich aus Produkten, die von den Pflanzen, Algen und Cyanobakterien der Biosphäre über die sonnengetriebene *Photosynthese* hergestellt worden sind (Assimilation von Kohlendioxid, CO_2; Biosynthese energiereicher Kohlenhydrate, wie z. B. Stärke, verbunden mit einer Freisetzung von

molekularem Sauerstoff, O_2). Die grünen Organismen sind somit *photoautotrophe* Produzenten oder »lebende Sonnenkraft-
werke«. Die wichtigsten Photosyntheseorgane der Pflanze sind
die grünen Laubblätter (Abb. 8.3 B).

Die in Abb. 8.1 eingezeichneten Ernährungsorgane (Magen,
Laubblatt) sind aus *Geweben* zusammengesetzt, die aus *Zellen*
aufgebaut sind. Die Zellen verfügen als kleinste lebensfähige
»Elementarbausteine« der Organismen über sub-zelluläre
Strukturen, die analog den Organen des Lebewesens spezifische
Funktionen erfüllen. Drei wichtige *Organellen* typischer Zellen
sollen genannt werden: Der Kern (Nucleus), die Mitochondrien

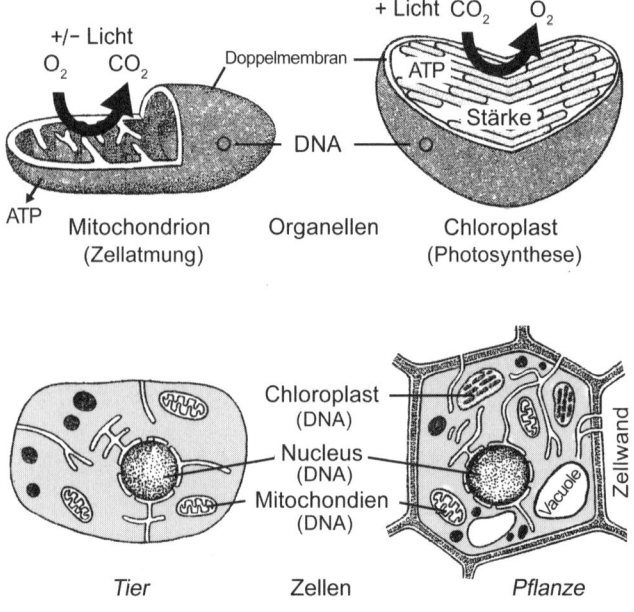

Abb. 8.2: Typische Tier- und Pflanzenzelle, in der drei Organellen (Nucleus,
Mitochondrien und Chloroplasten) hervorgehoben sind. Die zuletzt genannten
chlorophyllhaltigen, grünen Organellen gibt es, wie auch den Zellsaftraum
(Vacuole) und die Zellwand, nur bei Pflanzen. Mitochondrien und Chlo-
roplasten sind durch eine doppelte Hüllmembran gekennzeichnet und ent-
halten, wie der Nucleus, die Erbsubstanz DNA (Kern-, Mitochondrien- und
Chloroplasten-Genom). ATP = Adenosintriphosphat (Energiewährung aller
Zellen).

(Kraftwerke zur ATP-Produktion) und die Chloroplasten (Photosynthese-Einheiten der Pflanzenzelle, in denen ATP gebildet und zur Stärke-Biosynthese verbraucht wird). Wie Abb. 8.2 zeigt, sind Tier- und Pflanzenzellen durch einen relativ gleichförmig gebauten Nucleus gekennzeichnet, der in die Grundsubstanz (Cytoplasma) des Zell-Leibes (Protoplast) eingelagert ist. Die Pflanzenzelle ist von einer starren, cellulosehaltigen Wand umschlossen, die der Tierzelle fehlt. Warum dies so ist, hat C. S. Merezhkowsky 1905 in einem wenig bekannten »Löwen-Gleichnis« anschaulich dargelegt (s. unten). Das Cytoplasma der Tier- und Pflanzenzelle enthält zahlreiche Mitochondrien, die sich bezüglich ihrer Morphologie kaum voneinander unterscheiden. Nur die Zellen der Pflanzen (sowie ein- und mehrzellige Algen) besitzen Chloroplasten (veraltete Bezeichnung: Chromatophoren), die das grüne Pigment Chlorophyll (Varianten a und b) sowie die gelb gefärbten Carotinoide enthalten. Chloroplasten betreiben Photosynthese und sind, wie die Mitochondrien, sich im Cytoplasma der Zelle selbst vermehrende (semi-autonome) Organellen (s. Abb. 8.3 B). Die bereits in den Kapiteln 2 und 3 vorgestellte Erbsubstanz DNA (Desoxyribonucleinsäure) ist im Nucleus und, in weitaus geringeren Mengen, auch in den Mitochondrien und Chloroplasten lokalisiert. Wir werden in Kapitel 9 auf die Kern-, Mitochondrien- und Chloroplasten-DNA zurückkommen.

Constantin S. Merezhkowsky: Darwins Gegen-Denker und dessen Theorien

Da es in der derzeit verfügbaren Literatur mit Ausnahme eines Zeitschriftenartikels (Sapp et al. 2002) und einer umfassenden Monographie (Geus und Höxtermann 2007) keine ausgewogene Darstellung zu Leben und Werk des wissenschaftlich arbeitenden russischen »Anti-Darwin des 19. und beginnenden 20. Jahrhunderts« gibt, wollen wir diesen Forscher in diesem Abschnitt vorstellen. Wie bei den entsprechenden Beschreibungen des Lebens von C. Darwin und A. R. Wallace (s. Kapitel 1) wird die Biographie von C. S. Merezhkowsky (1855–1921) in vier

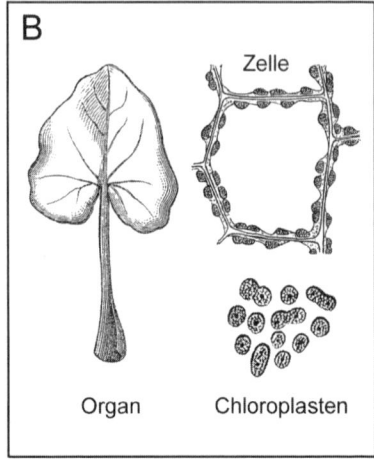

Abb. 8.3: Der Biologe Constantin S. Merezhkowsky (1855 – 1921) (A) und seine Studienobjekte (B). Grünes Laubblatt (Organ), Zelle mit großer Vacuole und Chloroplasten sowie einzelne, vergrößert gezeichnete Chloroplasten (Organellen), die sich wie frei lebende Mikroben durch Zweiteilung vermehren.

Perioden unterteilt. In Abb. 8.3 A ist der Biologe in einem bisher unpublizierten Portrait dargestellt; Abb. 8.3 B zeigt Merezhkowskys wichtigstes Studienobjekt, die Chloroplasten der Pflanzenzellen.

Vom Meereszoologen zum Algenforscher (1855 bis 1904): Constantin Sergeevich Merezhkowsky wurde am 23. Juli 1855 (4. August nach unserem Kalender) in Warschau geboren; diese Großstadt war damals Teil des russischen Reichs. Sein Vater war ein hoher Beamter des Zarenhofs, der konservative Ansichten vertrat und den ältesten Sohn Constantin, der fünf Brüder und drei Schwestern hatte, zum Juristen ausbilden lassen wollte. Zur Enttäuschung des strengen Vaters studierte der eigenwillige Sohn ab 1875 in St. Petersburg Naturwissenschaften. Im darauffolgenden Sommer nahm der Student Merezhkowsky an einer Exkursion zum Weißen Meer teil, dessen Tier- und Pflanzenwelt damals noch weitgehend unerforscht waren. Das Expeditionsmitglied konzentrierte sich auf wirbellose Tiere der Meere und publizierte ab 1877 eine Reihe von Forschungsarbeiten zu diesem Thema, darunter die Beschreibung einer neuen Hohltier-Gattung (Hydroideen). Merezhkowskys Interesse an Einzellern (Protisten oder Protozoon) begann 1878 mit der irrtümlichen Beschreibung einer neuen »Schwamm-Art« (*Wagnerella boreales*, Stamm Porifera), die der Naturforscher später als Protozoon identifizieren konnte.

Nach Erlangen des akademischen Grades eines Diplom-Kandidaten der Naturwissenschaften (1880, mit Auszeichnung) reiste Merezhkowsky nach Frankreich und Deutschland, wo er u. a. mit dem Zellular-Pathologen und Anthropologen Rudolf Virchow (1821 – 1902) in Berlin zusammentraf. Unter dem Einfluss von Virchow befasste sich Merezhkowsky eine Zeit lang mit humanbiologischen Fragen und publizierte Aufsätze zur Struktur sardinischer und amerikanischer Hominiden-Schädel. Während der frühen 1880er-Jahre untersuchte der vielseitig interessierte Naturforscher Pigmente verschiedener Tiere und wurde auf Grundlage dieser Forschungsarbeiten sowie zweier bestandener Probevorlesungen im Dezember 1883 an der Universität St. Petersburg zum Privatdozenten für Zoologie ernannt. Im selben Jahr heiratete er, verließ jedoch bald mit seiner Frau St. Petersburg, um auf der Krim zu leben. Ab 1891 arbeitete der Wissenschaftler als Pomologe (Früchte-Spezialist) und führte Forschungsarbeiten zu Trauben-Varietäten durch. Im Jahr 1898 verließ er die Krim, ging für kurze Zeit nach Russland zurück und emigrierte dann in die Vereinigten Staaten von Amerika, wo er bis 1902 blieb. In den USA arbeitete Merezhkowsky in Los Angeles und dann an der University of California (Standort Berkeley). Während der Jahre in Kalifornien erforschte er schwerpunktmäßig einzellige, Schalen tragende Algen (Diatomeen), eine Meeres-Organismengruppe, die er bereits in Russland untersucht hatte.

In Zusammenarbeit mit dem schwedischen Chemiker Per Teodor Cleve (1840–1905), der für die Entdeckung der Elemente Holmium und Thulium bekannt wurde und sich ab 1898 der Meeres-Planktonkunde zugewandt hatte, reklassifizierte Merezhkowsky als »Ozeanologe« eine Reihe damals bekannter

Diatomeen. Grundlage der daraus hervorgegangenen taxonomi-
schen Publikationen waren Merezhkowskys Untersuchungen
zur Zahl und lichtmikroskopischen Struktur der Chloroplasten
(damalige Bezeichnung: Chromatophoren, s. Abb. 8.2, 8.3 B).
Diese feinstrukturellen Studien führten später zur Formulierung der Symbiogenesis-Hypothese.

Im Sommer 1902 kehrte Merezhkowsky nach Russland
zurück, um eine Position als Kurator am Zoologischen
Museum der Universität von Kazan anzutreten. Im folgenden
Jahr wurde er nach Vorlage einer botanischen Dissertation (über
die Morphologie der Diatomeen) zum Magister ernannt. Es
folgte 1904 die Ernennung zum Privatdozenten für Botanik. Ab
1903 kombinierte Merezhkowsky seine Studien zur Feinstruk-
tur der Diatomeen mit den damaligen Erkenntnissen der Zellbiologie, Symbiose-Forschung und Flechtenkunde. Die Flech-
ten-Symbiosen, bestehend aus einer Pilzart und eingeschlossenen Grünalgen, zeigten dem Naturforscher exemplarisch, dass
neue Lebensformen durch Kombination von Einzelorganismen
entstehen können.

*Die Symbiogenesis-Hypothese und deren Konsequenzen (1905
bis 1912)*: Im Jahr 1879 definierte der deutsche Biologe Anton
de Bary (1831 – 1888) den Begriff *Symbiose* als »das Zusammenleben artverschiedener Organismen«. In dieser klassischen Begriffsbestimmung umfasst der Term alle Abstufungen
vom Parasitismus (ein Partner lebt auf Kosten des anderen, der
als Sklave bezeichnet werden kann) bis zum Mutualismus
(beide Partner sind gleichberechtigt). Um 1920 hat sich eine
moderne Definition durchgesetzt, die noch heute gültig ist: Als
Symbiose bezeichnen wir das Zusammenleben zweier artverschiedener Organismen (z. B. Bakterien, die im Darm eines
Säugetiers leben), wobei beide Partner hierbei einen Nutzen
haben.

Es sei ausdrücklich hervorgehoben, dass der Übergang von
der »friedlichen Kooperation« (Mutualismus oder echte Symbiose) zur »Versklavung« (Parasitismus unter Ausbeutung eines
Partners) fließend ist. Bakterien können z. B. zunächst als Mu-
tualisten leben und später zu einem Krankheitserreger werden

(Kutschera und Niklas 2005, Kutschera 2007 d, Mardigan und Martinko 2006).

Im Jahr 1905 publizierte C. S. Merezhkowsky seine u. a. auf Forschungsarbeiten anderer Botaniker aufbauende »Chromatophoren-Arbeit«, die als Gründungsschrift zur Endosymbiontentheorie in die Biologiegeschichte eingegangen ist. Im *Biologischen Centralblatt*, Band 25, erschien eine Abhandlung mit dem Titel »Über Natur und Ursprung der Chromatophoren im Pflanzenreiche« (Abb. 8.4), die folgende Kernthesen enthält:

– Die derzeitig allgemein akzeptierte Lehrmeinung, Chloroplasten in Pflanzenzellen seien Differenzierungen (d. h. Neubildungen) des Cytoplasmasaumes, ist falsch.
– Chloroplasten sind fremde Organismen, die in das farblose Plasma der Zelle eingedrungen und mit derselben eine Symbiose eingegangen sind.
– Plastiden (Chloroplasten) werden von Generation zu Generation über die Gameten der Pflanze (Eier) vererbt (Kontinuität der Chromatophoren).
– Cyanobakterien (veraltete Bezeichnungen: Cyanophyceen oder Blaualgen) sind die frei lebenden Vorfahren der Chloroplasten der Pflanzenzelle.
– Diese Symbiosentheorie wird durch zahlreiche Fakten unterstützt, während die derzeitige Lehrbuchmeinung eine reine Spekulation ist.
– Von seiner Theorie ausgehend ist die Phylogenie der Pflanzenwelt richtig zu verstehen: Eine Pflanzenzelle ist eine Tierzelle mit eingedrungenen Cyanobakterien.

In einem Abschnitt mit dem Titel »Cyanophyceen leben tatsächlich als Symbionten im Zellprotoplasma« führt Merezhkowsky zwei Beispiele an: einen Wurzelfüßer (aquatischer Rhizopode, *Paulinella chromatophora*), in der Cyanophyceen leben (s. Abb. 8.8 A), sowie einen Flagellaten, der ähnliche Eigenschaften aufweist (*Cyanomonas americana*). Es sei darauf hingewiesen, dass »Merezhkowskys Kronzeuge«, die Grünalge *Cyanophora paradoxa* (Abb. 8.8 B), erst zwei Jahre nach dem Tod des Forschers (1923) entdeckt wurde (s. unten).

Im Jahr 1910 folgte in derselben Fachzeitschrift eine erwei-
terte Fassung von Merezhkowskys Theorie, die in der Fachwelt
auch als *Symbiogenesis-Hypothese* bekannt geworden ist. In
dieser zweiten Publikation zog der Autor weitreichende Schlussfolgerungen zur Evolution der Organismen, die in einem
Stammbaum-Diagramm veranschaulicht sind (Abb.8.5). Im
Vorwort schrieb Merezhkowsky (1910), er wolle eine »neue
Theorie der Entstehung der Organismen« präsentieren. Der
Autor wandte sich gegen das Selektionsprinzip von Charles
Darwin und setzte diesem seine *Theorie der Symbiogenesis* entgegen. Die beiden Hauptaussagen von Merezhkowsky (1910)
können wie folgt zusammengefasst werden:

– Ursprüngliche Moneren (kernloses Amöbenplasma) standen
   am Anfang der Zell-Evolution. Mikrokokken (frei lebende
   Bakterien), die wiederholt in diese Moneren eingedrungen
   sind, bildeten den Kern (Symbiose I) und ergaben einfache
   Tierzellen (Amöben).
– In einige dieser animalischen Amöben bzw. Flagellaten dran-
   gen Cyanobakterien ein (Symbiose II), wodurch plastidenhal-
   tige Zellen und somit Pflanzen entstanden sind.
– Auf Grundlage dieser Fakten kann ein Stammbaum der
   Organismen abgeleitet werden, der, ausgehend von Bakterien
   und Moneren, zu den Pilzen, Tieren und Pflanzen führt (Abb.
   8.5).

Die 1881 gegründete Zeitschrift *Biologisches Centralblatt*, in
der diese neue Evolutionstheorie veröffentlicht wurde (Abb.
8.4), wird seit einigen Jahren unter dem Titel *Theory in
Biosciences* weitergeführt. Zum 100. Geburtstag von Merezhkowskys Pionierarbeit wurde dort eine umfassende Darstellung
zum Stand der Endosymbioseforschung publiziert, auf die hier
verwiesen werden soll (Kutschera und Niklas 2005).
    1920, wenige Monate vor Merezhkowskys Tod, erschien eine
dritte Abhandlung zur Symbiogenesis-Hypothese in französi-
scher Sprache in einer heute eingestellten »anti-Darwinschen«
Fachzeitschrift (Sapp et al. 2002, Geus und Höxtermann 2007).
Dort hat Merezhkowsky u. a. eine Graphik mit der Unterschrift

Biologisches Centralblatt.

XXV. Bd.   15. September 1905.   № 18.

Über Natur und Ursprung der Chromatophoren im Pflanzenreiche.

Von C. Mereschkowsky,

Privatdozent an der Kais. Universität in Kasan.

Abb. 8.4: Titel von C. S. Merezhkowskys klassischer Publikation zum Ursprung der Chloroplasten und der Pflanzen, die 1905 in Band 25 der Zeitschrift *Biologisches Centralblatt* erschienen ist und eine neue Teildisziplin der Evolutionsforschung begründet hat.

»Phylogenie der Pflanzen« abgebildet, in der die Grünalgen (Chlorophyta) als Basisgruppe der Landpflanzen verzeichnet sind – diese Hypothese ist inzwischen zur gesicherten Erkenntnis geworden (Scherp et al. 2001). In dieser Abschlussarbeit zur Symbiogenesis-Hypothese würdigte Merezhkowsky (1920) u. a. die Forschungen des Jenaer Zoologen Ernst Haeckel (1834 – 1919) zur Phylogenese der Pflanzen. In einer Abhandlung aus dem Jahr 1904 hatte Haeckel angemerkt, dass die Pflanzenzelle als Symbiose zweier Partner entstanden sein könnte und dass die Cyanophyceen möglicherweise als »Chloroplasten echter Pflanzen« zu betrachten sind. Merezhkowsky kommentierte 1920 diese Vorstellung wie folgt: »Heackels reine Spekulationen wurden durch keinerlei Fakten oder Argumente unterstützt. Ich formulierte als Erster die Endosymbiose-Theorie«.

Für die Entwicklung von Merezhkowskys Symbiogenesis-Hypothese (bzw. -Theorie) waren die von Ernst Haeckel 1866 im Zusammenhang mit der Phylogeneseforschung eingeführten, als *Monera* bezeichneten Mikroorganismen von zentraler Bedeutung. Bakterien wurden von dem Jenaer Zoologen mit anderen Einzellern in der Ordnung Monera zusammengefasst, die »kernlose Mikroben« – das niedrigste Stadium im Protistenreich – repräsentieren sollten.

Diese Betrachtungen zeigen, dass die Symbiogenesis-Hypothese, niedergelegt in Merezhkowskys drei Zeitschriftenaufsätzen der Jahre 1905, 1910 und 1920, eine Synthese zahlreicher Befunde anderer Forscher sowie eigener Beobachtungen (Diatomeen-Studien) und intellektueller Deduktionsarbeit waren (Hypothesen- und Theorienbildung). In analoger Weise wurde 1927 von dem russischen Biologen Iwan E. Wallin (1883 bis 1969) postuliert, dass die eingangs erwähnten Mitochondrien der Tierzellen (Abb. 8.2) aus ehemals frei lebenden Bakterien hervorgegangen sind. Merezhkowskys Spekulationen zum Ursprung der Mitochondrien haben sich, im Gegensatz zu Wallins Thesen, später als falsch erwiesen; Merezhkowskys Vorstellungen zur Entstehung des Zellkerns (seine I. Symbiose in Abb. 8.5) wurden ebenfalls widerlegt. Als Urvater der *Endosymbiontentheorie der (grünen) Zellevolution* (Hauptaussage: Chloroplasten heutiger Pflanzen und Algen sind domestizierte bzw. versklavte Cyanobakterien) gebührt ihm jedoch ein Ehrenplatz unter den bedeutendsten Phylogeneseforschern.

Politische Utopien und Skandale (1913 bis 1918): Während der Jahre vor der Russischen Revolution änderte Merezhkowsky seine progressive, den politischen Umsturz befürwortende Haltung und wurde zum Kollaborateur der Geheimpolizei des Zaren. Der inzwischen zum Professor an der Universität Kazan beförderte Merezhkowsky organisierte mit anderen Gesinnungsgenossen eine nationalsozialistische, antisemitische Vereinigung, das »Kazan-Department der Union Russischer Bürger«. Diese als politisch rechts eingestufte Organisation unterstützte den Zaren, wobei Merezhkowsky die Aufgabe hatte, Berichte über Umsturzpläne in der Bevölkerung zu verfassen und insbesondere Juden zu verfolgen. So wurde z. B. der Ichthyologe Levs Berg (1876 – 1950), Mit-Begründer der Limnologie in Russland, von Merezhkowsky in der Presse derart verunglimpft, dass dem Gelehrten jüdischer Abstammung die Berufung auf einen Lehrstuhl an der Universität Kazan verwehrt wurde.

Im März 1914 verließ Merezhkowsky Russland, um während der Jahre des Ersten Weltkrieges (1914–1919) in Frankreich und

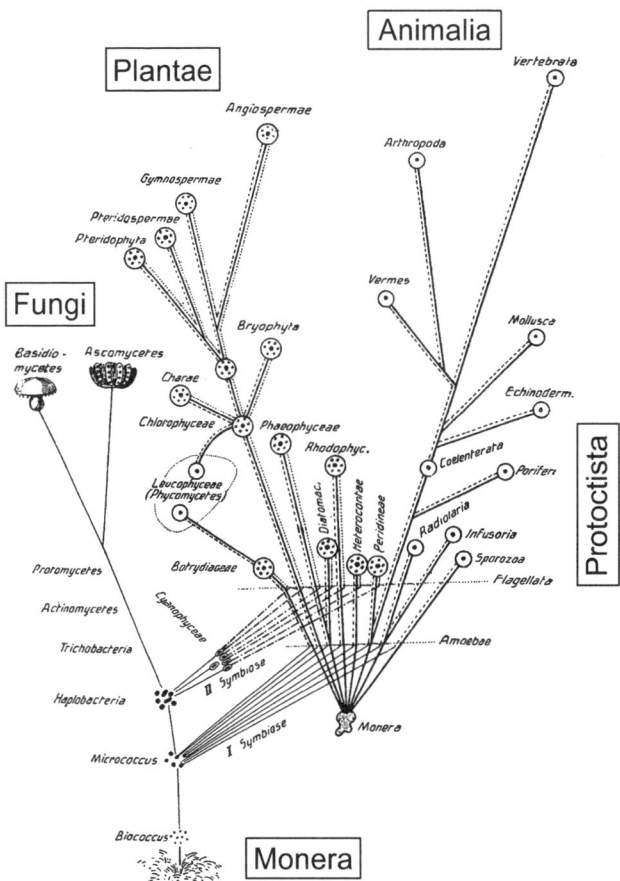

Abb. 8.5: Constantin S. Merezhkowskys Stammbaum-Diagramm, in dem eine Anti-Darwinsche, auf Symbiogenese basierende Theorie vom Ursprung der Organismen dargestellt ist. Alle fünf Vertreter der heute akzeptierten Organismenreiche sind in diesem grundlegenden Modell vertreten und wurden, in Kästen stehend, dem Originalschema beigefügt (nach Merezhkowsky, C. S.: *Biol. Centralblatt* 30, 354 – 367, 1910).

(ab 1919 bis zu seinem Tod) in der Schweiz zu leben. Die Ursachen für das plötzliche »Untertauchen« des Symbiose-Forschers waren weniger seine politischen Aktivitäten, sondern schwerwiegende Vorwürfe zu seinem Privatleben. Der »rechts-radikale Botanik-Professor« wurde am 26. März 1914 in der

politisch linken Zeitung *Den'* (Tag), die in St. Petersburg erschienen ist, als »Marquis de Sade von Kazan« bezeichnet und
beschuldigt, er habe zwischen 1905 und 1914 insgesamt 26
minderjährige Mädchen sexuell belästigt (man berichtete von
»Vergewaltigungen«, obwohl die Beweislage diesbezüglich unzu-
reichend ist). Aus den zugänglichen Dokumenten kann abgeleitet werden, dass C. S. Merezhkowsky vermutlich pädophile
Neigungen hatte. Seine plötzlichen Ortswechsel (1886 von St.
Petersburg auf die Krim, 1898 Emigration in die USA), verbunden mit später entdeckten gefälschten Pässen, sind heute nur
im Zusammenhang mit diesen mutmaßlichen pädophilen
Aktivitäten zu verstehen. So soll er z. B. auf einem Bauernhof
in Kalifornien, wo er zeitweise lebte und mit seinem Licht-
mikroskop Diatomeen untersuchte, die 14-jährige Tochter des
Farmers belästigt haben, ein Vorfall, der ihn zur Flucht nach
Los Angeles veranlasst haben könnte.

Am 12. April 1914 wurde im Justizministerium von St.
Petersburg der Kriminalfall Nr. 1303 eröffnet (abgeschlossen am
22. Februar 1917); am 28. April 1914 erfolgte dann die Anklage
gegen Merezhkowsky in seiner damaligen Wohnstadt. Der
Biologe wurde von seiner Position als »Ordentlicher Professor
für Botanik der Kazan Universität« entbunden und bis 1917 als
Mitarbeiter des Bildungsministeriums geführt. Der »unterge-
tauchte« Naturforscher wohnte ab 1914 u. a. in Nizza, Menton
und Paris, bevor er im Februar 1918 in die Schweiz übersiedelte. Dort lebte er äußerst bescheiden von ersparten Einkünften
in einem Hotel, wo er seine bereits erwähnte dritte Endosymbiose-Publikation, die 1920 im Druck erschienen ist, verfasste. Merezhkowsky beklagte sich in Briefen darüber, dass
seine Theorie von der Fachwelt ignoriert worden sei.

Im Exil verfasste Merezhkowsky auch seine zweite Novelle,
die 1920 unter dem (abgekürzten) Titel *Abriss einer neuen
Philosophie des Universums* im Druck erschienen ist. Seine
erste Erzählung, die Phantasie-Geschichte *Das irdische Paradies*
– ein utopisches Märchen aus dem 27. Jahrhundert – erschien
1903 und wurde 1997 in einer Neuauflage verfügbar gemacht.
Dieses Buch enthält Thesen zur Eugenik (Erbgesundheitslehre
des Menschen), die an die Rasse-diskriminierenden, das jüdi-

sche Volk verachtenden Aussagen des Diktators Adolf Hitler (1889 – 1945) erinnern.

Armut und Selbstmord (1919 bis 1921): In Frankreich und der Schweiz verbrachte der Biologe seine letzten Lebensjahre in großer Armut. Merezhkowsky wurde zum Spiritisten und vermengte in seiner letzten Endosymbiose-Publikation (1920) biologische Fakten mit kosmologischen Phantasien – er hoffte u. a., er würde zum »Retter der Menschheit« werden. In politischen Schriften brachte Merezhkowsky seine Verachtung der Juden eindeutig zum Ausdruck. In einem Brief aus dem Jahr 1917 schrieb der im französischen Exil lebende Naturforscher sinngemäß das Folgende: »Ich dachte, ich würde noch fünf bis sechs Jahre lang leben können, aber jetzt ist klar, dass ich, wegen des Krieges, nur noch Geld für zwei Jahre habe.« Merezhkowsky verbrachte seine letzten Lebensmonate in einem kleinen Familienhotel in Genf. Am Sonntag, den 9. Januar 1921, beging der inzwischen völlig mittellose Biologe nach Begleichung der letzten Hotelrechnung in seinem Zimmer auf äußerst ausgeklügelte Art und Weise Selbstmord. In einem Nachruf, der in der Genfer Zeitung *La Suisse* am 11. Januar 1921 publiziert wurde, werden die genauen Umstände genannt: »In Raum 58, welchen er im Hotel gemietet hatte und wo er sich für viele Stunden zum Arbeiten eingeschlossen hatte, präparierte er eine bestimmte Chemikalienmischung, die Chloroform und mehrere Säuren enthielt. Dieses Giftgemisch schüttete er in einen Behälter, der über dem Kopfkissen des Bettes befestigt war. Er verschloss und versiegelte das Zimmer, band sich am Bett fest und führte sich die aufsteigenden tödlichen Chemikaliendämpfe über eine Gesichtsmaske, die mit dem Behälter per Schlauch verbunden war, zu.« Merezhkowsky starb einen qualvollen Erstickungstod in einer selbst konstruierten Gaskammer. Bald darauf entdeckte der Hotelportier »einen Brief unter der Tür des Professors«. In diesem, an den Hotelmanager adressierten Schreiben, warnte er davor, sein Zimmer zu betreten. Die Luft im Raum sei vergiftet. Es ist gefährlich, das Zimmer in den nächsten Stunden zu betreten. In einem Abschiedsbrief schrieb Merezhkowsky, er sei nun zu arm, um weiterzuleben und hätte daher Selbstmord begangen (Sapp et al. 2002, Geus und Höxtermann 2007).

Spiritistisch-kosmologische Visionen und Merezhkowskys Selbstmord-Pläne

Es ist wahrscheinlich, dass der brutale selbst verursachte Gas-Tod des 66-jährigen Merezhkowsky im Zusammenhang mit den späten spiritistisch-kosmologischen (möglicherweise auch antijüdischen) Visionen des Naturforschers zu sehen ist. So glaubte der Atheist Merezhkowsky z. B. an eine »Vergeistigung« des ganzen Universums, wobei die mechanische Energie desselben nach und nach in »psychische Energie« übergehen solle. Diese metaphysischen Glaubensinhalte sind in Merezhkowskys letzter und umfassendster Endosymbiose-Publikation aufgenommen, die nur wenige Monate vor seinem Freitod niedergeschrieben wurde (Merezhkowsky 1920). Ähnlich wie A. R. Wallace (s. Kapitel 1) hat auch Merezhkowsky in späteren Jahren seine strikt naturalistische Grundposition aufgegeben und irrationale, außerwissenschaftliche Glaubenssätze mit seinen Forschungsergebnissen vermengt. Diese spiritistischen Visionen in der 1920 publizierten Endosymbiose-Abschlussarbeit haben, analog zum »Fall Wallace«, die Glaubwürdigkeit des russischen Biologen massiv untergraben. Es ist wahrscheinlich, dass Merezhkowskys Fachkollegen die revolutionären Konzepte zum Ursprung der Chloroplasten und des Pflanzenreichs u. a. auch deshalb ablehnten, weil der Autor seine nüchtern-sachliche (d. h. naturwissenschaftliche) Argumentationsweise verlassen und »Geistergeschichten« in den Text aufgenommen hat (Merezhkowsky 1920).

Bereits im Januar 1909 hatte der 54-Jährige in seiner zweiten Veröffentlichung zur Symbiogenese einen fiktiven Selbstmord beschrieben. Unter der Überschrift »Zwei Plasmaarten« lesen wir im *Biologischen Centralblatt* das Folgende: »Eine Familie sitzt zu Hause am Mittagstisch. Nehmen wir an, es sei Sommer, ... Milch, Fleisch, Eier, Brot, von welchen die Familie isst; die Kinder haben ihr Mahl beendet, laufen um den Tisch herum, die Erwachsenen sind in ein lebhaftes Gespräch geraten, heftig mit den Händen gestikulierend. Die Stimmen werden immer lauter und lauter, es entspinnt sich augenscheinlich etwas wie ein Familiendrama, ein junges Mädchen läuft zum Schränkchen, entnimmt demselben ein Flakon – enthaltend Cyankali –, trinkt den Inhalt und fällt momentan tot hin« (Merezhkowsky 1910).

Diese Erzählung weist eindeutig auf Merezhkowskys lange geplante Selbst-Tötung hin. Manche Biologiehistoriker kommen daher zur Schlussfolgerung, Merezhkowsky hätte an einer schweren Geisteskrankheit gelitten, da ein normaler Mensch zu einer derartigen Tat nicht fähig sei. Eine abschließende Bewertung der Persönlichkeit und psychischen Gesundheit des genialen russischen Evolutionsforschers steht derzeit noch aus.

Charles Darwin, Constantin S. Merezhkowsky und das Löwen-Gleichnis

Vergleichen wir Leben und Werk von C. S. Merezhkowsky (1855 bis 1921) mit dem von Charles Darwin (1809 – 1882), so fallen zunächst einige überraschende *Gemeinsamkeiten* auf. Beide Evolutionsforscher haben als junge Männer auf einer Forschungsreise Anregungen erfahren, die über Jahre hinweg herangereift sind, ergänzt/vertieft wurden und dann – im 51. Lebensjahr – als umfassende Theorien formuliert und publiziert wurden. Zwei Schlüsselzitate sollen dies verdeutlichen. C. S. Merezhkowsky (1905): »Cyanophyceen leben tatsächlich als Symbionten im Zellprotoplasma; von der Endosymbiosentheorie ausgehend, ist es allein möglich, den Ursprung und die Phylogenie der Pflanzenwelt richtig zu verstehen«; C. Darwin (1859): »Ich bin davon überzeugt, dass die Arten nicht unveränderlich sind, … sondern die Abkömmlinge heute ausgestorbener Formen repräsentieren; die natürliche Selektion ist die wichtigste (jedoch nicht die einzige) Triebkraft der (Arten)-Modifikation.« Sowohl Merezhkowsky als auch Darwin waren davon überzeugt, dass die Evolution der Organismen tatsächlich stattgefunden hat und über eine allgemeine Theorie erklärt werden kann. Merezhkowsky wandte sich gegen das Darwinsche Selektionskonzept und formulierte mit der Symbiogenese, d. h. dem Grundprinzip der »Evolution durch Integration, Domestikation und Kooperation« eine Alternative.

Wie Geus und Höxtermann (2007) im Detail dargelegt haben, wurden Merezhkowskys politisch-utopische Schriften, die u. a. rassistische und antijüdische Passagen enthalten, von den Vordenkern des Nationalsozialismus begrüßt. Man könnte daher den Begründer des auf Kooperation basierenden Symbio-genesis-Konzepts als einen geistigen Vorfahren der NS-Ideologie betrachten. Diese Schlussfolgerung gilt jedoch in dieser Form nicht für den »Selektionisten« Charles Darwin (Begründung, s. Kutschera 2004). In einem aktuellen Sachbuch von R. Weikart (2004) mit dem Titel *From Darwin to Hitler* wird der »Dar-winismus« als eine der Ursachen für die NS-Verbrechen genannt. Dies ist jedoch aus Sicht der modernen Biologie anders zu sehen: Der »Merezhkowskyismus«, niedergelegt in utopisch-politischen Romanen und zahlreichen Schriften des hier vorgestellten russischen Biologen, ist mit der Weltan-schauung von Hitler & Co. eher geistig verwandt als das The-sensystem des völlig unpolitischen Charles Darwin, der den Lebenszeit-Fortpflanzungserfolg (fitness) in den Mittelpunkt gestellt hatte. Eine detaillierte Analyse dieses Themenkom-plexes, die u. a. zum »Sozial-Darwinismus« führen würde, kann hier nicht vorgenommen werden (s. Hoßfeld und Brömer 2001, Hoßfeld 2005).

Es soll nun Merezhkowskys »Löwen-Gleichnis« aus dem Jahr 1905 zitiert werden. Der Autor beginnt diese originellen Aus-führungen mit der folgenden Feststellung: »Die Symbiosen-theorie gibt ein viel tieferes Verständnis des ganzen Wesens der Pflanze. Alle die Eigentümlichkeiten, die eine Pflanze charak-terisieren und sie vom Tiere unterscheiden, erscheinen im Lichte dieser Theorie als natürliche Folge einer Symbiose von Tierzelle und CO_2-assimilierender Cyanophyceen.« Das »Löwen-Gleichnis« steht am Ende von Merezhkowskys klassischer Veröffentlichung aus dem Jahr 1905 (Abb. 8.4) und lautet im deutschen Original wie folgt: »Denken wir uns eine Palme ruhig am Ufer einer Quelle wachsend, und einen Löwen, der neben ihr im Gebüsch verborgen liegt, alle seine Muskeln angestrengt, mit Blutgier in den Augen, fertig, auf eine Antilope zu springen, um sie zu erwürgen. Nur die Symbiosentheorie gestattet es, bis ins tiefste Geheimnis dieses Bildes einzudringen und die fundamentale Ursache, die zwei so ungeheuer verschiedene Erscheinungen wie eine Palme und einen Löwen hervorbringen konnten, zu erraten und zu verstehen. Die Palme benimmt sich so ruhig, so passiv, weil sie eine Symbiose ist, weil sie eine Unzahl von kleinen Arbeitern, grünen Sklaven (Chromatophoren) enthält, die für sie arbeiten und sie ernähren. Der Löwe hat sich selbst zu ernähren. Denken wir uns jede Zelle des Löwen von Chromatophoren gefüllt, und ich zweifele nicht, dass er sich sofort neben der Palme ruhig hinlegen würde, sich satt fühlend oder höchstens noch etwas Wasser mit mineralischen Salzen bedürfend« (Merezhkowsky 1905).

In diesen abschließenden Worten tritt wieder der Schriftsteller Merezhkowsky hervor. Mit seiner Vision vom grünen, Photosynthese betreibenden Raubtier hatte der Forscher rückblickend recht gesehen. Wir kennen Meeres-Nacktschnecken, die sich über das Algen-Fressen und intrazelluläre Einlagern von Chloroplasten zu grünen, »Solar-getriebenen« Tieren entwickeln. Diese photosynthetisch aktiven Meeresschnecken (z. B. *Elysia chlorotica*) haben ihre Befähigung zur Kohlendioxid-Assimilation einer speziellen Endosymbiose, die in den heutigen Meeren stattfindet und analysiert werden kann, zu verdanken (Kutschera 2008 a).

Wir werden auf die serielle Endosymbiose und deren Bedeutung für das Leben auf der Erde in den beiden nächsten Abschnitten zu sprechen kommen.

Primäre und sekundäre Endosymbiose: Von der Kooperation zur Versklavung

Das Schicksal der von Merezhkowsky formulierten Theorie der »Evolution durch Integration und Kooperation« gehört zu den traurigsten Kapiteln der Biologiegeschichte. Obwohl Merezhkowsky (1905, 1910) den Ursprung pflanzlicher Chloroplasten

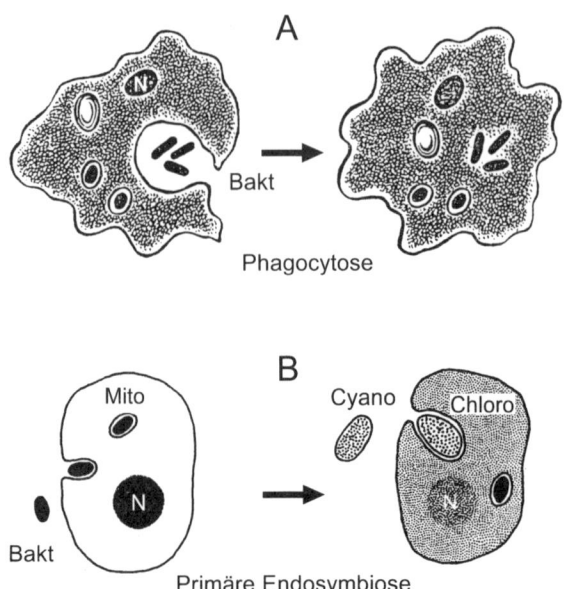

Abb. 8.6: Prinzipien der Phagocytose (A) und der primären Endosymbiose (B). Eine heute lebende Tümpel-Amöbe (Eucyte, mit Zellkern) umfließt drei Bakterien (Protocyten, ohne Zellkern), nimmt diese auf und verdaut die Beute. Bei der primären Endosymbiose (Symbiogenese) wurden im Zeitraum vor 2200 bis 1500 Millionen Jahren in analoger Weise frei lebende, urtümliche Bakterien (links) bzw. Cyanobakterien (rechts) von einer weiß bzw. grau dargestellten Wirtszelle aufgenommen, jedoch nicht verdaut (phagocytotischer Eukaryot). Die Mikroben wurden domestiziert bzw. versklavt (d. h. zu den Zell-Organellen Mitochondrion und Chloroplast reduziert). N = Nucleus (Zellkern), Bakt = frei lebendes Bakterium, Cyano = frei lebendes Cyanobakterium, Mito = Mitochondrion, Chloro = Chloroplast.

auf ehemals frei lebende Cyanobakterien zurückgeführt und der russische Biologe Wallin (1927) die Mitochondrien als Abkömmlinge gewisser Bakterien erkannt hatte, galt diese Theorie der Symbiogenese vielen Fachkollegen als zu revolutionär bzw. als reine Fiktion. Da die Argumente zugunsten dieses neuen Konzepts der Evolution nur indirekter Natur waren (Analogiebetrachtungen), hielt sich bis etwa 1975 eine alternative These: Zellbiologen setzten dem »Merezhkowsky-Wallin-

Prinzip« eine »Autogen-Bildungstheorie« entgegen, die von einer internen Differenzierung des Cytoplasmas ausging. Dieser Vorstellung gemäß sollten die Mitochondrien und Chloroplasten *de novo* in Organellen-freien Zellen in jeder Generation neu entstehen (Niklas 1997).

Die aus Russland stammende US-Genetikerin Lynn Margulis (geb. 1938) hat 1970 das Symbiogenese-Konzept »wiederentdeckt« und als eigene Leistung in der Fachwelt verbreitet. Wie seit 1998 bekannt ist, hat Margulis die Publikationen ihrer russischen Vorgänger Merezhkowsky und Wallin gekannt, diese jedoch nicht zitiert und dieses Fehlverhalten erst nach vielen Jahren zugegeben. Möglicherweise hat Margulis die Schriften von Merezhkowsky ignoriert, weil dieser ein radikaler Juden-Hasser war und seinen Antisemitismus offensiv vertreten hat. Durch Wahl des von einem anderen Forscher geprägten Begriffs »Serielle Endosymbiose-Theorie« bzw. »Theorie der seriellen Endocytobiose« hat Margulis (1970) verdeutlicht, dass die Mitochondrien und Chloroplasten nacheinander (d. h. seriell) aus eingewanderten kernlosen Mikroben (Protocyten) hervorgegangen sind. Leider ist die Biologin Margulis u. a. in einem ihrer populären Bücher von einer sachlich-rationalen Ebene abgewichen und hat die Endosymbiose als alleinigen, übergeordneten Artbildungs-Prozess propagiert (Margulis und Sagan 2002). Diese nicht durch Fakten belegbare Hypothese wurde von Kutschera und Niklas (2005) widerlegt und soll daher nicht weiter diskutiert werden.

In Abb. 8.6 A ist die Nahrungsaufnahme einer sich heterotoph ernährenden Amöbe dargestellt (Phagocytose). Die Nahrungspartikel (Bakterienzellen) werden von der kernhaltigen Wirtszelle (Eucyte) abgebaut und somit verdaut. Wie bereits Merezhkowsky (1905, 1910, 1920) hervorgehoben hat, gibt es Einzeller, die in analoger Weise Cyanobakterien in ihr Cytoplasma aufgenommen haben, diese über Generationen hinweg als »Dauergäste« vererben und kultivieren (grüne, photosynthetisch aktive Tierzellen, s. Abb. 8.8 A, B). Auf ähnliche Art und Weise stellt man sich gemäß der Theorie der seriellen primären Endosymbiose den Ursprung der Mitochondrien und Chloroplasten vor, wobei allerdings die archaische, zur Phagocytose

fähige Wirtszelle (sowie der exakte Ursprung des Zellkerns)
noch nicht im Detail rekonstruiert werden konnten. Chloroplasten und Mitochondrien sind durch zwei Hüllmembranen
gekennzeichnet (eine innere Membran von der ehemaligen prokaryotischen Zelle und eine äußere von der Wirtszelle) (Abb.
8.2, 8.6 B), wodurch ihr endosymbiontischer Ursprung eindeutig belegt ist.

Seit etwa 1985 wurden so viele Studien zur Abstammung der
Mitochondrien und Chloroplasten publiziert, dass im »Darwin-
Jahr 2009« keinerlei Zweifel mehr bestanden, dass diese Zell-
Organellen aus phagocytotisch aufgenommenen, ehemals frei
lebenden Alpha-Proteobakterien bzw. Cyanobakterien hervorgegangen sind. Diese Schlüsselereignisse in der Makroevolution
der Organismen haben sich vor maximal 2200 bzw. 1500 Mio.
J. im archaischen Ur-Ozean ereignet und gelten heute als belegte Tatsachen (Listen der Beweise s. Kutschera und Niklas 2005,
2008; Kutschera 2008 a). Wie unser Schema zur Zell-Evolution
zeigt (Abb. 8.7), führte die primäre serielle Endosymbiose über
kernhaltige »tierische« Einzeller (Protozoa) zu den mehrzelligen
Gewebetieren (Animalia) und den Pilzen (Fungi). Aus der zweiten Abstammungslinie gingen nach Aufnahme und Domestikation frei lebender Cyanobakterien über ein- bzw. mehrzellige
Grünalgen (Chloroplasten) die Pflanzen (Plantae) hervor. Die
von Merezhkowsky (1905, 1910, 1920) und Wallin (1927) postulierte Symbiogenese, die heute in der Regel als »serielle primäre Endosymbiose« bezeichnet wird, hat somit zur Entschlüsselung der evolutiven Entwicklung der drei bekanntesten Organismenreiche geführt (Animalia, Fungi und Plantae, die aus-
nahmslos komplex gebaute, mit Organen ausgestattete Mehrzeller sind).

Über die 1978 entdeckte *sekundäre Endosymbiose* (Aufnahme und Domestikation einzelliger eukaryotischer Algen durch
größere, heterotrophe Wirtszellen, wobei Chloroplasten mit
drei bis vier Hüllmembranen entstehen) sind vor etwa 251 Mio.
J. einzellige Zell-Chimären oder »Monster-Mikroben« evolviert,
die heute u. a. im photosynthetisch aktiven Meeresplankton
dominieren. Die Beweiskette für diese in Abb. 8.7 veranschaulichte sekundäre Endosymbiose, von der Merezhkowsky und

Wallin nichts wissen konnten, ist ebenfalls derart dicht, dass Evolutionsforscher auch in diesem Fall von einer belegten Tatsache sprechen (Liste der Beweise, s. Kutschera und Niklas 2008).

Zwei Abstammungslinien sind in der Abb. 8.7 als repräsentative Beispiele aufgenommen, die von großer Bedeutung sind: die durch Grünalgen-Plastiden (Chlorophylle a/b) gekennzeichneten begeißelten Süßwasser-Augentierchen (Eugleniden) der Gattung *Euglena* und die ebenfalls begeißelten, Rotalgen-Plastiden (Chlorophylle a/c) enthaltenden Dinoflagellaten (Dinophyten). Diese Mikroorganismen bilden den zentralen Bestandteil des Meeres-Planktons (»Schwebe-Organismen«). All diese photosynthetisch aktiven Einzeller (Zell-Chimären) stellen wir heute, wie z. B. auch die Amöben (Abb. 8.6 A), in das Reich der Protoctista (frühere Bezeichnung: Protisten, d. h. eukaryotische Einzeller und deren mehrzellige Verwandte, die nicht die für Tiere und Pflanzen typischen Körperstrukturen, mit einzelnen Organen, aufweisen). Gemeinsam mit den kernlosen Bakterien und Cyanobakterien (plus den Archaebakterien), die zu den *Monera* zusammengefasst werden, haben wir in Abb. 8.7 alle fünf Organismenreiche und deren phylogenetischen Ursprung kennengelernt (Monera, Protoctista, Animalia, Fungi und Plantae, s. Kapitel 10).

Es sei darauf hingewiesen, dass C. S. Merezhkowsky bereits 1910 diese heute allgemein anerkannte Klassifizierung der Organismen »vorhergeahnt« hatte: In seinem Anti-Darwinschen Stammbaumdiagramm (Abb. 8.5) unterschied er zwischen den Monera, Fungi, Plantae und Animalia. Fügen wir die Sammelgruppe der Protoctista hinzu, so erkennen wir in diesem Bild die moderne, in Kapitel 10 vorgestellte *Five-Kingdom*-Klassifizierung der Organismen (Margulis und Schwartz 1998).

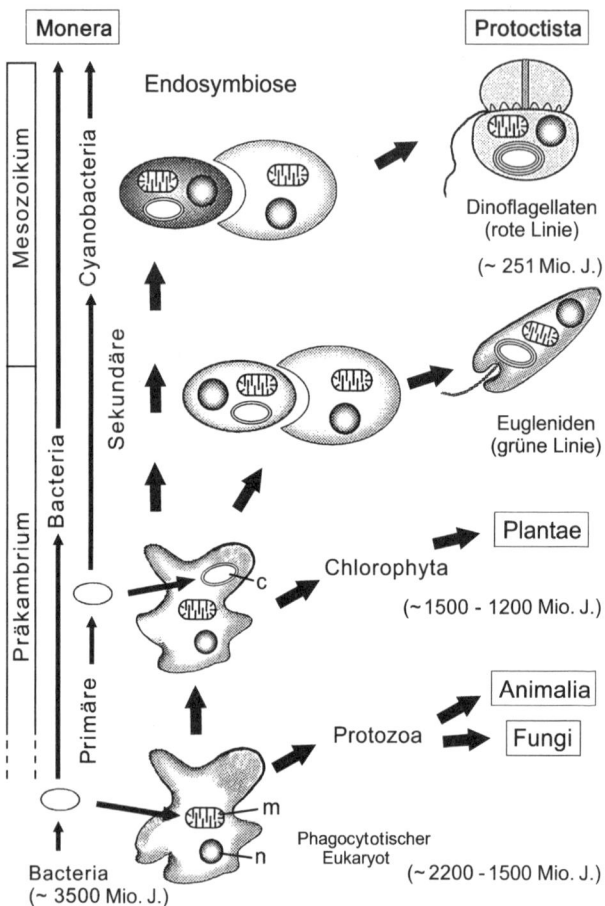

Abb. 8.7: Schema zum endosymbiontischen Ursprung der Fungi (Pilze), Animalia (Tiere), Plantae (Pflanzen), Protoctista (Ein- und Mehrzeller ohne Gewebedifferenzierung), ausgehend von den Monera (Bakterien, Cyanobakterien). Die primäre und sekundäre Endosymbiose waren Schlüsselereignisse in der Evolution und haben über die Einzeller (Protozoa) und Grünalgen (Chlorophyta) jeweils ganz unterschiedliche mehrzellige Organismengruppen hervorgebracht (Symbiogenese als Motor der Makroevolution). Der hypothetische phagocytotische Eukaryot (Wirtszelle der primären Endosymbiose) ist auch in Abb. 8.6 B dargestellt. Mio. J = Millionen Jahre vor heute (nach Kutschera, U. & Niklas, K. J.: *Theory Biosci.* 127, 277 – 289, 2008).

Merezhkowskys Kronzeugen: Paulinella und Cyanophora paradoxa

Wie Charles Darwin hat sich auch Merezhkowsky in manchen Details geirrt. So identifizierte er z. B., wie bereits erwähnt, die Mitochondrien nicht als abgeleitete Bakterien – diese grundlegende Einsicht brachte Wallin (1927) in die Evolutionsforschung ein. Weiterhin betrachtete Merezhkowsky (1905, 1910, 1920) die Pilze (Fungi) als direkte Nachkommen gewisser Bakterien (Biococci), ohne dass hier eine Endosymbiose stattgefunden haben soll. Diese These ist unzutreffend. Ein weiterer Schwachpunkt in Merezhkowskys Schema (Abb. 8.5) ist der postulierte zweifache Ursprung der Organismen auf der jungen Erde (Biococci, d. h. Bakterien, und Monera, d. h. hypothetische amöbenartige Zellen ohne Kern). Auch hier irrte sich der russische Biologe (s. Kapitel 10). Es sei an dieser Stelle erwähnt, dass auch die von Darwin (1859/1872) formulierte »Proto-Euglena-Hypothese« zum Ursprung der ersten Zellen unzutreffend ist (s. Kapitel 10).

Merezhkowskys große Verdienste, die ihn zu einem noch im »Darwin-Jahr 2009« häufig zitierten Autor in der Fachliteratur zur Evolutionsforschung gemacht haben, können abschließend wie folgt zusammengefasst werden. Merezhkowsky erkannte und formulierte in aller Klarheit, dass die Chloroplasten der »grünen Organismen der Erde (Algen, Pflanzen)« aus ehemals frei lebenden Cyanobakterien hervorgegangen sind, und hat damit unser Verständnis von der Physiologie und der Evolution der Pflanzen entscheidend vorangebracht. Wie bereits dargelegt, führte Merezhkowsky (1905) u. a. die 1895 beschriebene Süßwasser-Thecamöbe *Paulinella chromatophora* als Symbiogenese-Beweisorganismus auf (Abb. 8.8 A). Heute wissen wir, dass *Paulinella* in der Tat eine Eucyte darstellt, deren Chromatophoren (Cyanobakterien bzw. Cyanellen) vor wenigen Jahrmillionen aufgenommen wurden und auf dem evolutionären Weg zum echten Chloroplasten sind.

Zwei Jahre nach Merezhkowskys Tod wurde von einem russischen Biologen die begeißelte Grünalge *Cyanophora paradoxa* entdeckt (1923). Dies »paradoxe« Süßwasser-Mikrobe enthält

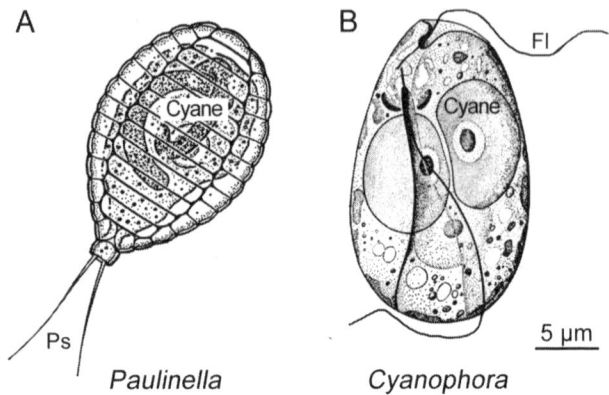

Abb. 8.8: Einzellige Süßwasser-Organismen (Protoctista), die evolutionäre Zwischenstufen einer vor wenigen Jahrmillionen abgelaufenen und daher noch jungen Endosymbiose repräsentieren. Die wichtigsten »Kronzeugen« der Symbiogenesis-Theorie, die 1895 beschriebene Schalen-Amöbe *Paulinella chromatophora* (A) und die 1923 entdeckte, ebenfalls zwei chloroplastenähnliche Cyanobakterien (Cyanellen) enthaltende begeißelte Grünalge *Cyanophora paradoxa* (B) sind schematisch dargestellt. Cyane = Cyanellen (Cyano-Plastiden), Fl = Flagellen (Geißeln), Ps = Pseudopodien (fußartige Auswüchse).

im Cytoplasma keine typischen Chloroplasten, sondern endosymbiontisch lebende Cyanobakterien, die als *Cyanellen* bezeichnet werden. Die auch als »Cyano-Plastiden« bekannten Organellen sind abgewandelte Cyanobakterien, die dabei sind, den evolutionären Übergang zum Chloroplasten zu vollziehen, und repräsentieren daher lebende Zwischenformen (*Connecting Links*) der Zell-Evolution. Wir können somit die Alge *C. paradoxa* (und verwandte Organismen, wie z. B. *Paulinella chromatophora*) als »Merezhkowskys Kronzeugen« bezeichnen (Abb. 8.8 A, B), wobei in beiden Fällen eine »relativ junge« primäre Endosymbiose im Voranschreiten ist, die unabhängig von jenen archaischen Symbiogenese-Prozessen abläuft, die vor 1500 bis 1200 Mio. J. in den Ozeanen zu den Chloroplasten-Vorläufern geführt hat. Diese evolutionären »Cyano-Organellen« beweisen, kombiniert mit der Zwischenform *Reclinomonas americana* (heterotrophe Einzeller, der bakterienartige Mitochondrien enthält), dass Merezhkowskys und

Wallins Schlussfolgerungen im Prinzip korrekt waren (Kutschera 2008 a).

Der zweite bleibende Verdienst des russischen Biologen liegt in seinen allgemeinen Theorien zur Evolution der Organismen begründet. Mit der Formulierung des Prinzips der Symbiogenese (heute in der Regel als serielle primäre bzw. sekundäre Endosymbiose bezeichnet) hat Merezhkowsky ein zentrales »anti-Darwinsches« Evolutionsprinzip postuliert, welches vielfach bestätigt werden konnte (Abb. 8.7). So sind z. B. die in Abb. 8.9 dargestellten Dinoflagellaten (Dinophyten) über eine sekundäre Endosymbiose entstanden. Die wichtigsten Primärproduzenten im Plankton unserer Ozeane evolvierten somit im Makro-Maßstab nach dem Merezhkowsky-Wallinschen »Integrations-Kooperations-Prinzip«, wobei bei stetiger Überproduktion an Nachkommen die nachgeschaltete natürliche Auslese von entscheidender Bedeutung war (selektives Überleben jener Zell-Chimären, die an die Umwelt adaptiert waren). Heute wissen wir, dass die bei der primären bzw. sekundären Endosymbiose aufgenommenen (phagocytierten) Alpha-Proteobakterien und Cyanobakterien (bzw. kernhaltige Algen) nicht nur domestiziert, sondern nach und nach *versklavt* wurden. Die Wirtszelle sorgte im Verlauf der Jahrmillionen über einen horizontalen Gen(DNA)-Transfer dafür, dass die Organellen vom unabhängigen Gast zum weisungsgebundenen Diener wurden. Über 90 % des ehemaligen Mitochondrien- und Chloroplasten-Genoms wurde nachgewiesenermaßen in den Kern der Wirtszelle verlagert. Interessanterweise bezeichnet Merezhkowsky in seinem »Löwen-Gleichnis« (s. oben) die Chloroplasten als »grüne Sklaven«. Der Symbioseforscher hat auch in diesem Punkt die Resultate molekular- und zellbiologischer Studien der 1990er-Jahre vorhergeahnt.

Fazit: Zwei wichtige Organellen heutiger eukaryotischer Organismen (Tiere, Pflanzen, Algen, Pilze) sind ehemals frei lebende, eingefangene, im Lauf der Jahrmillionen domestizierte bzw. *versklavte Mikroben*, die über die mütterliche Linie (Eizelle) vererbt werden und als semi-autonome Dienstleister seit Urzeiten ihrem ehemaligen Gast-Organismus uneigennützig dienen (bzw. von diesem ausgebeutet werden). Die Symbiogenese – hier als Erzeugung neuartiger Organismen aus Einzel-Zellen definiert – war somit ein wichtiger »Motor« der Makro-evolution. Es sei allerdings ausdrücklich hervorgehoben, dass viele Detailfragen zur primären und sekundären Endosymbiose noch Gegenstand der Forschung sind (z. B. die Herkunft des Zellkerns). Der endosymbiontische Ursprung der Mitochondrien und Chloroplasten ist trotz dieser offenen Fragen heute eindeutig belegt.

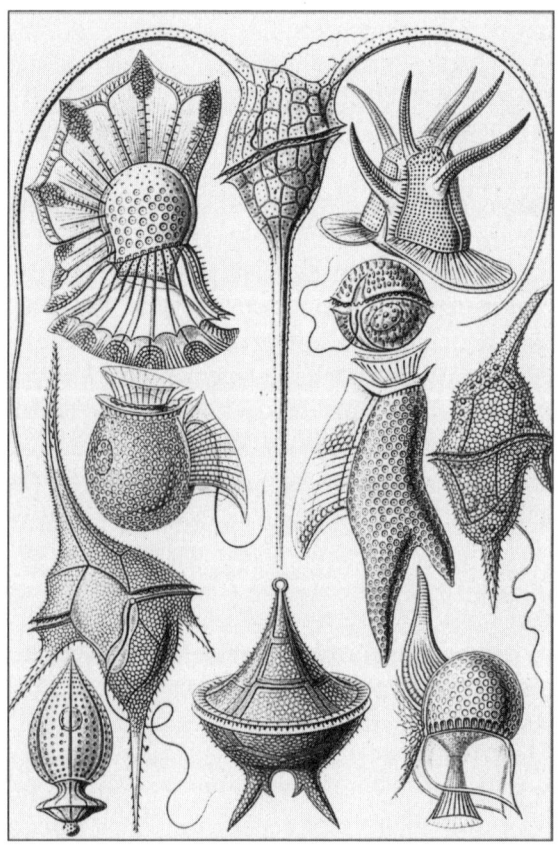

Abb. 8.9. Originalzeichnungen von elf Arten mariner Dinoflagellaten (Dinoprotisten), die wesentliche Bestandteile im photosynthetisch aktiven Plankton der Ozeane darstellen und durch sekundäre Endosymbiose entstanden sind (nach Haeckel, E.: *Kunstformen der Natur*. Leipzig-Wien, 1904).

Der in der Einleitung dieses Kapitels zitierte ungläubige Soziologe konnte nach Auflistung dieser Fakten von der Bedeutung der Symbiogenese überzeugt werden. Er verabschiedete sich mit der folgenden Frage: »Warum fehlen diese Sachverhalte in meiner Fachliteratur zum Darwinismus?« Die Antwort darauf war leicht zu geben. Die Erkenntnisse der sub-zellulären Evolutionsforschung sind außerhalb der Fachwissenschaft Evolutionsbiologie kaum bekannt – sie wurden daher in diesem Buch in Kurzform dargestellt.

9. Von Darwins Koralle zur DNA: Molekulare Archäologie des Genoms und der Tree of Life

Am 19. August 1871 ist als bürgerliche Reaktion auf die Veröffentlichung von Darwins Büchern zum Ursprung der Arten und der Abstammung des Menschen in der Zeitschrift *Harper's Weekly* ein satirischer Cartoon erschienen, der in deutscher Übersetzung mit der Zeile »Der beleidigte Gorilla« unterschrieben werden könnte (Abb. 9.1). Ein aufrecht stehender »Urwald-Mensch« (*Gorilla gorilla*) ruft dem vornehm gekleideten, mit einem *Origin-of-Species*-Manuskript dargestellten Charles Darwin zu: »Dieser Mann behauptet, ich würde von ihm abstammen!« Die in der Mitte stehende Person (ein Mr. Bergh) fragt entrüstet: »Mr. Darwin, wie konnten sie ihn derart beleidigen?« Der weinende Gorilla steht in der Eingangstür einer »Society for the Prevention of Cruelty to Animals, Pres. Bergh« (»Gesellschaft zur Verhinderung von Grausamkeiten gegen Tiere, Präsident Bergh«), die damals von dem in der Mitte abgebildeten Herrn geleitet wurde.

Diese Karikatur zeigt exemplarisch, dass die Menschen im viktorianischen England in erster Linie von den anthropologischen Schlussfolgerungen Darwins geschockt waren – die Vorstellung, wir würden von affenähnlichen Urahnen abstammen, erregte damals großen Widerstand. Da Charles Darwin in seinem 1859 erschienenen, der Tier- und Pflanzenwelt verpflichteten Hauptwerk in einem Nebensatz auch auf die Humanevolution eingegangen ist, wollen wir in diesem Kapitel die Abstammung des Menschen u. a. im Zusammenhang mit der Stammesentwicklung der Rüsseltiere (Säugerordnung Proboscidea) ansprechen.

Zunächst sollen allgemeine Informationen zur Stammbaum- und Erbgut(DNA)-Analytik dargelegt werden, wobei wir von Darwins Korallen-Gleichnis ausgehen werden. Danach folgen ausgewählte Beispiele zur Verdeutlichung der Tatsache, dass in der Erbsubstanz DNA nicht nur die Art-typische *Bauanleitung*

Abb. 9.1: Satirischer Cartoon des Zeichners Thomas Nast aus dem Jahr 1871 mit dem Titel »Mr. Bergh to the rescue – The defrauded Gorilla«. Die behauptete Abstammung des Gorillas vom *Homo sapiens* Charles Darwins wird von einem behaarten, weinenden Urwald-Menschen beklagt. Der in der Mitte stehende Mr. Bergh versucht, in diesem Konflikt zu vermitteln (nach einer Zeichnung in *Harper's Weekly*, August 19, 1871).

des Individuums, sondern auch die *Geschichte* der betreffenden Organismengruppe niedergeschrieben und archiviert ist. Wir werden uns bei der Erläuterung dieser Grundregel der Biologie auf relativ »moderne« Wirbeltiere der vergangenen 150 Millionen Jahre beschränken, jedoch in diesem Zusammenhang auch auf die im letzten Kapitel besprochene archaische Zell-Evolution zurückkommen.

Darwins Korallen und das moderne Baum-Denken

In Kapitel 4 hatten wir die von Charles Darwin formulierte
Theorie zur Entstehung tropischer Korallenriffe kennen gelernt
(s. Abb. 4.10, S. 128), die der Geologe in einem seiner ersten
Fachbücher zusammenfassend dargestellt hat (Darwin 1842).
In seinen Reise-Erinnerungen (Darwin 1839/1845) behandelte
der junge Naturforscher die Korallen – von ihm treffend als
»Zoophyten« bezeichnet – u. a. im Zusammenhang mit seinen
umfassenden Freiland-Exkursionen. Wie der Kunsthistoriker H.
Bredekamp (2005) berichtet, hat Darwin auf seiner Weltreise
im Jahr 1834 in Patagonien verschiedene Korallen-Spezies
untersucht und gezeichnet. Der erste, nur ein Jahr nach Rückkehr von der Weltumsegelung (1831 – 1836) in einem Notiz-
buch skizzierte Stammbaum mit dem Zusatz »I think« (Abb.
9.2) erinnert tatsächlich an einen Korallenstock. Nach Brede-

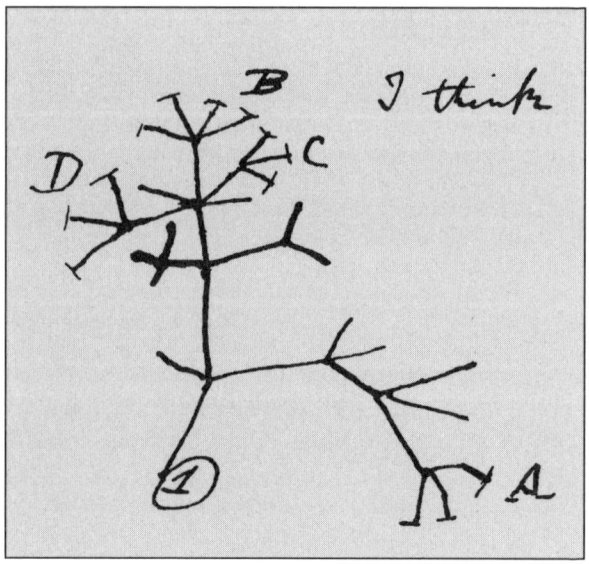

Abb. 9.2: Reproduktion der ersten Original-Stammbaumskizze von Charles
Darwin aus dem Jahr 1837, die den Zusatz »I think« trägt. Das Schema soll
Darwins Vorstellungen von der Familiengeschichte der Tiere wiedergeben, mit
1 = Urform und A, B, C und D = abgeleitete Organismengruppen.

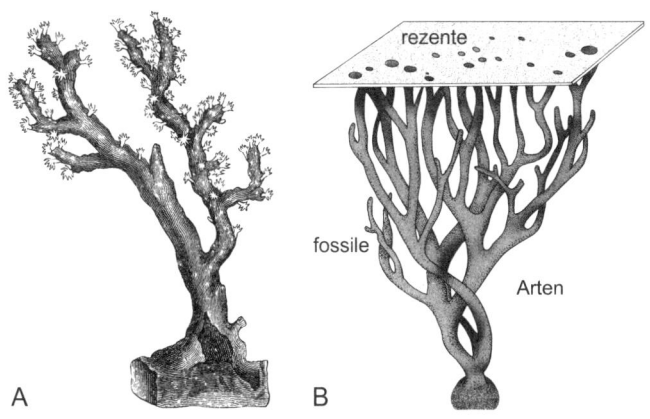

Abb. 9.3: Lebende Meeres-Edelkoralle, wie sie Charles Darwin im Jahr 1834 vermutlich untersucht und gezeichnet hat. Kolonien-bildende Nesseltiere (Cnidaria, mit Kalkskelett und ausstreckbaren Polypen) können gewaltige Riffe aufbauen (A). Ein korallenförmiger Baum des Lebens (*Tree of Life*) verdeutlicht lebende (rezente) und ausgestorbene (fossile) evolutionäre Abstammungslinien hypothetischer Organismen (B).

kamp (2005) soll Darwin einer dieser unpublizierten Skizzen den folgenden Satz beigefügt haben: »Der Baum des Lebens sollte vielleicht die Koralle des Lebens genannt werden« (Abb. 9.3). Das im Artenbuch (1859/1872) wiedergegebene Diagramm, aus dem wir die »fünf Darwinschen Theorien« abgeleitet haben (s. Abb. 3.4, S. 78), kann man als Baum oder Koralle interpretieren. Mit den 1866 von Ernst Haeckel publizierten anschaulichen Zeichnungen, die Stammesentwicklung verschiedener Organismengruppen darstellend, setzte sich dann aber das »Baum-Symbol« zur Beschreibung der Phylogenese der Lebewesen durch. Haeckel ist u. a. als Begründer der *Phylogenetik* (Analyse der evolutionären Verwandtschaftsbeziehungen der Organismen und Rekonstruktion derselben) in die Geschichte der Biologie eingegangen (Jahn 2002).

Das von Darwin und Haeckel begründete »Denken in hypothetischen Abstammungs-Bäumen« hatte leider auch *negative* Konsequenzen für die Weiterentwicklung der Evolutionsbiologie. Das heute längst widerlegte Dogma einer stetigen

»Höherentwicklung«, von der »niedersten« Mikrobe (Monera)
bis zum »höchstentwickelten« Menschen, der auch als »Krone
der Schöpfung« bezeichnet wurde, verfestigte sich im 20. Jahrhundert nicht nur im Bewusstsein vieler Laien, sondern wurde
darüber hinaus zu einer zentralen Parole der Kreationisten.
Evolutionsforscher wissen aber seit Langem, dass die Phylogenese nicht notwendigerweise in allen Abstammungslinien zu
immer komplexeren (»höheren«) Organismen geführt hat –
sonst gäbe es heute z. B. keine Bakterien und Einzeller mehr.
Alt-Darwinsche Begriffe wie »primitiv«, »höher« oder »Perfektionierung« existieren seit Jahrzehnten in der Evolutionsbiologie nicht mehr.

In seinem »Artenbuch« (1859/1872) kommt Darwin in der
Zusammenfassung seines Stammesentwicklungs-Kapitels (III)
auf den »Baum des Lebens« (*Tree of Life*) zu sprechen. Diese
Analogiebetrachtung, welche später Ernst Haeckel zur
Anfertigung entsprechender Zeichnungen motiviert hat (Abb.
9.4), soll hier im Original zitiert werden: ›The affinities of all
the beings of the same classes have sometimes been represen-
ted by a great tree. I believe this simile largely speaks the truth.
The green and budding twigs may represent existing species...
As buds give rise by growth to fresh buds, and these... branch
out... so by generation I believe it has been with the great Tree
of Life, which fills with its dead and broken branches the crust
of the earth, and covers the surface with its ever-branching and
beautiful ramifications.« (»Die Verwandtschaften aller Lebewesen derselben Klasse wurden manchmal als großer Baum
dargestellt. Ich glaube, dass diese Ähnlichkeit weitgehend der
Wahrheit entspricht. Die grünen und knospenden Zweige repräsentieren existierende Arten ... Da Knospen durch Wachstum
zu neuen Knospen führen und ... sich diese verzweigen ... glaube ich, dass es im Verlauf der Generationen wie in einem Baum
des Lebens zugegangen ist, der mit seinen toten und zerbrochenen Zweigen die Erdkruste füllt und die Oberfläche mit seinen
immer mehr verzweigenden, schönen Verästelungen überdeckt.«)

Das *Tree-of-Life-Web-Projekt*, versehen mit Darwins Schlüsselzitat, wurde vor einigen Jahren als weltweites, internationa-

Abb. 9.4: Reproduktion von Ernst Haeckels Stammbaum der Säugetiere unter Einbeziehung des Menschen. An der Basis zweigen die Kloakentiere (Monotremata) mit dem Schnabeltier (*Ornithorhynchus*) ab. Die Wale (Cetacea) werden als weiterentwickelte Flusspferde (*Hippopotamus*) interpretiert. Rüsseltiere (Proboscidea) stehen in der Mitte des Systems. Rechts oben ist als nächster Verwandter des Menschen der Gorilla angegeben.

les Kooperationsprojekt zahlreicher Evolutionsforscher im Internet etabliert. Das Ziel besteht darin, »Darwins Traum« von der Entschlüsselung, Rekonstruktion und bildlichen Darstellungen aller Zweige des gigantischen, Millionen von Arten umfassenden »Baums (bzw. Koralle) der Organismen« zu verwirklichen. Die Evolutionsforscher verwenden heute das Methodenarsenal der molekularen Phylogenetik. Die Grundlagen dieser Verfahren sind in den nächsten Abschnitten umrissen.

Chromosomen, Gene und Genome

Es sei vorab ausdrücklich hervorgehoben, dass die moderne Evolutionsbiologie neben der auf geochronologischen Datierungsverfahren basierenden Paläobiologie (s. Kapitel 6 und 7) und der Endosymbioseforschung (Kapitel 8) das umfassende Methodenarsenal der molekularen Phylogenetik einsetzt. Im Gegensatz zur Symbiogenese- und Paläo-Biologie können die komplexen, u. a. auf speziellen Computerverfahren aufbauenden Prinzipien der DNA-Analytik und der Erstellung molekularer Stammbäume (Phylogenien) nicht in wenigen Sätzen zusammengefasst werden. Allgemeine Grundlagen dieser Wissenschaftsdisziplin sind u. a. in Fachbüchern beschrieben, auf die hier verwiesen werden soll (Knoop und Müller 2006, Storch et al. 2007, Kutschera 2008 a).

Wie in Kapitel 3 dargelegt wurde, behandelte Darwin (1859/ 1872) das Problem der erblichen Variabilität in Populationen von Tieren und Pflanzen, ohne dass er die Grundprinzipien der Informationsweitergabe bei der zweigeschlechtlichen Fortpflanzung kannte (Mendelsche Gesetze, s. Kapitel 2 und 3). Erst nach 1900 wurde entschlüsselt, dass die »Mendelschen Erbfaktoren« auf fadenförmigen Strukturen, die nur in sich teilenden Zellen sichtbar werden, lokalisiert sind. Diese anfärbbaren Zellkern-Bestandteile werden als *Chromosomen* bezeichnet. Obwohl die hieraus abgeleitete Chromosomentheorie des genetischen Informationstransfers ein Quantensprung im Verständnis von Vererbungs(und somit Evolutions)-Vorgängen darstellte, kannte man bis 1940 die zu Grunde liegende Erb-Substanz nicht (s. Kapitel 3). Oswald T. Avery (1877 – 1955) und Mitarbeiter wiesen dann aber 1944 definitiv nach, dass das geheimnisvolle Erbmolekül nicht z. B. aus Eiweiß-Stoffen (Proteinen) besteht, wie man damals angenommen hatte, sondern die *Desoxyribonucleinsäure* (deoxyribonucleic acid, DNA) in den Kernen der Zellen der Organismen ist. Die Mendelschen Erbfaktoren liegen somit auf den Chromosomen innerhalb der Zellkerne. Diese so genannten Gene sind informationstragende Abschnitte auf der DNA. 1953 wurde die Doppelhelix-Struktur der DNA entdeckt (Modell von J. Watson und F. Crick) und das Prinzip der Informationsspeicherung im »Buchstaben-tragenden« (semantischen) Erbmolekül offengelegt (Abb. 9.5 A).

Die DNA gehört, wie die verwandte Ribonucleinsäure (RNA), zur Klasse der Nucleinsäuren. Dies sind langkettige Makromoleküle, die aus Grundbausteinen, den *Nucleotiden,* zusammengesetzt sind. Nucleotide sind wiederum aus drei Komponenten, einer stickstoffhaltigen heterocyclischen (Nucleo-) Base (b), einem Zucker (Z) und einer Phosphorsäure (P) aufgebaut, wobei als einziger Zucker in der DNA die Desoxyribose vertreten ist. Die Zucker-Phosphat-Bausteine bilden lange Ketten; jedem Zucker ist eine von vier Nucleo-Basen angehängt:

$$-P-Z(b1)-P-Z(b2)-P-Z(b3)-P-Z(b4)-P- \text{ etc.}$$

Die vier Nucleo-Basen (b1, b2, b3, b4) Adenin (A), Guanin (G), Thymin (T) und Cytosin (C) bilden im gegenläufig gedrehten Polynucleotid-Doppelstrang über zwei (bzw. drei) Wasserstoffbrücken jeweils ein Basenpaar aus (A – T bzw. G – C). Über diese H-Brücken entsteht in wässrigen Lösungen durch molekulare Selbst-Zusammenlagerung (*molecular self-assembly*) die Doppelhelix-Struktur. In der RNA ist die Nucleo-Base Thymin (T) durch Uracil (U) ersetzt.

Die Erbfaktoren (*Gene*) sind, allgemein formuliert, für spezifische Genprodukte (Proteine oder RNA-Moleküle) codierende Bereiche auf der mehrere Tausend Nucleotide umfassenden unverzweigten (linearen) DNA. Wir kennen heute das nahezu universelle »Vier-Buchstaben-Alphabet« (A, G, T, C), in welchem der erbliche Bauplan des Lebewesens gespeichert vorliegt, und können dieses entschlüsseln (Sequenz-Analytik). Bei der Umsetzung der genetischen Ausstattung (Genotyp) in die Erscheinungsform des Organismus (Phänotyp) wird gemäß der *Grundregel der Molekularbiologie* der Weg vom Informationsspeicher DNA über ein Übersetzungs-System (verschiedene RNA-Moleküle) in ein Genprodukt (z. B. Protein) eingehalten. Die *Proteine* des Bakterien-, Tier- und Pflanzenkörpers bestehen aus 20 Aminosäuren (z. B. Leucin), die jeweils von einem Basen-Triplett codiert werden (z. B. die Tripletts TTA und TTG codieren, gemäß dem genetischen Code, für Leucin). Ausnahmen von dieser Regel sind bekannt (z. B. erbliche DNA-Methylierungsmuster bei Pflanzen); diese widersprechen jedoch nicht dem Befund, dass die Umwelt über eine Wirkung auf die Protein-Ausstattung (Phänotyp) keinen Effekt auf das Erbgut (DNA-Sequenzen) des Organismus ausüben kann. Die klassische Lamarck-Darwinsche Theorie von der Vererbung erworbener Körpereigenschaften, die im Prinzip eine umweltabhängige Basensequenz-Modifikation postuliert, konnte eindeutig widerlegt werden. Es sei an dieser Stelle auf Darwins Pangenesis-Hypothese hingewiesen (s. Abb. 3.7, S. 86).

Das *Genom* eines Lebewesens setzt sich aus den Genen (codierende Bereiche auf der DNA) und den nicht für Genprodukte (Proteine, RNA-Moleküle) zuständigen DNA-Zwischenabschnitten zusammen. Die Funktion der nicht-codierenden DNA ist noch nicht im Detail geklärt – es könnte sich hierbei um einen »Vorrat« an DNA-Material zur Erzeugung neuer Gene oder um so genannte wertlose »Schrott-DNA« handeln. Erst Ende der 1970er-Jahre wurde definitiv erkannt, dass bei Eukaryoten (Tiere, Pflanzen) ein kleiner Teil des Gesamt-Genoms (weniger als 2 %) in zwei Zell-Organellen, den Mitochondrien und den Chloroplasten, deponiert ist. Wie bereits in Kapitel 8 dargelegt wurde, unterscheiden wir somit zwischen der Kern-, Mitochondrien- und Chloroplasten-DNA (nu-, mt- und c-DNA, s. Abb. 8.2, S. 234).

Genomgröße, Genzahl und organismische Komplexität

Zu dem inzwischen entschlüsselten Genom des Menschen (*Homo sapiens*) sollen in diesem Abschnitt die folgenden Daten aufgelistet werden. Das Human-Genom ist, wie das aller anderen Gewebetiere (Animalia), auf zwei Kompartimente der Eucyte verteilt: den Zellkern und die Mitochondrien.

1. *Zellkern* (Nucleus): Die nu-DNA liegt in Form eines diploiden (doppelten) Chromosomensatzes vor; 46 (2 x 23) Chromosomen, unterteilt in 44 Autosomen plus zwei Geschlechtschromosome (XX bei weiblichen und XY bei männlichen Individuen). In den Gameten (Eizellen, Spermien) ist der doppelte Chromosomensatz (2 n) halbiert (n), mit der Chromosomen-Ausstattung 22 + X oder 22 + Y. Bei der Befruchtung der Einzelle (Syngamie) entstehen aus den haploiden Gameten (n) diploide Zygoten (2 n), aus denen männliche oder weibliche Individuen hervorgehen: 44 + XX (Weibchen) oder 44 + XY (Männchen). Das Kern-Genom besteht insgesamt aus etwa 3,4 Milliarden (3 400 000 000) Basenpaaren (bp, A – T bzw. C – G), wobei weniger als 3 % der Sequenzen für Proteine bzw. RNA-Moleküle codieren. Etwa 97 % des Kern-Genoms besteht aus nicht-codierendem Erbgut, das dennoch von Generation zu Generation weitergegeben wird. Das Humangenom enthält nach derzeitiger Abschätzung etwa 18 600 bis 20 800 Protein-Gene.

2. *Mitochondrien* (Zell-Kraftwerke): Diese Organellen produzieren über 80 % des zur Aufrechterhaltung aller Lebensvorgänge notwendigen Adenosintriphosphats (ATP) und sind aus ehemals frei lebenden Alpha-Proteobakterien hervorgegangen (s. Kapitel 8). Mitochondrien sind von einer Doppelmembran umschlossen und enthalten ein rudimentäres Mikroben-Genom, das aus mehreren kleinen mt-DNA-Ringen pro Organelle mit jeweils etwa 16 600 bp Länge besteht. Die Mitochondrien-DNA enthält ca. 93 % codierende und etwa 7 % nicht-codierende Sequenzen (Kontroll-Region). Die codierende mt-DNA trägt insgesamt nur 37 Gene (13 Protein- und 24 RNA-Gene), die in erster Linie für Atmungsketten-Proteine (ATP-Produktion)

zuständig sind. Die beim Menschen im Detail analysierten 37 Mitochondrien-Gene konnten z. B. auch bei Eidechsen, Insekten, Blutegeln und Regenwürmern gefunden werden – ein unabhängiger Beweis für die gemeinsame Abstimmung dieser Gewebetiere über die »archaische« primäre Endosymbiose. Die Mitochondrien werden, wie auch die Chloroplasten, über die mütterliche Linie des Tier- bzw. Pflanzenkörpers (d. h. die Eizellen) vererbt (Kutschera 2008 a).

Nach dieser Darstellung der Verhältnisse beim Menschen sollen in Kurzform einige Organismen, mit der Genom-Größe und der abgeschätzten Zahl aller (Protein- und RNA-)Gene, aufgelistet werden:

Organismus	Genom-Größe (bp)	Zahl der Gene
Mensch (*Homo sapiens*)	3 400 000 000	ca. 25 000
Labormaus (*Mus musculus*)	2 600 000 000	ca. 25 000
Fruchtfliege (*Drosophila melanogaster*)	137 000 000	ca. 13 000
Fadenwurm (*Caenorhabditis elegans*)	97 000 000	ca. 19 000
Acker-Schmalwand (*Arabidopsis thaliana*)	100 000 000	ca. 25 000
Bäcker-Hefe (*Saccharomyces cerevisiae*)	121 000 000	ca. 6000
Bakterium (*Escherichia coli*)	46 000 000	ca. 3200
HIV-Virus	9700	9

Diese der Fachliteratur im Jahr 2008 entnommenen Daten zeigen, dass die Zahl der Gene (bzw. Größe des Genoms) nicht mit dem Komplexitätsgrad des betreffenden Lebewesens in direkter Beziehung steht. So weisen z. B. der Mensch, die Labormaus, der Fadenwurm und eine Pflanze (Acker-Schmalwand) etwa dieselbe Gesamt-Genzahl auf, obwohl die Genom-Größen sich um Größenordnungen unterscheiden. Die Bäcker-Hefe, ein einzelliger eukaryotischer Mikroorganismus, enthält etwa die doppelte Gen-Zahl verglichen mit einer Bakterienzelle. Dies belegt, dass die in Kapitel 8 im Detail besprochene Symbiogenese (primäre Endosymbiose) zu einer drastischen Zunahme intrazellulärer Komplexität beigetragen hat, womit letztendlich auch die Evolution vielzelliger Organismen ermöglicht wurde. Wie lässt sich vor dem Hintergrund dieser Befunde die Komplexität des Menschen (z. B. Gehirnstruktur) erklären? Wir gehen heute davon aus, dass nicht die Gen-Zahl, die sich z. B. zwischen Mensch, Schimpanse und Labormaus nicht unterscheidet, für die komplexeren Strukturen unserer Spezies verantwortlich ist, sondern jene Mechanismen, die für die Umsetzung der genetischen Information in Proteine zuständig sind (Regulation der Genexpression, Verarbeitung der Transkripte). Wie der Evolutionsforscher S. B. Carroll (2006) berichtet, hat man bei allen Organismen der Erde, von den hier nicht näher besprochenen Archaebakterien, über Eubakterien (*Escherichia coli*), die Bäcker-Hefe (*Saccharomyces cerevisiae*), die Pflanzen (*Arabidopsis thaliana*), bis zum Menschen, etwa 500 Gene entdeckt, die letztendlich für grundlegende Stoffwechselprozesse der Zelle verantwortlich sind. Diese »unsterblichen Gene« haben sich seit dem Ursprung der ersten Zellen (vor ca. 3500 Mio. J.) kaum verändert. Sie stellen das Minimal-Genom einer hypothetischen Ur-Zelle dar, wie sie zu Beginn des Lebens auf der Erde existiert haben muss. Nach diesem Exkurs kehren wir wieder zum »Affe-Mensch-Problem« zurück.

Der Mensch und seine nächsten Affen-Verwandten

Der in Abb. 9.1 reproduzierte Darwin-Cartoon ist, gemeinsam mit dem Stammbaum von Haeckel (Abb. 9.4), ein Dokument aus der Geschichte der Deszendenzforschung, dem eine besondere Bedeutung zukommt. Die im 19. Jahrhundert erarbeiteten Fakten zur Anatomie und dem Verhalten der damals bekannten beiden schwanzlosen Menschenaffenarten Gorilla (*Gorilla gorilla*) und Schimpanse (*Pan troglodytes*) führten zur allgemeinen Schlussfolgerung, dass der nächste lebende Verwandte des

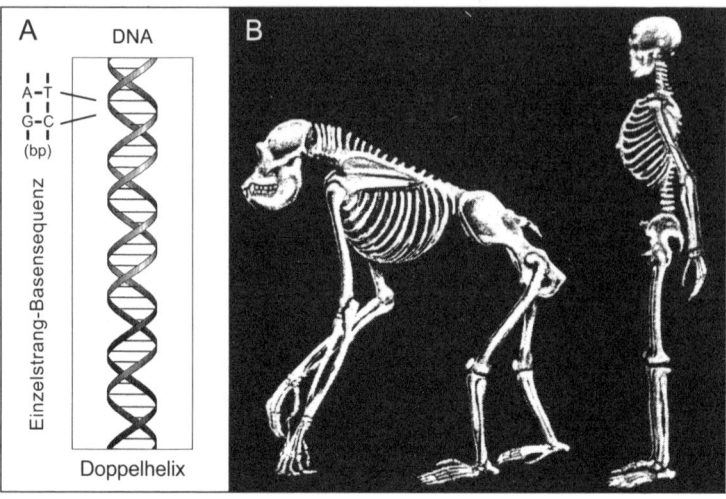

Abb. 9.5: Doppelhelix-Struktur des Erbmoleküls DNA mit den Nucleo-Basen Adenin (A), Guanin (G), Thymin (T), und Cytosin (C), die jeweils ein Basenpaar (bp) bilden (A). Einander entsprechende (homologe) DNA-Abschnitte (Einzelstränge) von Gorilla und Mensch zeigen nahezu identische bp-Abfolgen (s. Abb. 9.6 A). Die Skelette der Großsäuger Gorilla (links) und Mensch (rechts) lassen sich ebenfalls homologisieren, obwohl es deutliche Unterschiede in den Körperproportionen gibt (B).

Menschen der Gorilla und nicht der Schimpanse sei. In Abb. 9.5 B sind die Knochengerüste eines Gorillas und eines Menschen nebeneinander abgebildet. Es wird deutlich, dass die Skelettelemente (z. B. Unterarmknochen) dieser Herrentiere (Primaten) einander bezüglich ihrer Struktur und Lage im Gefügesystem entsprechen: sie sind homolog (abstammungsverwandt, s. Kapitel 7). In analoger Weise kann man die DNA-Sequenzen (Abb. 9.5 A) homologer Gene verschiedener Organismen vergleichend gegenüberstellen. Derartige Sequenz-Analysen für zahlreiche Protein-Gene haben gezeigt, dass Mensch und Schimpanse die nächsten lebenden Verwandten sind (die durchschnittliche Sequenzidentität, d. h. der Homologie-Grad liegt bei 98 %), während der Gorilla geringfügig weiter entfernt steht. In Abb. 9.6 A sind die DNA-Sequenzen für einen 250 bp langen Gen-Abschnitt (nu-DNA) von Mensch, Schimpanse und Goril-

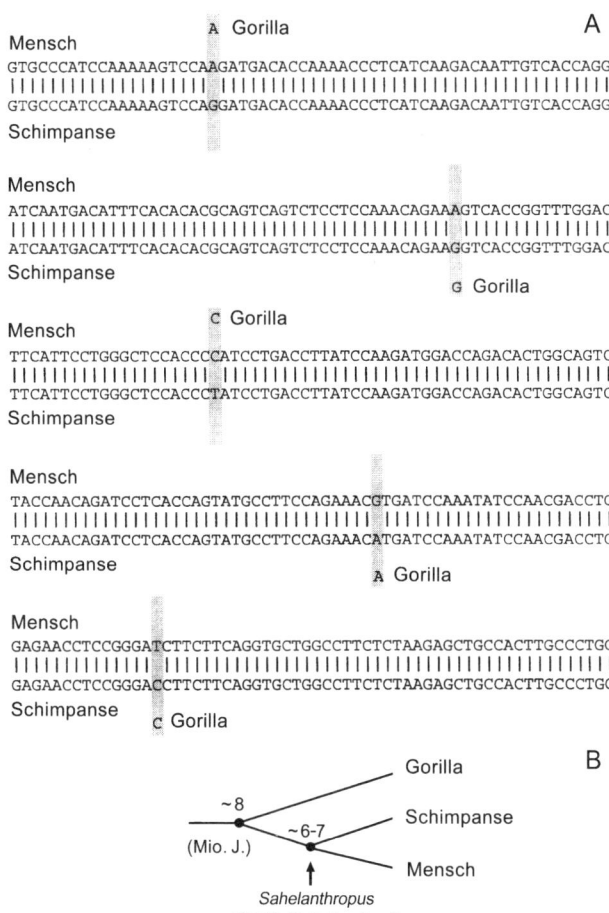

Abb. 9.6: Vergleich der DNA-Sequenzen (Einzelstränge) eines Kern (nu)-Gens, das für das Hormon Leptin codiert (Botenstoff zur Regulation des Fettstoffwechsels) (A). Bei den 250 Basenpaaren gibt es zwischen Mensch und Schimpanse nur 5 Unterschiede (98 % Sequenz-Identität). Beim Gorilla sind im Vergleich zum Menschen 3 Basenpaar-Austausche zu verzeichnen. A, G, T, C = Nucleo-Basen Adenin, Guanin, Thymin und Cytosin der DNA-Einzelstränge (s. Abb. 9.5 A). Ein aus DNA-Sequenzdaten abgeleiteter evolutionärer Stammbaum (molekulare Phylogenie) der Spezies Gorilla, Schimpanse und Mensch zeigt, zu welchen Zeitpunkten die Abstammungslinien auseinandergewichen sind (Divergenz-Zeiten, Einheit: Millionen Jahre, Mio. J.). Eine fossile Zwischenform (*Sahelanthropus*) ist eingezeichnet (Pfeil) (B) (nach Ayala, F. J. et al.: *Science, Evolution and Creationism. National Academy of Sciences*. Washington, 2008).

la übereinander dargestellt (Einzelstrang-*Sequence alignment*). Es wird deutlich, dass die drei Primaten in diesem Bereich des Kern-Genoms zu etwa 98 % identisch sind (max. 5 von 250 Nucleo-Basen des betreffenden Gens unterscheiden sich voneinander).

Aus derartigen Sequenz-Homologiedaten, die über unzählige Generationen-Abfolgen ererbte Informationen zur Abstammung der betreffenden Arten tragen, können mit Computerverfahren DNA-Stammbäume erstellt und die Zeit, als der letzte gemeinsame Vorfahre gelebt hat, errechnet werden (Prinzip der molekularen Uhr) (Abb. 9.6 B). Umfassende Erbgut-Untersuchungen haben seit etwa 1985 ergeben, dass 1. alle rezenten Menschen der Erde aus Afrika stammen, wo Schimpanse und Gorilla noch heute leben, 2. der letzte gemeinsame Vorfahre von Mensch und Schimpanse vor etwa 7 – 6 Millionen Jahren in Afrika gelebt hat, wobei wir mit dem »Affe-Mensch«-Skelettfragment *Sahelanthropus* eine fossile Zwischenform kennen, 3. jene evolutionäre Abstammungslinie, die zum Gorilla geführt hat, vor etwa 8 Mio. J. abzweigte, 4. Mensch und Schimpanse näher miteinander verwandt sind als Gorilla und Schimpanse und 5. alle ethnischen Gruppen innerhalb der Biospezies *Homo sapiens* (Menschenrassen) über einzelne Auswanderungswellen aus einer etwa 150 000 Jahre alten afrikanischen Ur-Population hervorgegangen sind (*Out-of-Africa*-Modell der Humanevolution, s. Benton 2005, Junker 2006, Storch et al. 2007, Kutschera 2008a).

Die von Charles Darwin in seinen Werken zur Abstammung des Menschen (1871) und den Emotionen bei Mensch und Tier (1872) postulierte Hypothese vom afrikanischen Ursprung des modernen *Homo sapiens* konnte somit über DNA-Sequenzdaten (molekulare Phylogenien), kombiniert mit geochronologisch datierten Fossilfunden, bestätigt werden (s. Kapitel 4). Bezüglich der Abstammung des Menschen hatten Darwin und Haeckel daher *im Prinzip* recht, obwohl sie sich *im Detail* geirrt haben (der Schimpanse und nicht der Gorilla ist der nächste lebende Verwandte des Menschen, vgl. Abb. 9.4 rechts oben mit der Abb. 9.6 B).

Elefanten, Wollhaar-Mammuts, Mastodons und Menschen

In Kapitel 3 hatten wir den qualvollen Elefanten-Hungertod durch vorzeitigen Verbrauch des Schmelzes des letzten Backen-zahn-Paars (Molaren) bei diesen vegetarisch lebenden, sensiblen Rüsseltieren kennengelernt (s. S. 99). Dieses drastische Beispiel für »un-intelligentes Design« in der Natur hätte Charles Darwin sicherlich interessiert; noch spannender wäre für ihn allerdings die sensationelle »Mastodonzahn-DNA-Geschichte« gewesen, die nachfolgend auf Grundlage einer Original-For-schungsarbeit referiert werden soll (Rohland et al. 2007).

Im Jahr 1999 wurde in Nord-Alaska in einer Zwischeneis-zeit-Sedimentschicht aus dem Pleistozän (Alter ca. 130 000 bis 50 000 Jahre) der Zahn eines ausgestorbenen Rüsseltiers gefun-den, das eindeutig der Art *Mammut (= Mastodon) americanum* zugeordnet werden konnte. Das Amerikanische Mastodon (*M. americanum*) lebte bis vor etwa 10 000 Jahren in Nordamerika und gehört in die ausgestorbene Familie der Echten Masto-donten (Mammutidae), die nicht mit den viel bekannteren Wollhaar-Mammuts (Gattung *Mammuthus*) verwechselt wer-

Abb. 9.7: Rekonstruierte Rüsseltiere (Säuger-Ordnung Proboscidea), die vor etwa 10 000 Jahren ausgestorben sind. Amerikanisches Mastodon (*Mastodon = Mammut americanum*) (A) mit vier und Wollhaar-Mammut (*Mammuthus pri-migenius*) (B) mit zwei Stoßzähnen. Auf dem Buchcover sind in der oberen Bildreihe beide Arten nebeneinanderstehend abgebildet.

den dürfen (Abb. 9.7 A, B). In Kapitel 3 wurde bereits die Evolution der Mastodonten erwähnt und eine hypothetische Ahnenreihe, aus der die phylogenetische Entwicklung des Rüssels deutlich wird, dargestellt (s. Abb. 3.14, S. 101).

Die Wollhaar-Mammuts sind nahe Verwandte der lebenden Elefanten (Familie Elephantidae). Das Amerikanische Mammut wird hingegen in eine eigene Säuger-Familie gestellt (Mammutidae), die durch eine andere Körpergestalt gekennzeichnet ist. Der oben erwähnte Mastodon-Zahn war, zusammen mit zahlreichen Knochenfragmenten von derselben Fundstelle, über Jahrtausende hinweg in den oben beschriebenen »Permafrost-Sedimenten« eingelagert und daher nach der Bergung trotz seines hohen Alters gut erhalten. Aus dem Zahn konnte weitgehend intaktes Erbmaterial isoliert und nach Analyse der Nucleinsäuren das gesamte mitochondriale Genom (mt-DNA) sequenziert werden. Mit 16 469 bp Länge und den für andere Säugetiere, Regenwürmer, Blutegel usw. charakteristischen 37 Genen ist das mt-Genom des ausgestorbenen Mastodon (Abb. 9.7 A) etwa so groß wie jenes lebender Elefanten und ausgestorbener Wollhaar-Mammuts, deren mt-DNA ebenfalls sequenziert wurde. Über Computerverfahren konnten die Evolutionsforscher unter Rückgriff auf das Prinzip der »molekularen Uhren« die betreffenden Divergenz-Zeiten errechnen und eine Phylogenie für fünf Rüsseltier-Arten ableiten. Wie Abb. 9.8 zeigt, lebte der letzte gemeinsame Vorfahre des Amerikanischen Mastodons und der »Verwandtschaftsgruppe ausgestorbene Wollhaar-Mammuts/rezente Elefanten« vor etwa 26 (24 – 28) Mio. J. (Divergenz-Zeit). Paläobiologen entdeckten eine fossile Zwischenform, welche diese beiden evolutionären Abstammungslinien miteinander verbindet. Das Forscherteam J. Shoshani et al. (2006) berichtete, dass vor 26,8 ± 1,5 Mio. J. eine kleinwüchsige »Elefanten-Mastodon-Mischform«, die u. a. eine intermediäre Zahnmorphologie aufgewiesen hat, in Afrika lebte. Dieses *Connecting Link* der Rüsseltier-Evolution wurde *Eritreum melakeghebrekristosi* genannt, wobei der Gattungsname nach dem Land und der lange Artname nach dem afrikanischen Bauern, der dieses Fossil in Eritrea gefunden hat, benannt wurde. Wie bei der Evolution der Großaffen und Men-

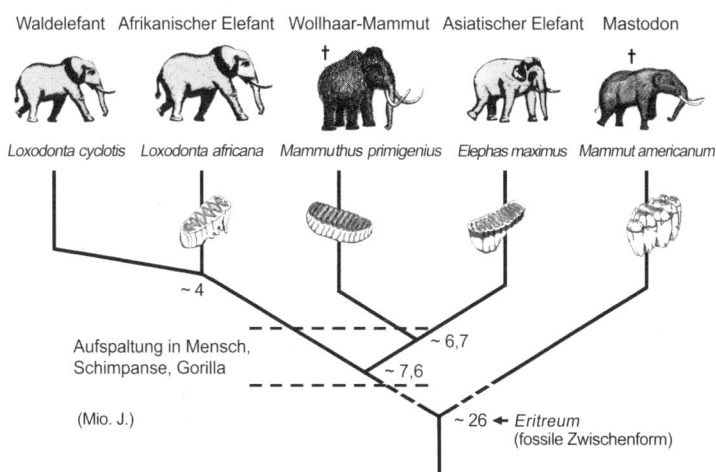

Abb. 9.8: Schematische Darstellung eines aus DNA-Sequenzdaten (mt-Genom) abgeleiteten evolutionären Stammbaums der Spezies Waldelefant, Afrikanischer Elefant, Wollhaar-Mammut und Asiatischer Elefant, mit dem Amerikanischen Mastodon als Außengruppe. Die nackten Rüsseltiere existieren noch heute, während die behaarten Mammuts und Mastodons vor etwa 10 000 Jahren ausgestorben sind. Art-typische Backenzähne (Molaren) sind mit abgebildet. Die Divergenz-Zeiten (d. h. Zeiträume, in denen eine Aufspaltung der Populationen erfolgt ist) sind in Millionen Jahren (Mio. J.) vor heute angegeben. Eine fossile Zwischenform (*Eritreum*) wurde in die Graphik aufgenommen (Pfeil). Die Art-Aufspaltungen vor etwa 7,6 und 6,7 Mio. J. verliefen zeitgleich mit der Separation einer Affe-Mensch-Urform in heutige Menschen, Schimpansen und Gorillas (nach Rohland, N. et al.: *PLoS Biology* 5, 1663 – 1671, 2007).

schen, wo die molekularen Divergenz-Zeiten und die fossile »Affe-Mensch-Zwischenform« *Sahelanthropus* in guter Näherung zueinanderpassen, ergab sich auch bei der Erforschung der Abstammung unserer Rüsseltiere eine Übereinstimmung zwischen dem DNA-Stammbaum und den Fossilfunden (molekulare Divergenz-Zeit ca. 26 Mio. J.; die fossile Zwischenform *Eritreum* lebte vor ca. 27 Mio. J.).

Eine Analyse der Elefanten-Mammut-Evolution (Abb. 9.8) zeigt, dass es vor etwa 7,6 (6,6 – 8,8) und 6,7 (5,8 – 7,7) Mio. J. jeweils zu Art-Aufspaltungen gekommen ist. Unsere heutigen noch lebenden Spezies, der Afrikanische Elefant (*Loxodonta africana*), der Asiatische Elefant (*Elephas maximus*) und der hiermit verwandte ausgestorbene Wollhaar-Mammut (*Mammuthus primigenius*) müssen aber als letzte Überreste einer ehemals formenreichen Rüsseltier-Artengruppe betrachtet werden. Der etwas kleinere Waldelefant (*Loxodonta cyclotis*) zweigte vor etwa 4 Mio. J. von seiner Stammart *L. africanum* ab und gilt heute als eigene, reproduktiv isolierte Säuger-Spezies.

Da die Aufspaltung einer urtümlichen »Affe-Mensch«-Zwischenform in die drei Arten Gorilla, Mensch und Schimpanse in Afrika im selben Zeitraum erfolgt ist (Divergenz-Zeiten etwa 8 bzw. 7 – 6 Mio. J., s. Abb. 9.6 B), muss geschlossen werden, dass es vor 8 – 6 Mio. J. auf dem afrikanischen Festland spezielle Selektionsbedingungen gegeben hat, die in beiden Säuger-Abstammungsreihen eine simultane Arten-Separation verursachte. Wir wissen, dass es in dieser Zeit zu drastischen Umweltänderungen gekommen ist, wobei u. a. große Grasflächen (Savannen) entstanden sind. Evolutionsforscher gehen daher davon aus, dass die unbehaarten Menschen sowie die ebenfalls nackthäutigen Elefanten zeitgleich unter denselben natürlichen Auslesebedingungen in Afrika entstanden sind. Darwins Hypothese vom afrikanischen Ursprung des Menschen konnte somit, wie bereits oben gesagt, gut belegt werden. Von der simultanen Entstehung der Wollhaar-Mammuts und Elefanten im gleichen Lebensraum unter Wirkung derselben Selektionsbedingungen konnte Darwin allerdings nichts wissen.

Es gilt heute als wahrscheinlich, dass unsere Vorfahren vor etwa 10 000 Jahren durch intensive Bejagung die letzten Wollhaar-Mammut- und Mastodon-Populationen zum Aussterben gebracht haben. Als Alternative zu diesem vermuteten, durch den Menschen verursachten »Overkill«-Szenario wird von manchen Paläobiologen der dokumentierte Klimawandel gegen Ende der letzten Eiszeit als Auslöser des Aussterbens angenommen. Eine definitive Antwort auf die Frage, warum die Großsäuger mit Beginn des Holozän weltweit ausgestorben sind, kann derzeit nicht gegeben werden.

Das australische Schnabeltier: Eine Bauplan-Zwischenform

Als man im frühen 19. Jahrhundert in den Flussregionen des östlichen Australiens und in Tasmanien die ersten Exemplare des Schnabeltiers (*Ornithorhynchus anatinus*) fand und wenig später einzelne ausgestopfte Tiere nach Europa brachte, glaubten die Biologen, ein phantasiebegabter Präparator hätte aus Einzelteilen eine künstliche »Witzfigur« zusammengebastelt. Die bis 60 cm langen »Enten-Maulwürfe« sind Fell tragende, warmblütige Wirbeltiere (Körpertemperatur ca. 32 °C), die, wie echte Säuger, allerdings ohne Zitzen, Milch absondern, lederartige Reptilien-Eier ablegen und sich mit Giftdrüsen über einen spitzen Sporn gegen Feinde wehren. Mit einem zahnlosen, weichen Hornschnabel, wie ihn heutige Vögel im Gesicht tragen, ernähren sich die tauchend-gründelnden Mischwesen am Boden der Flüsse von Kleintieren, ganz ähnlich wie es unsere Teich-Enten tun. Bei der Unterwasser-Jagd werden die Beutetiere (Krebse, Ringelwürmer) mit einem hoch spezialisierten

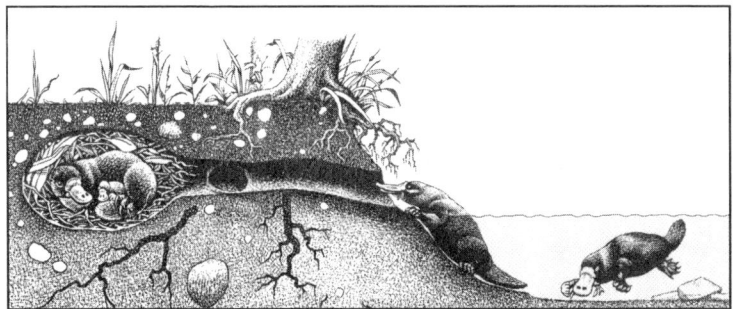

Abb. 9.9: Lebensweise des Australischen Schnabeltiers (*Ornithorhynchus anatinus*) im natürlichen Habitat. Die urtümlichen Säuger ernähren sich, ähnlich wie Enten, von Kleintieren, die unter Wasser erbeutet werden. Der Bau mit Endkammer wird von den brütenden Weibchen angelegt, wobei der Eingang immer über dem Wasserspiegel liegt. Die Brutkammer wird fürsorglich mit feuchten Laubblättern ausgelegt, um die Eier und die später am Mutterleib trinkenden Jungtiere vor Verletzungen und Austrocknung zu schützen (nach Bergamini, D.: *The Land and Wildlife of Australia*. New York, 1964).

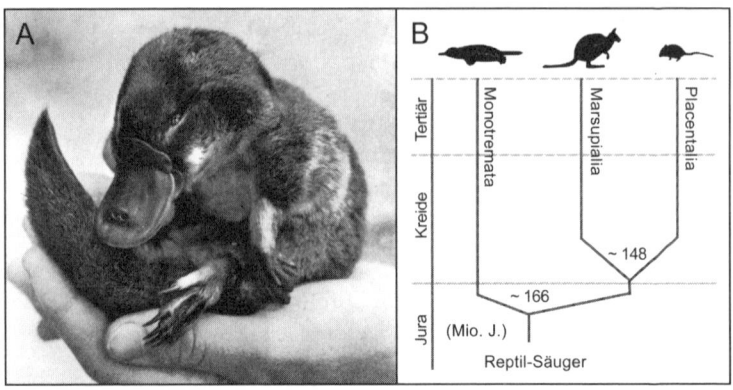

Abb. 9.10: Foto eines jungen Schnabeltier-Weibchens, das 1958 von Australien nach New York exportiert wurde. Da man die natürlichen Lebensbedingungen in Zoologischen Gärten nicht nachahmen konnte, starb das Tier ein Jahr später (A). Stammbaum der Säugetiere (Klasse Mammalia), basierend auf Fossilfunden und DNA-Sequenzdaten. Die Monotremata (Eier legende urtümliche Säugetiere) sowie lebend gebärende Marsupialia (Beuteltiere) und Placentalia (Placentatiere) sind durch repräsentative Arten dargestellt (nach Warren, W.C.: *Nature* 453, 175 – 184, 2008).

Elektro-Rezeptorsystem detektiert, das in dieser Form bei anderen Wirbeltieren unbekannt ist (MacDonald 2001).

Die versteckt lebenden, nachtaktiven Schnabeltiere legen einen Bau mit gewundenen Gängen an, an deren Ende eine mit Eukalyptus-Blättern ausgekleidete Bruthöhle liegt, in der die Eier abgelegt und die geschlüpften Jungtiere mit abgesonderter Muttermilch ernährt werden. Von einem »Säugen« kann bei dieser Form der Brutpflege nicht gesprochen werden, da die Milch von Hautdrüsen in Form einzelner Tropfen in das Bauchfell sezerniert und dort von den Jungen aufgeleckt wird. Neben dem Schnabeltier (Abb. 9.9, 9.10 A) lebt in Australien noch ein zweiter Eier legender primitiver Säuger der Unterordnung Monotremata (Kloakentiere), der Schnabeligel mit verwandten Arten. Auf diese interessanten Tiere kann hier nicht eingegangen werden.

Zwei berühmte Vorgänger von Charles Darwin, die französischen Naturforscher E. Geoffroy Saint-Hilaire (1772–1844) und

J.-B. de Lamarck (1744 – 1829) (s. Abb. 3.2, S. 72) untersuchten um 1810 nach Europa importierte Schnabeltiere und zogen die Schlussfolgerung, dass die behaarten, jedoch Zitzen-losen »Entenschnabel-Wasserratten« primitive Ur-Säugetiere (Prototheria) sein könnten. Erst 1884 wurde definitiv nachgewiesen, dass Schnabeltiere Eier legen und ihre Jungen über abgesonderte Muttermilch ernähren: Die scharfsinnige Lamarcksche »Prototheria-Hypothese« war mit diesen Beobachtungen belegt (McDonald 2001).

Darwin ist in einem Tagebucheintrag vom Januar 1836 auf das Schnabeltier, das er in Australien beobachten konnte, eingegangen: »A disbeliever in anything beyond his own reason, might exclaim: Surely two distinct creators must have been at work« (»eine Person, die nur ihrem eigenen Verstand folgt, könnte ausrufen: Hier müssen gewiss zwei verschiedene Schöpfer am Werke gewesen sein«). Diese Bemerkung ist interessant, weil sie belegt, dass der 27-jährige examinierte Theologe damals offensichtlich seinen Schöpfungsglauben noch nicht abgelegt hatte. Wir wissen aus anderen Quellen, dass Darwin während seiner Weltreise noch regelmäßig in der Bibel las, was ihm spöttische Bemerkungen von Seiten des technischen Personals der *H.M.S. Beagle* eingebracht hat.

Das Schnabeltier ist, wie oben dargelegt, »von außen« betrachtet (Phänotyp) als Bauplan-Mischform, bestehend aus einem Enten-Vogel (Schnabel, Schwimmhäute), einem Reptil (lederartige Eier, Giftdrüsen) und einem Säugetier (Fell, Milch-Absonderung), zu interpretieren. Im Jahr 2005 wurden die Geschlechts-Chromosomen von *Ornithorhynchus* analysiert. Das seltsame Tier besitzt nicht die für Säuger typischen zwei (XX oder XY für weibliche bzw. männliche Individuen), sondern zehn das Geschlecht festlegende Chromosomen. Auf einem dieser Geschlechts-Chromosomen wurde ein für Vögel typisches Gen entdeckt, was wiederum die Verwandtschaft des Schnabeltiers mit urtümlichen Vertretern der Aves (bzw. Reptilien wie Raub-Dinosauriern) belegt.

Im Mai 2008 wurde das vollständige, etwa 18 500 Protein-Gene umfassende Genom des Schnabeltiers publiziert und auf Grundlage eines geochronologisch datierten Stammbaums der evolutionäre Ursprung dieses seltsamen amphibisch lebenden Wirbeltiers rekonstruiert (Abb. 9.10 B). Die Analyse des Genotyps von *Ornithorhynchus* ergab, dass im Erbgut dieses australischen »Primitiv-Säugers« Gene, wie sie bei heutigen Reptilien, Vögeln und Säugetieren zu finden sind, nebeneinander vorliegen. So fanden die Evolutionsforscher im Schnabeltier-Genom z. B. Gene für spezielle Mikro-RNAs (Reptilien-Merkmal), Gensequenzen für das »Vogel-Eiweiß«-Protein Vitellogenin (Vogel-Merkmal) und DNA-Abschnitte für das Milchprotein Casein (Säuger-Merkmal) (Brown 2008). Der Misch-Phänotyp von *Ornithorhynchus* – eine »Eier legende, mit Entenschnabel und Bieberschwanz versehene Wasserratte« – ist somit auch auf dem Niveau des Genotyps ausgeprägt.

Die Reptilsäuger der Trias-Periode (s. Abb. 7.11, S. 216) stehen am Anfang der Evolution der Mammalia (Kemp 2005, 2007). Diese Abstammungsfolge lief vor mindestens 166 Mio. J. (späte Jura-Periode) auseinander: Eine Linie evolvierte zu den lebend gebärenden Marsupialia und den Placentalia (Beutel- und Placenta-Säuger); die zweite evolutionäre Generationen-Reihe führte zu den Monotremata (Eier legende, urtümliche Säuger, die auch als Kloakentiere bezeichnet werden) (Abb. 9.10 B).

Aus diesen Befunden können wir die folgenden allgemeinen Schlussfolgerungen ziehen. Das Schnabeltier ist, wie von Lamarck um 1810 vorhergesagt, als urtümliches Säugetier bzw. als »Relikt aus der Frühzeit der Evolution der Mammalia« zu interpretieren. Der eigentümliche Vogel-Reptil-Säuger-Bauplan ist auch auf dem Niveau der Gene niedergeschrieben. Das Genom rezenter Lebewesen ist daher in der Tat ein »DNA-Archiv«, in dem die evolutionäre Geschichte jedes Individuums niedergelegt ist. Das in Abb. 9.9 und 9.10 A dargestellte amphibische Bauplan-Mischwesen *O. anatinus* ist der letzte Vertreter einer ehemals artenreicheren Gruppe urtümlicher Säuger, die – ähnlich wie die Krokodile – über Jahrmillionen hinweg in Flüssen und Tümpeln in ihren Nachkommen von Generation zu Generation überlebt haben. Das trockene Festland haben Schnabeltiere allerdings nie besiedelt. Die verborgene, amphibisch-räuberische Lebensweise des nachtaktiven Schnabeltiers, das auf Dauer nur schwer in Gefangenschaft kultiviert werden kann, dokumentiert die speziellen Lebensbedingungen dieses letzten Nachkommen einer »primitiven«, uns heute fremdartig erscheinenden Reptil-Vogel-Säugergruppe aus dem fernen Erd-mittelalter (Jura-Periode, als der ausgestorbene Ur-Vogel *Archaeopteryx* noch seine Segelflüge vollzog und die großen Dinosaurier das Festland beherrschten).

Darwins Selektionsprinzip und DNA-Sequenzanalysen: Ein Widerspruch?

Seit der Entdeckung der Erbsubstanz DNA und der um 1980 etablierten Protein- bzw. Gen-Sequenzanalytik wurde immer wieder gesagt, die molekularbiologischen Forschungsergebnisse hätten das Darwin-Wallace-Prinzip der natürlichen Selektion widerlegt. In »Sachbüchern«, die seit Jahren mit Titeln wie z. B. *Abschied vom Darwinismus, Darwins Irrtum, Die Evolutions-lüge* usw. auf dem Buchmarkt erscheinen, wird von den nicht in der Evolutionsforschung ausgewiesenen Autoren behauptet, die natürliche Auslese in variablen Tier- und Pflanzen-Popula-tionen sei ohne Relevanz für die »Schaffung« neuer Arten und Organismen-Baupläne. Wie u. a. der amerikanische Evolutions-biologe S. B. Carroll (2006) im Detail dargelegt hat, ist diese verbreitete Ansicht unzutreffend: Die DNA-Sequenzen der Organismen der Erde stellen ein unermesslich großes Archiv der durch natürliche Ausleseprozesse geformten, an die jeweili-ge Umwelt angepassten Arten dar. Unter Einsatz spezieller Methoden ist es heute möglich, die natürliche Selektion selbst auf dem Niveau einzelner Gene nachzuweisen (Carroll 2006, Klingsolver und Pfennig 2007). Wir wollen diese wichtige Grundregel anhand der hier referierten Beispiele nochmals ver-deutlichen.

Der von Ernst Haeckel (1866) gezeichnete Stammbaum der Säugetiere (Abb. 9.4) wurde auf Grundlage der damals verfüg-baren morphologisch-anatomischen Befunde erarbeitet. An der Basis von Haeckels Säugetier-Stammbaum (Wirbeltierklasse Mammalia) zweigen die »Ur-Säuger«, wie z. B. das Schnabeltier, ab. Die Genom-Analytik hat diese erstmals von Lamarck formulierte Proto-Mammalia-Hypothese bestätigt (Abb. 9. 10 B). Weiterhin stellt Haeckel (1866) die Walartigen (Ordnung Cetacea, d. h. Wale und Delphine) als Nachkommen gewisser Flusspferde dar (*Hippopotamus*). Molekularphylogenetische Studien haben, kombiniert mit Fossilfunden, diese Haeckelsche Abstammungshypothese glänzend bestätigt: Die heute Extremitäten-losen Wale sind im Känozoikum (Eozän) aus urtümlichen, vierbeinigen Flusspferd-Verwandten hervorgegangen (Zwischenform *Ambulocetus*, s. Kutschera 2008 a).

Die Rüsseltiere (Ordnung Proboscidea) wurden bei Haeckel (1866) als relativ »weit oben« stehende und daher »hoch entwickelte« Säuger dargestellt, und der Mensch mit Gorilla und Schimpanse »rechts oben« als die »Kronen der Schöpfung« eingezeichnet. Die moderne DNA-Analytik hat Haeckels vermuteten *Homo-Gorilla-Troglodytes* (Schimpanse)-Verwandtschaftskreis eindeutig belegt (Abb. 9.6 A, B), wobei wir in diesem Zusammenhang über die oben diskutierten Details hinwegsehen wollen (Schimpanse als nächster lebender Verwandter des Menschen).

Führende Evolutionsforscher (z. B. Meyer und Zardoya 2003, Carroll 2006, Donoghue und Benton 2007) haben hervorgehoben, dass molekulare Analysen (DNA-Stammbäume) die aus paläontologischen und morphologisch-anatomischen Befunden abgeleiteten evolutionären Verwandtschaftsverhältnisse verschiedener Organismengruppen *im Prinzip* bestätigt haben, obwohl es in manchen *Details* Diskrepanzen gibt. Diese Differenzen in den Interpretationen »klassischer« und »molekularer« Datensätze (DNA-Sequenzen) liegen in der Natur der wissenschaftlichen Hypothesen- und Theorienbildung begründet. Es werden Modelle rekonstruiert, die im Lichte neuer Erkenntnisse revidier- und erweiterbar sind. Dies soll allerdings nicht bedeuten, dass es nicht auch abgesicherte Erkenntnisse gäbe, die jenseits aller vernünftigen Zweifel zu unserem bleibenden Wissen zählen (z. B. das Erdalter; das Andersartigwerden der Organismen im Verlauf der Jahrmillionen; die Abstammung der Mammalia von Reptil-Säugern usw.).

Fazit: Zwischen den Prinzipien, die Darwin (1859/1872) in Form seiner fünf Theorien formuliert hat, und der modernen »Gen-Forschung«, gibt es keine grundsätzlichen Widersprüche.

Das Gegenteil ist der Fall: Darwins Thesen wurden durch molekularbiologische Resultate in allen wesentlichen Punkten bestätigt (Carroll 2006). Der *Tree of Life*, hier in Form einer Koralle veranschaulicht (Abb. 9.3 B), wird daher nahezu ausschließlich auf Grundlage einzelner DNA-Stammbäume erarbeitet. Unsere evolutionäre Geschichte ist in unserem Genom, das wir über unvorstellbar lange Generationen-Abfolgen von unseren Ur-Ahnen, Ahnen und Eltern übernommen haben, niedergeschrieben. Dieses »DNA-Archiv« wird daher zur Rekonstruktion der Verwandtschaftsverhältnisse der Organismen weltweit von Forschergruppen analysiert und irgendwann einmal zur Verwirklichung von »Darwins Traum« führen (Rekonstruktion eines kompletten, gigantischen Stammbaums, der sämtliche rezente Arten der Biosphäre einschließt).

10. Das Synade-Modell: Eine integrative Theorie zu den Antriebskräften der Makroevolution

Am 31. Juli 2007, als ich dieses abschließende Kapitel in einer ersten Rohversion entworfen hatte, erhielt ich wieder einmal ein ausführliches »Anti-Kutschera-Schreiben«, in welchem u. a. der populäre Satz »Evolution ist nur eine Theorie« in verschlüsselter Form enthalten war. Nach einer ausführlichen Begründung, warum der Kreationismus in Deutschland *kein* Problem sei, äußerte sich der Autor dieser Anklageschrift, ein Politologe aus Berlin, wie folgt: »Problematisch ist vielmehr der (von Ihnen propagierte) Anti-Kreationismus, der seine quasireligiösen Strukturen nur noch schwer verstecken kann. Zwar steht die Evolutionstheorie auf recht sicherem Fundament; das bezweifeln nur die wenigsten. Doch kann man deshalb behaupten, sie sei eine Tatsache, wie das viele ihrer Befürworter tun? Eine maßlose Behauptung mit Folgen: Erst dieser Dogmatismus nämlich, der Anspruch, dass die Theorie jedweder Diskussion entzogen ist, eröffnet den Raum für kreationistisches Gedankengut und ganz allgemein für alle, die den Absolutheitsanspruch der Evolutionstheorie zurückweisen.«

Wie das in der Einleitung wiedergegebene Zitat (s. S. 15) sind auch diese Ausführungen für einen im Freiland und Labor arbeitenden Biologen unakzeptabel. In Kapitel 2 wurde dargelegt, dass wir seit nahezu 200 Jahren über eine klar umschriebene Methodik des naturwissenschaftlichen Erkenntnisgewinns verfügen, die z. B. in deutschsprachigen Fachbüchern zusammenfassend dargestellt ist (Bunge und Mahner 2004, Mohr 2008, Kutschera 2008 a).

Aus Fakten (Dokumente, experimentelle Befunde) werden Hypothesen und Theorien abgeleitet, die reale Sachverhalte erklären sollen. Der Unterschied zwischen dem Dokument/ Experiment, den daraus gewonnenen objektiven Daten und einer die Zusammenhänge erklärenden Theorie ist dem

Politologen offensichtlich unbekannt geblieben. Weiterhin scheint ihm nicht klar zu sein, dass es in den Naturwissenschaften keine feststehenden Glaubenssätze (Dogmen) gibt und die Evolutionsbiologie, die zahlreiche Theorien umfasst, ein offenes, sich stetig weiterentwickelndes System von Aussagen darstellt.

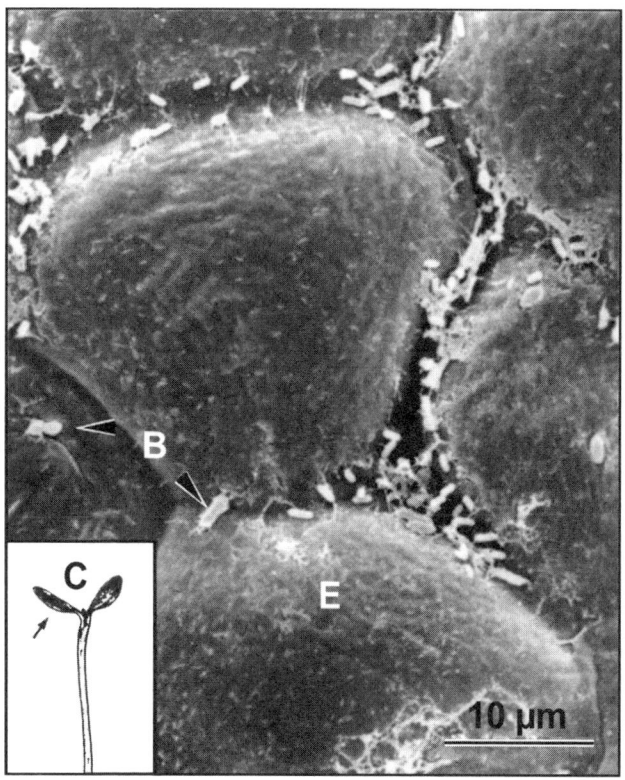

Abb. 10.1: Elektronenmikroskopische Aufnahme der Unterseite des Keimblattes einer gesunden, jungen Sonnenblumen-Pflanze. Mit dieser Methode wurden bisher unentdeckt gebliebene Bakterien (Gattung *Methylobacterium*) sichtbar gemacht, die sich durch Zweiteilung vermehren (Pfeile). Die Mikroben sitzen bevorzugt in den Zell-Zwischenräumen der Blatt-Epidermis, wo sie sich von gasförmigen Stoffwechsel-Abfallprodukten (z. B. Methanol) ernähren. C = Cotyledonen (Keimblätter), E = Blatt-Epidermiszelle (Eucyte), B = Bakterien (Protocyten) (nach Kutschera, U.: *J. Appl. Bot.* 76, 96 – 98, 2002).

Den mir hier und anderswo immer wieder unterstellten Satz »die Evolutions*theorie* ist eine Tatsache«, habe ich nicht ausgesprochen oder gar publiziert. Ich habe jedoch wiederholt gesagt, dass die Evolution ein realhistorischer Prozess ist, der stattgefunden hat, andauert und mit naturwissenschaftlichen Methoden analysiert werden kann. Das historische Gewordensein der Organismen ist somit eine belegte Tatsache, die durch ein System verschiedener Theorien aus den Bio- und Geowissenschaften im Prinzip erklärt werden kann. Von »*der* Evolutionstheorie« ist, wie weiter unten dargelegt wird, innerhalb der Evolutionswissenschaften (*Evolutionary Sciences*) schon lange nicht mehr die Rede. Die Evolutionsprozesse sind derart komplex und vielschichtig, dass sie nur noch von Theorien-Systemen erfasst und plausibel gemacht werden können.

Der Politologe, sein Kantor und die verborgene Welt der Mikroben

Das oben zitierte Politologen-Protestschreiben wurde in ähnlicher Form inzwischen im Internet publiziert. Gewichtiger sind analoge Worte, die ein ebenfalls in Berlin wohnender Kantor in der Zeitschrift *Bild der Wissenschaft* im Jahr 2006 in einem Leserbrief veröffentlicht hat. Als Antwort auf meine dort im Rahmen eines Interviews abgedruckte Aussage »Kreationisten pervertieren die Wissenschaft«, schrieb der Musiker das Folgende: »Die Evolutionstheorie als ›untermauerte wissenschaftliche Tatsache‹ zu bezeichnen, erinnert mich … fatal an meinen in DDR-Zeiten genossenen, ideologisch indoktrinierten Schulunterricht. Die Evolutionstheorie … baut nach wie vor in wesentlichen Teilen auf Vermutungen und Interpretationen auf. Ich wünsche mir … eine wirklich kritische Auseinandersetzung zu diesem Thema unter Einbeziehung neuer Erkenntnisse. Dabei würde … die Evolutionstheorie wieder zu dem werden, was sie ist: eben nur eine Theorie.« Dieser weitverbreiteten »Politologen-Kantoren(Soziologen- und Theologen)-Ansicht« sind die folgenden Argumente entgegenzusetzen.

Eine wissenschaftliche Theorie ist keine unbegründete Vermutung, Spekulation oder gar ein Hirngespinst, wie man es umgangssprachlich auszudrücken pflegt (»Ich habe da eine Theorie ...«). Naturwissenschaftler (*Scientists*) häufen nicht nur Befunde und Daten an, sondern wollen diese auch erklären. Umfassend begründete, auf Tatsachen (Dokumente, Experimente) basierende, sich auf benachbarte Wissenschaftszweige stützende Erklärungen nennen wir *Theorien* (gesicherte Hypothesensysteme). In der Formulierung wohlbegründeter Theorien liegt das eigentliche Ziel der naturwissenschaftlichen Forschung. Wir wollen letztlich die unsichtbaren, verborgenen, hinter den Einzelbefunden stehenden Dinge (d. h. die Zusammenhänge) erkennen, verstehen und diese dann in Form von Modellen bzw. Theorien darstellen (Bunge und Mahner 2004, Mohr 2008).

Ein Beispiel aus meiner eigenen Forschungstätigkeit soll diesen Sachverhalt verdeutlichen. Wie die Abb. 10.1 zeigt, wurde unter Einsatz der Rasterelektronen-Mikroskopie entdeckt, dass auf der Unterseite gesunder, frischer Keimblätter junger Sonnenblumen unzählige Bakterien leben, die sich durch Zweiteilung vermehren. Diese epiphytischen Mikroben der Gattung *Methylobacterium* ernähren sich von gasförmigen Stoffwechsel-Abfallprodukten der Blattzellen und sondern Wuchsstoffe (Phytohormone) ab, die von den Pflanzenzellen absorbiert werden. Umfassende Studien haben ergeben, dass z. B. bei den urtümlichen Moosen eine Symbiose der Partner »Methylobakterien und Landpflanze« etabliert ist (Kutschera 2007 d). Nach der Zufalls-Entdeckung dieser epiphytischen, mit den Mitochondrien der Eucyte verwandten Bakterien wollten wir diesen Befund erst nicht »glauben«. Umfassende Studien belegten dann jedoch jenseits aller Zweifel, dass diese Bakterien *tatsächlich* in großer Zahl vorhanden sind, obwohl gesunde, frische Blätter umgangssprachlich »theoretisch betrachtet« frei von Mikroben und somit *un*-kontaminiert sein sollten. Auf Grundlage solcher und analoger Untersuchungen wissen wir, dass Bakterien, die überall dort leben, wo es organische Substanzen als Nahrungsquelle gibt, über 50 % der Biomasse ausmachen: Sie repräsentieren die unsichtbare Mehrheit der

Organismen auf der Erde (Whitman et. al. 1998, Kutschera und Niklas 2004, Mardigan und Martinko 2006, Pearson 2008). Wie wir weiter unten sehen werden, hat sich unser Bild von »den Lebewesen und deren Evolution« mit diesen Entdeckungen grundlegend gewandelt. Die Dominanz der verborgenen Mikroben und deren Rolle als Endosymbionten (bzw. Symbiosepartner oder Krankheitserreger) hat zur Formulierung eines neuen Konzepts von den Antriebkräften der Makroevolution geführt.

In den folgenden Abschnitten soll zunächst ein zusammenfassender »Evolutions-Beleg« vorgestellt werden, der als Synthese zahlreicher in diesem Buch zusammengetragener Fakten zu sehen ist. Darauf aufbauend wird ein neues Modell zum Verlauf und den Antriebskräften der Evolution in allen fünf Organismen-Reichen der Erde dargelegt, das weit über Darwins klassische Theorien hinausgeht, ohne jedoch den Grundprinzipien des Begründers der Evolutionsforschung zu widersprechen. Am Ende des Kapitels soll im Detail begründet werden, warum wir Charles Darwin als den »Mozart der Biologie« würdigen sollten.

Evolution der Organismen als dokumentierte Tatsache

Eine Grundaussage dieses Buchs, dass die Evolution der Organismen ein realhistorischer Prozess ist, der stattgefunden hat, noch heute andauert und daher erforscht werden kann, geht auf Darwin (1859/1872) zurück. Allerdings hat der Urvater der klassischen Abstammungslehre diese Schlussfolgerung meist recht vorsichtig »nur als vage Theorie« formuliert, da er einem direkten Konflikt mit den Kreationisten seiner Zeit ausweichen wollte. In nur einem Satz, der in der letzten, 1872 erschienenen Auflage des Artenbuchs niedergeschrieben ist, wird Darwin etwas deutlicher: »Naturalists believe in the separate creation of each species ... this was the general belief when the first edition of the present work appeared ... Now, things are wholly changed, and almost every naturalist admits the great principle of evolution.« (»Die Naturforscher glauben an getrennte

Schöpfungen jeder Art ... Das war die allgemeine Annahme als die erste Auflage des vorliegenden Buchs erschienen ist ... Inzwischen haben sich die Dinge vollständig geändert, und fast alle Naturforscher bekennen sich zum großen Prinzip der Evolution.«) Der menschenscheue Darwin hatte einen Kreis treuer Freunde (Seward 1909, Schneider 1911). Einer dieser Darwin-Anhänger, der Biologe und Paläontologe Thomas H. Huxley (1825 – 1895), dessen Enkel Aldous (1894 – 1963) und Julian (1887 – 1975) als Schriftsteller bzw. Evolutionsbiologe Weltruhm erlangten, formulierte in einem 1893 publizierten Essay den folgenden Satz: »Evolution is not a speculation, but a fact« (»Evolution ist keine Spekulation, sondern eine Tatsache«). Mit dieser Bemerkung brachte er das zum Ausdruck, was sein schüchterner Freund Darwin immer einmal sagen wollte. T. H. Huxley hat Darwins Theorien-System von Beginn an gegen die Angriffe der Kreationisten verteidigt und wurde daher als »Darwins Bulldogge« bezeichnet. Der Essay, aus dem dieses Zitat stammt, wurde unter dem Titel *Darwiniana* publiziert. Wir werden am Ende dieses Kapitels auf diesen Begriff zurückkommen.

Im Jahr 1904 veröffentlichte August Weismann (1834 bis 1914), der Begründer des Neo-Darwinismus, seine berühmten Vorträge zur Deszendenztheorie. In der Einleitung argumentierte der Zoologe wie folgt: »Der Kampf (um die Darwinsche Entwicklungstheorie) ... ist heute als beendet anzusehen, ... d. h. auf wissenschaftlichem Gebiet; die Deszendenzlehre hat gesiegt und wir dürfen getrost sagen: für immer ... Sie bildet die Grundlage unserer Anschauungen von der organischen Welt und jeder weitere Fortschritt geht von diesem Boden aus. Sie werden im Laufe dieser Vorlesungen auf Schritt und Tritt Beweise für die Wahrheit dieses Satzes kennenlernen... Das *Wie* der Umwandlungen der Arten ist noch zweifelhaft, nicht aber das *Dass*, und dies ist der sichere Boden, auf dem wir heute stehen: Die Lebewelt von heute ist entwickelt, nicht aber auf einmal entstanden« (Weismann 1904). In einem kurz gefassten Lehrbuch kommt der Freiburger Evolutionsbiologe Günther Osche zu einer ähnlich lautenden Bewertung: »An der Tatsache, dass eine Evolution stattgefunden hat, bestehen daher im Kreise der Biologen nicht mehr die geringsten Zweifel. Nicht die Frage, ob es Evolution gibt, sondern wie sie im Einzelnen verlief und welche Faktoren ihr zu Grunde lagen und liegen, ist daher Gegenstand der Evolutionsforschung« (Osche 1972). Es sei ergänzend auf die in den Kapiteln 5 und 7 zitierten Aussagen der Naturwissenschaftler R. Bommeli (1890) und L. Reinhardt (1925) verwiesen, die auf Grundlage geologisch-paläontologischer Befunde unabhängig voneinander dieselbe Schlussfolgerung gezogen haben.

Diesen Konsens unter den in Forschung und Lehre tätigen Biologen (Gregory 2008 a, b) kann man auch in Form eines *Gleichnisses* veranschaulichen. In der modernen Evolutionsbiologie werden seit etwa 1970 neue Forschungsergebnisse in referierten Fachjournalen publiziert, in denen über ein strenges Begutachtungsverfahren (*peer review*) die »Spreu vom Weizen« getrennt wird. Würde man z. B. ein ordentlich geschriebenes Manuskript mit dem Titel »New evidence for evolution« (»Ein neuer Beweis für die Evolution«) bei einer Fachzeitschrift, wie z. B. *Evolution, Journal of Evolutionary Biology* oder *Theory in Biosciences* einreichen, so würden die Editoren nach kurzer Begutachtung dieses Manuskript ablehnen. Begründung: »Neue Beweise für die Tatsache der biologischen Evolution sind nach 150 Jahren Forschung nicht mehr von Interesse, da hier eine Selbstverständlichkeit zum x-ten Mal belegt wird. Wir publizieren nur Forschungsarbeiten, die neue Einblicke in den Verlauf und die Antriebskräfte der Evolution liefern.«

In analoger Weise würde z. B. auch keine im *Web of Science* gelistete geologische Fachzeitschrift, wie z. B. *Geology, Journal of Geology* oder *Earth Planet Sci. Letters* ein Manuskript mit dem Titel »New evidence for the Dynamic Earth« (»Neue Beweise für die Erd-Dynamik«) veröffentlichen, da es eine belegte Tatsache ist, dass die Erde u. a. über die Kontinentaldrift stetig in Bewegung ist, obwohl die Mechanismen dieser geologischen Prozesse noch nicht im Detail entschlüsselt sind. Nicht nur die Organismen der Biosphäre, sondern auch der Planet, auf dem sie leben, hat sich im Verlauf der Jahrmillionen stetig verändert.

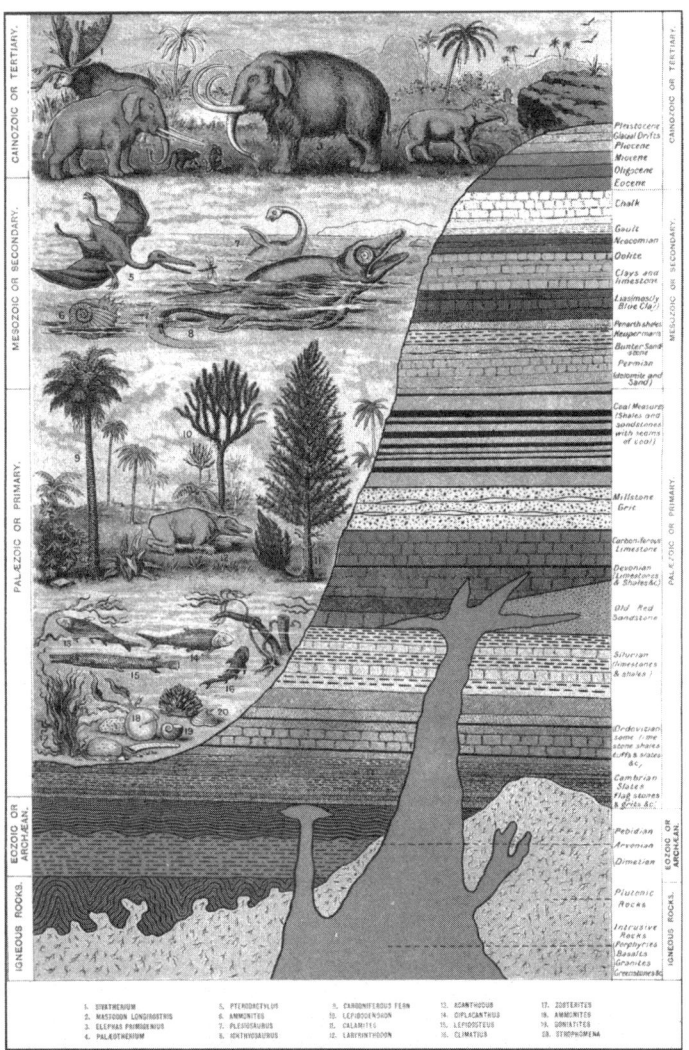

Abb. 10.2: Die Geschichte der Erde und der Lebewesen in einer Darstellung aus dem Jahr 1880. Die rechts abgebildeten, aufeinanderfolgenden Sedimentschichten sind mit versteinerten Resten ausgestorbener Organismen (Fossilien) durchsetzt, die auf der linken Seite in rekonstruierten Lebensbildern beigegeben sind (nach einer anonymen Graphik aus dem 19. Jahrhundert).

Drei Naturgesetze, eine Schlussfolgerung und die Makroevolution

Ein einfach nachvollziehbarer, logisch-rationaler *Beweis*, dass die Evolution im Mikro- und Makro-Maßstab ein Faktum ist, soll nachfolgend auf Grundlage von drei bekannten Naturgesetzen (Regeln) und einer logischen Schlussfolgerung vorgestellt werden (Abb. 10.2):

1. *Zell-Generationengesetz*: Die Bausteine der Lebewesen (Zellen) entstehen immer aus einer Vorläufer- oder Mutterzelle (Regel: *omnis cellula e cellula*). Da sämtliche lebende und ausgestorbene (fossil erhaltene) Organismen der Biosphäre aus Zellen zusammengesetzt sind (bzw. waren), gilt diese Zell-Regel für alle Lebensformen, vom Bakterium bis zum Menschen. Die höher organisierten Lebewesen (Tiere, Pflanzen) entwickeln sich aus einer mit doppeltem Chromosomensatz versehenen (diploiden) Zelle, der Zygote; diese geht wiederum aus der Verschmelzung (Syngamie) haploider männlicher und weiblicher Gameten hervor (s. Abb. 10.4, S. 304). Daher gilt die Zell-Regel auch für die komplex gebauten Makroorganismen.

2. *Fossilreihen-Ablagerungsgesetz*: Die Geschichte der Lebewesen der Erde ist im Buch der Sedimentgesteine niedergeschrieben (Regel: *ex libro lapidum historica mundi*). In den älteren, weiter unten liegenden Sedimentformationen befinden sich die Urahnen der jüngeren, weiter oben eingebetteten versteinerten Lebewesen (d. h. Reste derselben). Derartige aufsteigende Fossilreihen lassen sich heute mit geochronologischen Verfahren präzise datieren (Alter in Millionen Jahren, Mio. J. vor heute; die Messfehler liegen in der Regel bei ± 1 %).

3. *Generationen-Kontinuitätsgesetz*: Über Generationen-Abfolgen (Kinder-Eltern-Großeltern-Urgroßeltern usw.) sind die aus Zellen zusammengesetzten Organismen miteinander verbunden – das Erbgut (DNA) wird, wie z. B. auch die Mitochondrien, kontinuierlich weitergegeben. In der Biologie gibt es daher keine »Generationen-Sprünge« (Regel: *natura non*

facit saltum). Nur Aussterbe-Ereignisse führen zum endgültigen Abbruch dieser sich über Millionen von Generationen erstreckenden Vorfahren-Nachkommen-Ketten.

Aus diesen drei Naturgesetzen folgt, dass das an Zellen gebundene Leben auf der Erde, vom Ursprung vor etwa 3500 Mio. J. bis heute, als unvorstellbar lange, verzweigte (Zell-)Generationen-Abfolgen zu interpretieren ist. Bei Tieren sprechen wir von einer potentiell unsterblichen Keimbahn (s. Kapitel 3), die auch im Pflanzenreich in analoger, jedoch nur indirekter Form nachweisbar ist. Bakterien und viele Einzeller (Protoctista) vermehren sich durch Zweiteilung. Da sich im Verlauf dieser seit Jahrmillionen andauernden Eltern-Nachkommen-Abfolgen die Lebensbedingungen der Organismen, meist sehr langsam in kleinen Schritten (graduell) geändert haben, konnten immer nur jene Individuen in ihren Abkömmlingen überleben, die über Variations- und Selektionsprozesse an die veränderte Umwelt angepasst waren. Dieser Arten- und Formenwandel im Verlauf Hunderttausender einander folgender Generationen wird als *Makroevolution* bezeichnet. Als Synonym wurde der Begriff *transspezifische Evolution* (Rensch 1947) eingeführt; er hat sich jedoch zumindest in der englischsprachigen Literatur nicht durchgesetzt.

Wir hatten in diesem Buch bereits zwei klassische, unabhängig voneinander entworfene Schemata zur Entwicklung der Organismen auf der Erde vorgestellt, die anschauliche Illustration des Schweizer Fachlehrers R. Bommeli (1890) (s. Abb. 5.4, S. 139) und eine nüchterne Graphik des britischen Paläontologen R. Owen aus dem Jahr 1861 (s. Abb. 7.3, S. 198). In Abb. 10.2 ist ein drittes, unabhängig von den Bommeli- und Owen-Graphiken erstelltes Bild vom Verlauf der Makroevolution wiedergegeben, das um 1880 in einem englischsprachigen Fachjournal publiziert wurde (Farbreproduktion, s. Umschlagabbildung). Ausgehend von morphologisch relativ einfach gebauten Lebensformen (Ur-Fische, Algen) hat sich die (Wirbel-)Tier und (Land-)Pflanzenwelt über kontinuierliche Generationen-Abfolgen entwickelt. Wir können dieses anschauliche, auf Grundlage der damals bekannten Fossilreihen rekonstruierte Bild vom

Verlauf der Evolution der sichtbaren Makroorganismen unserer
geologischen Zeitskala 2004/2008 gegenüber stellen (s. Abb.
6.8, S. 184) und finden hierbei Übereinstimmungen sowie auf-
fällige Diskrepanzen. So haben sich z. B. die Begriffe Eozoikum
(Archaikum) sowie Paläo-, Meso- und Känozoikum seit 1880
erhalten, während die unermesslich weite prä-kambrische Zeitspanne damals noch unbekannt war. In unserem Phylogenese-
Schema (Abb. 10.2) sind darüber hinaus in den Sediment-
abfolgen heiß-flüssige Gesteinsmassen aus dem Inneren der
Erde (Magma) eingezeichnet, womit der Vulkanismus angedeu-
tet werden sollte. Eine absolute Datierung der Sedimentformationen gab es um 1880 noch nicht, so dass nur relative
Abfolgen aufgelistet werden konnten (s. Kapitel 6).

Unser Bild von der Makroevolution aus dem Jahr 1880 veranschaulicht aber auch, welch enorme Fortschritte die Paläobiologie seit dieser Zeit gemacht hat. So wurden z. B. die Dinosaurier noch als gigantische Wasserbewohner interpretiert (Abb.
10.2). Heute wissen wir, dass die Dinos des Erdmittelalters
Land-Reptilien waren und dass die in Abb. 10.2 fehlenden
Vögel (Aves) aus kleinen Raub-Theropoden hervorgegangen
sind (s. Abb. 7.9, S. 211). Die im Laufe vieler Jahrmillionen in
kleinen Stufen erfolgte Avinisation (Vogel-Werdung) (Weishampel et al. 2004) ist in einem Bild, in welchem das Dino-
Vogel-Kontinuum rekonstruiert ist, veranschaulicht (Abb.
10.3). Es wird deutlich, dass die Übergänge zwischen kleinen
Raub-Dinosauriern und urtümlichen Vögeln fließend waren.

In der obersten »Etage« unseres Evolutions-Schemas (Abb.
10.2) ist neben dem ausgestorbenen Riesenhirsch (*Megathe-
rium*, damals als *Sivatherium* bezeichnet) ein Rüsseltier-Paar
abgebildet. Das durch vier Stoßzähne gekennzeichnete Mastodon (*Mastodon = Mammut longirostris*) steht neben dem Wollhaar-Mammut (*Elephas = Mammuthus primigenius*). Diese
Art besitzt, wie seine noch heute lebenden Elefanten-Verwand-
ten, nur zwei Stoßzähne, die nach oben gebogen sind. Unser
Bild aus dem Jahr 1880 belegt, dass die durch »unintelligentes
Zahn-Design« gekennzeichneten Proboscidea bereits damals
die Paläontologen und Evolutionsforscher interessiert haben.
Wie bei Darwin (1859/1872) werden in unseren drei klassi-

Abb. 10.3: Rekonstruierte Dinosaurier und Ur-Vögel aus der Kreidezeit. Das Bild veranschaulicht die heute belegte Tatsache, dass gewisse Raubsaurier (Theropoden) und urtümliche Vögel bezüglich ihrer Körpergestalt so ähnlich waren, dass man sie nicht eindeutig als Vertreter unterschiedlicher Wirbeltier-Klassen einteilen kann (Saurier bzw. Ur-Vögel) (nach Weishampel, D. B. et al., Eds.: *The Dinosauria*. Berkeley, 2004).

schen Evolutions-Schemata (Abb. 5.4, S. 139, Abb. 7.3, S. 198, Abb. 10.2, S. 293) die »niederen« Lebewesen, wie Bakterien, Einzeller und Algen, nicht erwähnt, obwohl diese Organismen zusammengerechnet die Mehrheit der Biomasse ausmachen. Wir werden in den nächsten Abschnitten unser erweitertes Bild von der globalen Biodiversität und deren Phylogenese zusammenfassend darlegen.

Bakterien und Plankton-Organismen: Fünf Reiche und Darwins Urform

In der fünfbändigen »Artenbuch-Trilogie« (Darwin 1859, 1868, 1871) werden, wie bereits gesagt, im Wesentlichen Tiere (inklusive des Menschen) und Pflanzen behandelt. Der britische Naturforscher erwähnt an nur wenigen Stellen so genannte »primitive« Organismen. Bei der Formulierung seiner zweiten allgemeinen Theorie zum Artenproblem (Prinzip der gemeinsamen Abstammung aller Organismen der Erde von einer Urform) geht Darwin (1859/1872) auf die beiden damals bekannten großen Organismengruppen ein – das Tier- und Pflanzenreich – und spricht von bestimmten »niederen Formen«, die beiden Reichen zugeordnet werden könnten, da sie eine Zwischenstellung einnehmen würden. Da der Autor in diesem Zusammenhang »niedere Algen« erwähnt und die in Dorf-Tümpeln weit verbreiteten »Schönaugengeißler« (Eugleniden) damals gut erforscht waren, ist es wahrscheinlich, dass Darwin (1859/1872) diese einzelligen grünen Geißeltierchen (Flagellaten) im Sinn hatte. Diese Darwinsche »Proto-Euglena-Hypothese«, die letztlich einzellige grüne Flagellaten (»Pflanzen«) mit der Befähigung zu einer heterotrophen Ernährung (»Tiere«) als Ursprungsform der beiden großen Organismenreiche annimmt, ist heute nicht mehr akzeptabel (Kutschera und Niklas 2008).

Da Darwin weder das Prinzip der Symbiogenese (primäre und sekundäre Endosymbiose) noch die zahlreichen verschiedenen eukaryotischen Einzeller kannte, waren seine Spekulationen zum »Urtyp aller Lebewesen« wenig präzise, obwohl seine generelle Schlussfolgerung, dass alle Organismen der Erde von gemeinsamen Urahnen abstammen, bestätigt werden konnte. Erst mit den Publikationen von Merezhkowsky (1905, 1910, 1920) kam die evolutionäre Zellforschung, die den Ursprung der Tier- und Pflanzenwelt zum Gegenstand hat, als eigene Fachdisziplin auf. Bei Darwin (1859/1872) sind somit Tiere (Animalia), Pflanzen (Plantae) und in wenigen Bemerkungen auch Algen (eukaryotische Einzeller) behandelt – Bakterien werden in der klassischen Abstammungslehre (Deszendenztheorie) in keinem einzigen Satz erwähnt.

In Kapitel 2 wurde die Entdeckung der so genannten »Infusorien« (Bakterien, Eugleniden, Amöben, einschließlich der Süßwasserpolypen usw.) auf Grundlage einer Zeichnung aus dem Jahr 1825 angesprochen (s. Abb. 2.3, S. 59). Wie erwähnt, war die Erforschung der Kleinstlebewesen damals noch unterentwickelt. Daher konnte Darwin (1859/1872) nicht erahnen, dass über 50 % der Biomasse der Erde aus Bakterien besteht. Wie bereits dargelegt, repräsentieren diese prokaryotischen Mikroben (Abb. 10.1) die »unsichtbare Masse« der Organismen der Biosphäre, da sie alle nur denkbaren Mikro-Lebensräume besiedeln (z. B. die Tümpel, Seen und Ozeane; Blatt-Oberflächen, das Erdreich, das Verdauungssystem vieler Tiere usw.).

Ausgehend von C. S. Merezhkowskys Bahn brechenden Forschungen (s. Kapitel 8) haben jahrzehntelange Studien ergeben, dass die Organismen in fünf Reiche (*Five Kingdoms*) unterteilt werden können (Barnes 1998, Margulis und Schwartz 1998) (Abb. 10.4). Wir wollen hier eine Klassifizierung (mit Kurzdefinitionen) anführen, wie sie in ähnlicher Form vor einigen Jahren publiziert wurde (Kutschera 2002) und unterscheiden somit die folgenden 5 Reiche (Organismengruppen) (s. die Teil-Graphiken in Abb. 10.5):

1. *Monera* (*Bacteria*): Prokaryotische Mikroben (Zellen auf der Organisationsstufe typischer Bakterien) ohne membranumgrenzten Kern (Abb. 10.1). Diese Organismen kommen als einzelne Zellen oder zu Fäden vereinigte Aggregate vor. Echte Mehrzeller, die Gewebe ausbilden, sind im Reich der Bakterien nicht bekannt, obwohl überzelluläre Strukturen (Biofilme) gebildet werden. Wir unterscheiden drei große Gruppen: Archaebakterien (z. B. Methan-produzierende Mikroorganismen; an Salzhalden angepasste oder Hitze- und Säure-tolerante Mikroben, die in der Regel extreme Lebensräume besiedeln); Eubakterien (z. B. die Standard-Mikrobe *Escherichia coli*, Methylo- und Agro-Bakterien; die Mitochondrien der Eucyten als Nachkommen ehemals frei lebender Alpha-Proteobakterien) und die am komplexesten gebauten Cyanobakterien (z. B. grün-blau pigmentierte, zur Sauerstoffproduktion fähige, photosynthetisch aktive Mikroben,

die oft als Zellreihen vorkommen; die Chloroplasten der Pflanzenzellen als Nachkommen ehemals frei lebender Cyano-Urformen).

2. *Protoctista* (*Protista*): Eukaryotische Mikroorganismen, die einen membranumgrenzten Kern aufweisen und mehrzellige, gewebelose Abkömmlinge derselben. Beispiele: Amöben, Flagellaten wie z. B. *Euglena*, Ciliaten, Schleimpilze, Grün-, Braun- und Rotalgen; mehrzellige Riesen-Tange. Als Bestandteil des photosynthetisch aktiven Meeres-Phytoplanktons sind die Protoctista für die Stoffkreisläufe der Erde von großer Bedeutung (z. B. Dinoflagellaten).

3. *Fungi* (*Pilze*): Aus Sporen hervorgehende heterotrophe Mikro- und Makroorganismen, die durch Chitinwände und ein- (bzw. mehr-)kernige Zellen gekennzeichnet sind. Beispiele: Hefen, Schimmel-, Mehltau- und Ständerpilze (z. B. Steinpilz). Die Fungi sind die wichtigsten Destruenten der Erde, d. h. sie zersetzen totes Holz u. a. organische Körper.

4. *Animalia* (*Gewebetiere*): Aus einer Blastula (mehrzellige, kugelförmige Embryo-Vorstufe) hervorgehende, meist frei bewegliche Organismen. Die Schwämme (Porifera) werden zu den Animalia gezählt, obwohl sie kein Blastula-Stadium durchlaufen. Tiere sind als heterotrophe Organismen auf energiereiche Nährstoffe angewiesen (Konsumenten). Beispiele: Ringel- und Fadenwürmer; Insekten; Krebs-, Spinnen- und Wirbeltiere (z. B. Schimpanse, Mensch).

5. *Plantae* (*Pflanzen*): Aus einem mehrzelligen Embryo hervorgehende, fest gewachsene, meist grüne Organismen mit obligatorischem Generationswechsel (Sporo- und Gametophyt). Beispiele: Moose, Farn- und Samenpflanzen (z. B. Sonnenblume). Die Plantae bilden, mit den Cyanobakterien und Algen, die grünen, photosynthetisch aktiven, Sonnen-getriebenen Produzenten der Biosphäre (Kutschera 2002, Schopfer und Brennicke 2006).

Fortpflanzung der Mikro- und Makroorganismen und das Artenproblem

In Abb. 10.4 sind die Fortpflanzungszyklen repräsentativer Vertreter aller fünf Reiche dargestellt, wobei die dem Menschen am nächsten stehenden Wirbeltiere in der Bildmitte eingezeichnet wurden. Die Monera (Bakterien) vermehren sich durch Zweiteilung (s. Abb. 10.1). Da, mit Ausnahme des so genannten horizontalen Gen-Transfers (DNA-Austausch zwischen fremden Zellen), keine zweigeschlechtlichen (sexuellen) Fortpflanzungsprozesse zwischen verwandten Bakterienzellen vorkommen, kann man im Reich der Prokaryoten nicht von biologischen Arten sprechen (s. Kapitel 3). Wir unterscheiden daher so genannte »bakterielle Ökotypen«, die eine bestimmte Nische besiedeln, sich dort über spezielle Moleküle aus der Umwelt ernähren (z. B. Alkohol und Methanol bei Methylobakterien) und über eine definierte Ähnlichkeit auf dem Niveau der DNA-Sequenzen charakterisiert sind. Bis heute wurden über 10 000 verschiedene Ökotypen (»Bakterien-Arten«, einschließlich der Cyanos) beschrieben. Aufgrund der enormen Biomasse rechnen wir jedoch mit Millionen verschiedener »Bakterien-Arten«, die noch nicht entdeckt bzw. isoliert werden konnten. Obwohl sich die kugel-, stäbchen- und schraubenförmigen Bakterien im Verlauf der letzten 3500 Mio. J. morphologisch nur wenig verändert haben (Schopf 2006), ist dennoch eine enorme Diversifikation eingetreten: Die äußerlich einfach organisierten Bakterien sind die »Weltmeister« in der Fähigkeit zur physiologischen Anpassung. Die enorme, jedoch unsichtbare Diversität der Mikroben spielt sich auf dem Niveau ökologischer Ein-Nischungen und Besiedelungen aller nur denkbaren Mikro-Lebensräume ab – angefangen vom Erdreich bis zum Körper der Tiere und Pflanzen. Ohne gutartige Mikroben (Symbionten) wären Wirbeltiere, wie z. B. auch der Mensch, nicht lebensfähig (Kutschera 2007 d). Die in der Regel nur wenige Mikrometer großen Bakterien sind nicht durch Symbiogenese-Prozesse entstanden und daher über die Jahrmillionen hinweg auf einer urtümlichen, morphologisch einförmigen Organisationsstufe stehen geblieben (es gibt in diesem ersten Organismenreich

Einzel-Zellen und Zell-Reihen bzw. -Aggregate, aber keine echten Mehrzeller).

Die Protoctista (Protisten) sind eine negativ definierte Sammelgruppe all jener eukaryotischer Mikro- und Makroorganismen, die nicht als Fungi, Plantae oder Animalia (Gewebetiere) zu klassifizieren sind. Zu dieser Gruppe zählen neben den Grün- und Braunalgen (Tange) u. a. die in Kapitel 8 besprochenen Süßwasser- und Meeres-Planktonorganismen (z. B. Eugleniden, Dinoflagellaten).

Pilze (Fungi), Tiere (Animalia) und Pflanzen (Plantae) sind mehrzellige, eukaryotische Makroorganismen, die, wie auch alle Vertreter der Protoctista, über eine primäre bzw. sekundäre Endosymbiose (Symbiogenese) entstanden sind. Ihre kernhaltigen Zellen (Eucyten) wurden in Kapitel 8 vorgestellt (zum Größenvergleich typischer Proto- und Eucyten, s. Abb. 10.1).

Auf Grundlage der Zell-Physiologie und -Anatomie bzw. der DNA-Systematik können wir die fünf Reiche auch in drei Domänen einteilen (Bacteria, Archaea und Eukarya) (Margulis und Schwartz 1998, Barnes 1998, Kutschera 2008 a). Wir wollen hier diese Drei-Domänen-Taxonomie nicht näher diskutieren, da sie für unsere nachfolgende Argumentation gegenstandslos ist.

Wie die Fortpflanzungszyklen (Abb. 10.4) zeigen, vermehren sich nicht nur die Monera, sondern auch zahlreiche Protoctista (z. B. Eugleniden) meist vegetativ durch Zweiteilung. Unter den eukaryotischen Einzellern sind dennoch viele Spezies beschrieben worden, die über eine urtümliche Form sexueller Fortpflanzung verfügen (z. B. Grünalgen). Es ist aber auch im Reich der Protoctista fragwürdig, ob man biologische Arten (d. h. reproduktiv isolierte Fortpflanzungsgemeinschaften) unterscheiden kann. Die Mikrobenforscher klassifizieren diese Organismen daher in aller Regel, ähnlich wie die Paläobiologen ihre rekonstruierten Fossilien (Abb. 10.2, 10.3), nach morphologischen Kriterien (äußere Erscheinungsform). Nur bei den Gewebetieren (Animalia), den Pilzen (Fungi) und Pflanzen (Plantae) kann man auf Grundlage der sexuellen Fortpflanzung, die als Ursache der Reproduktions-Barrieren erkannt wurde, von »echten Arten« oder Biospezies sprechen (s. Kapitel 3). Dies ist möglicherweise auch einer der Gründe dafür, dass diese Organismen seit Darwins Zeiten im Mittelpunkt des Interesses der Naturliebhaber und Forscher stehen.

Bezüglich ihrer Gesamt-Biomassen bezogen auf das Protoplasma können wir die fünf Reiche wie folgt klassifizieren (die Summe ergibt 100 %, d. h. die Biosphären-Masse abzüglich des Holzes der Bäume):

Monera (Bakterien): über 50 %;
Protoctista (Protisten): ca. 30 %;
Animalia (Tiere) und Fungi (Pilze): unter 10 %
Plantae (Pflanzen, ohne dem leblosen Holz): über 10 %

Diese Abschätzung, bei der den Protoctista rund 30 % der protoplasmatischen Biomasse zugeteilt wurde, basiert u. a. auf dem Befund, dass in den Weltmeeren die Plankton-Lebewesen (photosynthetisch aktive »Schwebe-Organismen«, wie einzellige Algen, Cyanobakterien usw.) bezüglich ihrer aufaddierten Anzahl und Masse allen anderen marinen Lebewesen bei Weitem überlegen sind (Abb. 10.5). Die hier angegebenen Zahlen sind als Näherungswerte zu betrachten, wobei die im bzw. am Körper der Tiere und Pflanzen lebenden Bakterien in die Gruppe 1 (Monera) eingerechnet wurden.

Aus dieser groben Abschätzung folgt, dass Tiere und Pflanzen, die bei Darwin (1859/1872), wie noch heute in den meisten populären Biologiebüchern, im Mittelpunkt stehen, mit höchstens 20 % (d. h. ein Fünftel) der Gesamt-Biomasse eher als Untergruppe der Organismenwelt zu bewerten sind. Daran ändert auch die Massenvermehrung der Biospezies *Homo sapiens* nichts, obwohl unsere Art seit dem Jahr 1900 (Beginn des Anthropozän) als richtungsgebende Kraft der Evolution fungiert: Der Mensch ist derzeit der entscheidende Faktor dafür, welche Makro-Spezies (Tier- und Pflanzenarten) überdauern werden. Dies gilt jedoch vermutlich nicht für ca. 80 % der Organismen der Erde (Reiche 1 und 2), die auch bei drastisch verschlechterten Umweltbedingungen in ihren Nachkommen weiterleben werden, da sie sich auf Grundlage ihrer enormen Reproduktionsrate rasch an neue Lebensverhältnisse

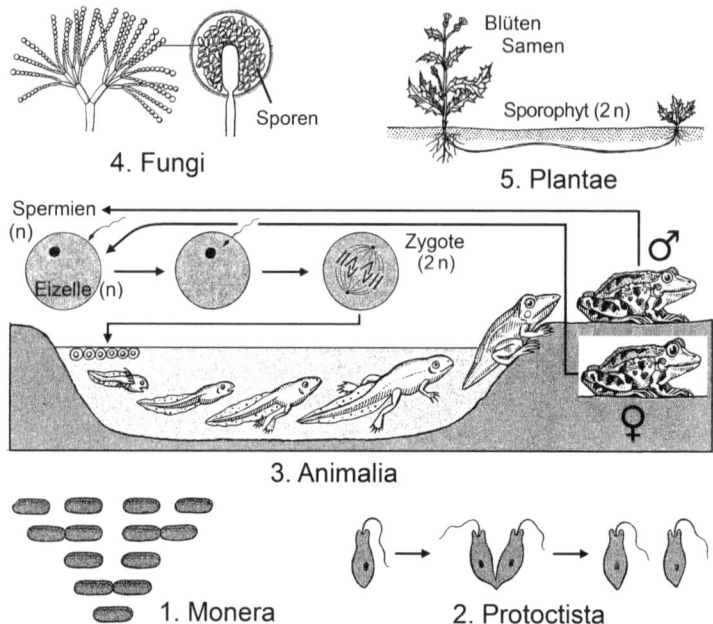

Abb. 10.4: Die Fünf-Reiche-Klassifizierung der Organismen und deren wichtigste Fortpflanzungsformen. Die Monera (1.) (Bakterien) und viele Protoctista (2.) (z. B. Eugleniden) vermehren sich vegetativ durch Zweiteilung. Typische Animalia (3.) (Gewebetiere) (z. B. Grasfrosch, unten ein Weibchen, oben ein Männchen) pflanzen sich zweigeschlechtlich fort. Bei dieser sexuellen Reproduktion entstehen aus haploiden Gameten durch Zell-Verschmelzung diploide Zygoten (n = einfacher, 2 n = doppelter Chromosomensatz). Aus diesen befruchteten Eizellen entwickeln sich die Individuen der nächsten Generation. Die Fungi (4.) (Pilze) vermehren sich u. a. zweigeschlechtlich über Sporen, während die Plantae (5.) (Pflanzen), neben der vegetativen Vermehrung (Ausläufer), einen an Blüten- und Samenbildung gekoppelten sexuellen Reproduktionszyklus durchlaufen (Gameto- und Sporophyt). In den Teilabbildungen 1. bis 3. wird das Prinzip der Generationen-Abfolgen verdeutlicht: Zellen (bzw. Organismen) entstehen immer aus Vorläuferzellen (kontinuierliche Weitergabe der Erbinformation an die Nachkommen).

anpassen können (Mikroevolution im Eiltempo: Überleben jener durch genetische Zufälle entstandener Varianten, die mit den herrschenden Umweltverhältnissen zurechtkommen und sich weiterhin fortpflanzen bzw. vermehren).

Abschied von *der* Evolutionstheorie und den biologischen Ismen

In den Kapiteln 1 und 3 hatten wir die »Evolution der Deszendenztheorie« rekapituliert, wobei der »Cuvierismus«, »Lamarckismus« und »Geoffroyismus« nur kurz erwähnt wurden. Ausgehend vom 1858 formulierten Darwin-Wallace-Prinzip der natürlichen Selektion (»Darwinismus«), über die fünf Darwinschen Artenbuch-Theorien (1859/1872), den von A. Weismann um 1900 formulierten »Neo-Darwinismus« (Synonym: »Weismannismus«) und den »Mendelismus« hatten wir den integrativen »Dobzhanskyismus« der 1930er-Jahre abgeleitet. Aus dem brillanten Buch von T. Dobzhansky (1937) ist, kombiniert mit den Werken von E. Mayr (1942), u. a. Evolutionsforschern, zwischen 1937 und 1950 die »Synthetische Theorie der Biologischen Evolution« entstanden (Dobzhansky 1955, Dobzhansky et al. 1977, Mayr 1982, 1991, 2001, Junker und Hoßfeld 2001, Gould 2002, Junker 2004, Kutschera und Niklas 2004, Haffer 2007). Von Darwin bis Mayr wurden im Wesentlichen Tiere und Pflanzen als Modellorganismen in diese Theorienbildungen einbezogen. Die Welt der Bakterien und Protoctista (d. h. über 80 % der Protoplasma-Biomasse der Erde) wurde hierbei, wie u. a. auch der »Merezhkowskyismus« (Prinzip der Symbiogenese), ignoriert.

Ende der 1990er-Jahre haben Biologen aus aller Welt unabhängig voneinander erkannt, dass eine Erweiterung des »Dobzhansky-Mayr-Ismus« aus dem Jahr 1950 notwendig ist. Dieses neue Theorien-System wird, ohne Nennung des Namens einzelner Autoren, als »Erweiterte Synthetische Theorie der Biologischen Evolution« (*Expanded Synthesis*) bezeichnet (Kutschera 2001, 2004, 2008 a, c; Kutschera und Niklas 2004, 2005, 2008). Als System zahlreicher Unter-Theorien erklärt diese evolvierte Version »*der* Evolutionstheorie« verschiedene Aspekte des dokumentierten Artenwandels aller Organismengruppen. Wir sprechen daher auch von der Fachdisziplin *Evolutionsbiologie*, die ein interdisziplinärer Zweig der *Life Sciences* darstellt. Wie bereits erwähnt, existieren im »Darwin-Jahr 2009« etwa 300 internationale Fachzeitschriften aus den

Bio- und Geowissenschaften, in welchen verschiedene Aspekte der *Evolutionary Sciences* behandelt werden (als Beispiele s. die oben zitierten sechs englischsprachigen Periodika). Das Fachgebiet Evolutionsbiologie ist daher, wie z. B. auch die Physiologie oder Biochemie, kaum noch überschaubar (exponentieller Wissenszuwachs).

Die »Erweiterte Synthetische Theorie« beinhaltet z. B. die Unter-Theorien der Verwandtenselektion (Begründer: W. D. Hamilton, 1972), die von C. S. Merezhkowsky (1905, 1910, 1920) eingeführte Symbiogenese (primäre Endosymbiose) und das von A. Wegener (1929) etablierte Konzept der Kontinentalverschiebungen. Die Theorie von W. D. Hamilton erklärt den biologischen Altruismus im Insektenstaat (s. Kapitel 3), Merezhkowskys Symbiogenese-Konzept hat zur Aufklärung des Ursprungs der Chloroplasten (und somit der Pflanzen) geführt, während Wegeners Thesen u. a. die Verbreitung der Organismen auf der heutigen Erde und den für die Evolution wichtigen Vulkanismus erhellt haben. Alle drei Unter-Theorien der *Expanded Synthesis* beziehen sich auf verschiedene Organisationsebenen der belebten Natur: die Verwandtenselektion, als Erweiterung des Darwin-Wallace-Prinzips, auf natürliche Ausleseprozesse in lebenden Tier-Populationen, die Symbiogenese auf die Entstehung von Zell-Organellen und die Verschiebungstheorie auf die Schaffung bzw. Zerstörung der großen Lebensräume der Erde. Wie bereits oben erwähnt, sprechen die Biologen heute daher nicht mehr von »*der* Evolutionstheorie«, sondern beziehen sich auf verschiedene Unter-Theorien der *Expanded Synthesis* (d. h. die Wissenschaftsdisziplin *Evolutionsbiologie*). So ist z. B. die Endosymbionten-Theorie für die Erklärung des selbstlosen Verhaltens im Termiten-Staat irrelevant, während umgekehrt die Theorie der Verwandtenselektion weder den Ursprung der Chloroplasten noch den der Mitochondrien in irgendeiner Weise erklären könnte.

Als Schlussfolgerung dieses Abschnittes wollen wir festhalten, dass populäre Begriffe wie z. B. »Lamarck-, Darwin-, Weismann-Ismus« und andere »Ismen« in der Fachdisziplin Evolutionsbiologie seit Jahren nicht mehr in Gebrauch sind, da diese Termini u. a. an politisch-religiöse Ideologien erinnern

(z. B. Sozialismus, Marxismus, Katholizismus usw.). Diese nicht naturwissenschaftlich begründeten Weltanschauungen, die in aller Regel einen dogmatischen Charakter annehmen, widersprechen den offenen Grundsätzen und Prinzipien der auf objektiven Fakten basierenden *Natural Sciences* (Physik, Chemie, Biologie, Geologie).

Das Synade-Modell der Makroevolution

Welche großen, übergeordneten Prozesse (Evolutions-Faktoren bzw. -Triebkräfte) erklären in groben Zügen den Artenwandel sowie die Diversifizierungen in allen fünf Organismen-Reichen der Erde? Aus den in diesem Buch zusammengetragenen Fakten folgt, dass die *Symbiogenese* (primäre und sekundäre Endosymbiose, s. Kapitel 8), die *natürliche Selektion* (Ausleseprozesse in expandierenden Populationen, s. Kapitel 1, 2, 3, 5 und 9) und die jahrmillionenalte *dynamische Erde* (Plattentektonik, Vulkanismus, s. Kapitel 6 und 7) die drei entscheidenden Faktoren sind, die für die Arten-Transformation und die Vervielfachung der Lebensformen (Biodiversitätszunahme) verantwortlich waren (Abb. 10.5). Unter Berücksichtigung der Namen der Erst-Begründer dieser von zahlreichen Forschern später enorm verbesserten und erweiterten Konzepte können wir vom Merezhkowsky-Wallin (Symbiogenese)-, Darwin-Wallace (natürlichen Selektions)- und Snider-Wegener (dynamische Erde)-Prinzip sprechen, woraus der Name *Synade-Modell* abgeleitet ist (Kutschera 2009).

Aus dieser neuen Sicht der phylogenetischen »Fünf-Reiche-Entwicklung« ergibt sich auch ein reformiertes Bild vom zeitlichen Verlauf der Makroevolution (Abb. 10.6). Nach dem bis heute noch nicht im Detail aufgeklärten Ursprung der ersten Vorläufer(Proto-)Zellen vor etwa 3800 Mio. J. (chemische Evolution; Modellvorstellungen s. Griffiths 2007, Kutschera 2008 a) sind vor etwa 3500 Mio. J. die ersten Ur-Bakterien entstanden (Schopf 2006). Aus diesen u. a. in versteinerten Mikrobenmatten (Stromatolithen) erhaltenen archaischen Protocyten haben sich alle heute existierenden Mikroorganismen (Archae-,

Abb. 10.5: Das Synade-Modell der Makroevolution, alle fünf Organismenreiche der Erde erfassend. Die zentralen, übergeordneten Antriebskräfte des Artenwandels und der Biodiversitäts-Zunahme (Diversifikation) waren bzw. sind 1. die Symbiogenese (primäre und sekundäre Endosymbiose), 2. die natürliche Selektion in Populationen von Organismen, die mehr Nachkommen hinterlassen, als die Umwelt tragen kann, und 3. die dynamische Erde (Verschiebung der Kontinentalplatten und Vulkanismus, d. h. die kontinuierliche Neu-Schaffung und Zerstörung von Lebensräumen im Verlauf der Jahrmillionen).

Eu- und Cyanobakterien) entwickelt, die gemäß dem um molekularbiologische Befunde erweiterten Darwin-Wallace-Prinzip der natürlichen Selektion evolvierten. Durch Mutationen und horizontalen Gen-Transfer entstanden (bzw. entstehen) stetig variable Populationen von Mikroben; es erfolgt im zweiten Schritt eine natürliche Auslese und Adaption an die jeweiligen Umweltverhältnisse, in der Regel verbunden mit der Besiedelung unbesetzter Lebensräume (Zunahme der mikrobiellen Biodiversität).

Aus diesen Fakten folgt, dass die eukaryotischen Organismen (Tiere, Pflanzen) in einer Welt voller Bakterien evolviert sind (Abb. 10.6). Die Mikroben waren nicht nur in ihrer Funktion als versklavte intrazelluläre Endosymbionten (Organellen) bedeutsam (s. Kapitel 8), sondern spielten z. B. auch als Krankheitserreger und »Exo«-Symbionten bei der Evolution des Menschen und anderer Säugetiere eine entscheidende Rolle. Pathogene Bakterien als natürliche Selektionsfaktoren wurden in Kapitel 2 im Zusammenhang mit unserer kleinen »Mozart-Phylogenie« besprochen; die »gutartigen Mikroben« erfüllen als extrazelluläre Symbiose-Partner im Verdauungssystem der Wirbeltiere eine lebensnotwendige Funktion (Kutschera 2007 d).

Die seit mindestens 2700 Mio. J. existierenden Cyanobakterien haben vor etwa 2200 Mio. J. über Photosyntheseprozesse einen ersten Anstieg im Sauerstoffgehalt der Ozeane herbeigeführt, der erst Jahrmillionen später über eine O_2-Anreicherung in der Atmosphäre die Ozonschicht verursacht hat. Vor etwa 400 Mio. J. konnten, geschützt vor kurzwelliger Sonnenstrahlung, die ersten Pflanzen das Festland erobern; fünfzig Mio. J. später folgten die Wirbeltiere (urtümliche Amphibien der Sumpfregionen im Devon) (Prothero 2007, Shubin 2008).

Symbiogenese, natürliche Selektion und die dynamische Erde

Ohne die vor etwa 2200 bis 1500 Mio. J. in den Ur-Ozeanen erfolgte *Symbiogenese* (primäre Endosymbiose), die zur Entstehung der ersten kernhaltigen, Organellen (Mitochondrien, Chloroplasten) enthaltenden Zellen (Eucyten) geführt hat, gäbe es heute nur prokaryotische Mikroben (Bakterien), jedoch weder Tiere, Pilze noch Pflanzen. Die Symbiogenese war somit der eigentliche »Motor« oder »Urknall« der Makroevolution der Organismen der Erde. Dieser in Abb. 10.6 schematisch eingezeichnete Zwei-Stufen-Prozess (serielle primäre Endosymbiose, die zu Mitochondrien- und Chloroplasten-enthaltenden Eucyten geführt hat) ist höchstwahrscheinlich jeweils nur *ein Mal* abgelaufen: Mitochondrien und Chloroplasten (d. h. versklavte Bakterien bzw. Endosymbionten) stellen jeweils eine geschlossene Abstammungsgemeinschaft dar (Monophylum, s. Kutschera und Niklas 2008). Die bereits im Vorwort aufgeworfene und in Kapitel 2 im Detail behandelte »Zufallsfrage« gewinnt mit diesem Befund eine ganz neue Qualität. Dem zufallsbedingten »Nicht-Verdauen« und anschließenden Domestizieren *einer* Ur-Mikrobe bzw. *eines* Ur-Cyanobakteriums verdanken wir den Ursprung der Mitochondrien bzw. Chloroplasten und somit die evolutive Entwicklung sämtlicher eukaryotischer Lebewesen der Erde (Protoctisten, Tiere, Pilze und Pflanzen).

Wir (die Biospezies *H. sapiens*) sind somit das späte Evolutionsprodukt eines extrem unwahrscheinlichen Zufalls-Ereignisses (Symbiogenese, d. h. erste primäre Endosymbiose), das vor etwa 2000 Mio. J. in den warmen Ozeanen des frühen Proteozoikums stattgefunden hat. Unsere sich durch Zweiteilung vermehrenden Mitochondrien werden seit Ur-Zeiten über die mütterliche Linie (Eizelle) von Generation zu Generation vererbt (s. Abb. 10.4 und Kapitel 8). Es sei an dieser Stelle allerdings nochmals hervorgehoben, dass es zur Herkunft des Zellkerns (Nucleus) und der Ur-Wirtszelle bisher nur mehr oder weniger plausible Modelle, jedoch noch keine abschließende Theorie gibt (Kutschera und Niklas 2005). Am endosymbiontischen Ursprung der Mitochondrien und Chloroplasten der Eucyte bestehen trotz dieser Erkenntnislücken im Kreise der Fachwissenschaftler heute jedoch keinerlei Zweifel mehr.

Über sekundäre Endosymbioseprozesse sind nach dem Perm/Trias-Massenaussterben vor etwa 251 Mio. J. die wichtigsten eukaryotischen Meeresplankton-Organismen (Dinoflagellaten usw.) entstanden. Während des Zeitraums vor ca. 2700 bis vor 251 Mio. J. dominierten die prokaryotischen, einzelligen bzw. zu Fäden vereinigten Cyanobakterien die Plankton-Populationen der noch jungen Ozeane unseres Planeten. Daraufhin übernahmen nach und nach die eukaryotischen Mikroben (Protoctista) die lichtdurchfluteten oberen Regionen der Weltmeere (ca. 70 % der Erdoberfläche). Diese gigantischen aquatischen Lebensräume besiedeln sie noch heute, wobei seit

vielen Jahrmillionen Cyanobakterien (Reich 1) zahlenmäßig
den Protoctisten, wie z. B. den Dinoflagellaten (Reich 2), unter-
legen sind (Dominanz der eukaryotischen Plankton-Organis-
men in den Ozeanen der Erde).

In Abb. 10.6 wurde aus Platzgründen die *natürliche
Selektion* im Mittleren Proterozoikum eingezeichnet. Wie
bereits gesagt, ist das »Darwin-Wallace-Ausleseprinzip« jedoch
seit dem Ursprung der ersten Zellen bis heute als zentraler
Mechanismus der organismischen Evolution wirksam. Bereits
auf dem Niveau sich vermehrender Bakterien-Populationen
können auf Variations-Selektions-Prozessen basierende
Evolutionsvorgänge im Reagenzglas nachgewiesen und quanti-
tativ analysiert werden (experimentelle Evolutionsforschung, s.
Kutschera 2008 a). In Freiland-Populationen von Tieren und
Pflanzen wurde die Wirkung der natürlichen (und sexuellen)
Selektion an vielen Fallbeispielen eindrucksvoll bestätigt
(Klingsolver und Pfennig 2007). Diese Fakten müssen bei der
Betrachtung der Abb. 10.6 berücksichtigt werden – die natürli-
che Selektion setzte vor 3800 Mio. J. als richtunggebende Kraft
in evolvierenden Populationen urtümlicher Mikroben ein und
dauert bis heute an.

Welche Bedeutung kam der *dynamischen Erde* bei der evolutiven Entwicklung der fünf Organismengruppen im Verlauf der
Jahrmillionen zu? Basierend auf dem dokumentierten Erdalter
von etwa 4600 Mio. J. (s. Kapitel 6) und den u. a. auch geochronologisch untermauerten Geschwindigkeiten der Kontinentalverschiebungen (z. B. das Auseinanderweichen der US-Städte
San Francisco und Los Angeles mit ca. 5 cm pro Jahr, s. Kapitel 7) wissen wir, dass sich die Kruste des Planeten seit
Jahrmillionen auf dem Erdmantel hin und her bewegt (Nield
2007, Beierkuhnlein 2007). Da sich die Erd(bzw. Kontinental-)-
Platten stetig voneinander entfernen, aneinander vorbeigleiten
oder aneinanderstoßen, entstanden im Verlauf der Jahrmillionen in Verbindung mit anderen geologischen Prozessen z. B.
Gebirge (Himalaja, Schweizer Alpen, Anden), ozeanische
Tiefseegräben und vulkanische Inseln (Guo 2008). Diese neuen
Lebensräume wurden von Organismen besiedelt bzw. wieder
verlassen. Die Bedeutung des Auseinanderbrechens des Ur-

Kontinents Pangaea (Beginn vor 251 Mio. J.) und die
Konsequenzen für die Evolution der Tiere und Pflanzen wurde
bereits dargelegt (Kapitel 7). Es sei ergänzend hervorgehoben,
dass auch die »Kambrische Explosion« – eine enorme Biodiversitäts-Zunahme auf dem Niveau hartschaliger Gewebetiere im Zeitraum vor etwa 530 bis 515 Mio. J. – zumindest
teilweise auf geologische Prozesse zurückgeführt werden kann.
Gemäß der heute recht gut belegten »Schneeball-Erde-Theorie«
war unser Planet im Zeitraum vor etwa 700 bis 635 Mio. J.
(Neo-Proterozoikum) von Pol zu Pol vereist (Kennedy et al.
2008). Einzellige Ur-Lebewesen überdauerten diese lange Kälte-
periode in der Nähe heißer Unterwasser-Vulkanschlöte, die
durch Lavaflüsse und somit die Hitze aus dem Erdinneren angetrieben waren. Nach Abschmelzen der Pole setzte vor etwa 540
Mio. J., u. a. auch durch den Anstieg im Sauerstoffgehalt der
sich erwärmenden Meere, eine »rasche« Evolution und Diversifikation ein, über deren rekonstruierbare Ursachen weder
Darwin (1859/1872) noch die Architekten der Synthetischen
Theorie (z. B. Dobzhansky 1937, Mayr 1942) etwas wissen
konnten.

Die primär durch Hitzeentwicklung im Erdkern (radioaktiver
Zerfall des chemischen Elements Uran) verursachte Platten-
Dynamik war auch maßgeblich für die großen Massenaussterbe-Ereignisse im Phanerozoikum verantwortlich. Zumindest das Perm/Trias- und Kreide/Tertiär-Aussterben (s. Abb.
10.6, Pfeile), dem u. a. die letzten Trilobiten und die Dinosaurier zum Opfer gefallen sind, wurden u. a. durch weltweiten

Abb. 10.6: Verlauf der Makroevolution der Organismen der Erde, ausgehend von
der chemischen Evolution (Ursprung der Vorläufer = Proto-Zellen vor etwa
3800 Mio. J.). Die Symbiogenese (primäre Endosymbiose), gerichtete natürliche
Selektion (Elimination jener Phänotypen in variablen, expandierenden Populationen, die nicht an die neue Umwelt adaptiert sind) und Dynamische Erde
(Schaffung von Lebensräumen und Ursache der Massenaussterbe-Ereignisse)
sind als Antriebskräfte berücksichtigt, wobei die fünf Organismenreiche als
Endprodukte der seit etwa 3500 Mio. J. andauernden biologischen Evolution eingezeichnet sind (Synade-Modell, s. Abb. 10.5). Man beachte, dass die als Strich
dargestellten Bakterien (Monera) bezüglich ihrer Gesamt-Biomasse die Biosphäre
dominieren. Mio. J. = Millionen Jahre vor heute.

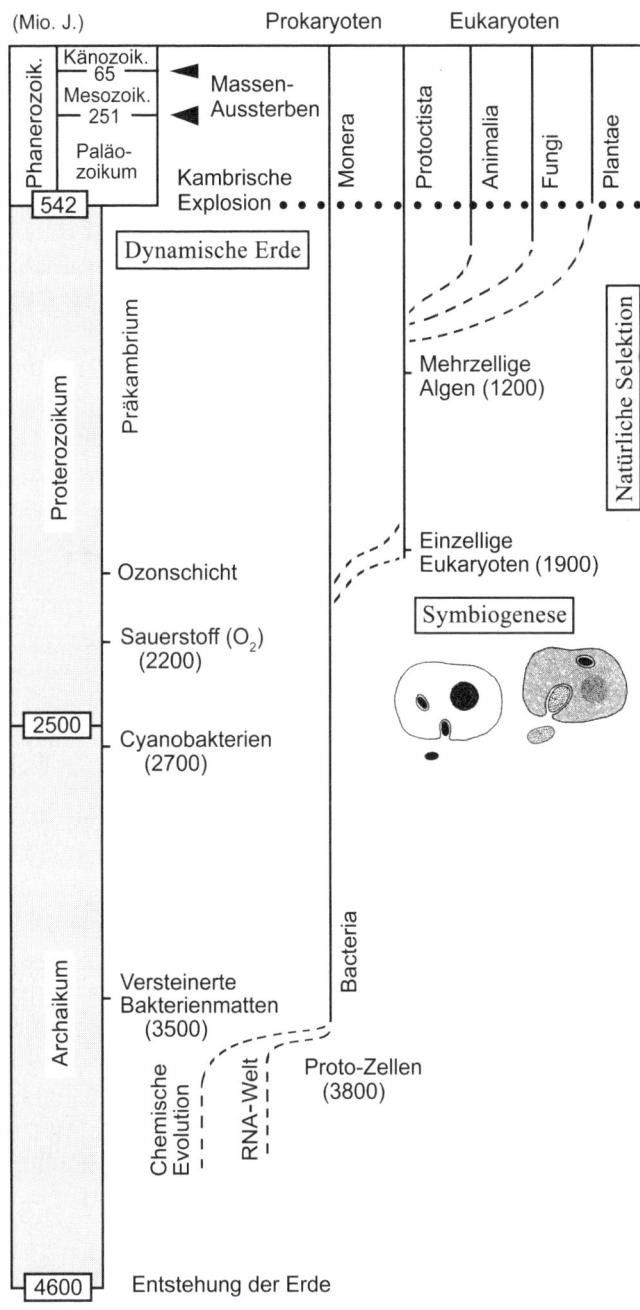

Vulkanismus mit verursacht. Kerr (2008) hat geochronologische Daten vorgelegt, die drei große Aussterbe-Ereignisse in der dokumentierten Erdgeschichte mit dem globalen Vulkanismus in Verbindung bringen.

Seit Wegener (1929) wissen wir, dass Vulkanausbrüche und andere Naturkatastrophen (Erdbeben, Tsunamis) u. a. durch die Plattentektonik ausgelöst werden (Nield 2007). So häufen sich z. B. schwere Erdbeben vor allem an Reibungszonen von abtauchenden Erdplatten oder an Verwerfungszonen, d. h. Regionen, wo zwei Schollen aneinander vorbeigleiten (z. B. San Andreas Graben bei San Francisco, s. Kapitel 7). Die von der inneren Hitze unseres Planeten ausgehende, bezüglich des Mechanismus noch nicht im Detail entschlüsselte Erdplatten-Dynamik hat somit im Verlauf der Jahrmillionen nicht nur die großen terrestrischen und aquatischen Lebensräume für evolvierende Populationen der Lebewesen aller fünf Reiche geschaffen bzw. verändert, sondern diese auch immer wieder zerstört (Vulkanismus mit gewaltigen Lavaströmen und einer daraus resultierenden Vernichtung intakter Ökosysteme, verbunden mit der Vergiftung der Atmosphäre, was wiederholt zu Massenaussterbe-Ereignissen geführt hat).

Die durch Fossilfunde belegte Tatsache, dass über 95 % aller Makroorganismen der Biosphäre im Verlauf der Erdgeschichte wieder ausgestorben sind (z. B. Trilobiten, Dinosaurier) (Niklas 1997, Benton 2005, Prothero 2007), steht, in Kombination mit dem erbärmlichen »Zahn-Design« der Elefanten (Kapitel 3) und anderer Fehlleistungen der Evolution, im Widerspruch zur These eines »allmächtigen, gütigen, biblischen Schöpfers«. Der irrationale Glaube vieler Menschen an ein wie auch immer geartetes »Intelligentes Design«, auf das an anderer Stelle bereits eingegangen wurde (s. Kutschera 2004, 2007 a, 2008 d), wird sich dennoch weiter halten, da man mit der Präsentation solider wissenschaftlicher Fakten gegen eingeimpfte biblische Dogmen nur schwer ankommt (Dawkins 1986, 2006, Neukamm 2004, Schmidt-Salomon 2006, Meyer 2008).

Die klassische Deszendenztheorie im Darwin-Jahr 2009

Was ist in unserem integrativen Synade-Modell der Makroevolution (Abb. 10.5, 10.6) von Darwin (1859/1872) übrig geblieben? Die Antwort auf diese Frage lautet wie folgt. Der Pionier der systematischen Evolutionsforschung, die mit Lamarck (1809) einsetzte, hatte mit seinen fünf höchst originellen Theorien (bzw. Konzepten) zur Abstammung der Organismen *im Prinzip* recht, obwohl er sich in vielen *Details* geirrt hat, was wiederum maßgeblich auf das begrenzte Faktenwissen der damaligen Zeit zurückzuführen ist.

Heute stehen folgende auf Darwins Thesen-System basierende Befunde fest. Alle Organismen der Erde entwickelten sich im Zuge realhistorischer Abstammungsprozesse (Evolution) aus bakteriellen Ur-Formen; der Artenwandel vollzog sich in der Regel graduell, obwohl es im Verlauf der Erdgeschichte auch Evolutions-Schübe gegeben hat (z. B. die primäre Endosymbiose als erster entscheidender »Urknall« der Phylogenese der damaligen Einzeller; die »Kambrische Explosion«; adaptive Radiationen der Trilobiten, Dinosaurier und Säugetiere). Die von Darwin (1859/1872) postulierte Vervielfachung der Arten im Verlauf der Erdgeschichte (Diversifikation) ist z. B. bei den Trilobiten, Käfern, Säugetieren und Blütenpflanzen eindeutig belegt und die von Darwin und Wallace (1858) erstmals im Detail vorgestellte natürliche Selektion hat all diese Evolutionsprozesse in entscheidendem Maße vorangebracht (Klingsolver und Pfennig 2007).

Da Darwin (1859/1872) jedoch weder das Konzept der Symbiogenese noch die dynamische Erde kannte und darüber hinaus das enorme Erdalter nicht erahnen konnte, ist seine im »Artenbuch« zusammengefasste klassische Deszendenztheorie oder Abstammungslehre heute nur noch als biologiehistorisches Grundlagenwerk einzustufen. Wegen seiner theologischen Inhalte (Widerlegung der »Schöpfungstheorie«) hat Darwins *Origin of Species* jedoch außerhalb der Naturwissenschaft Biologie noch immer eine dauerhafte Wirkung (s. Hoßfeld und Brömer 2001, Hoßfeld 2005). Weiterhin soll nochmals hervor-

gehoben werden, dass Charles Darwin mit seinem »Artenbuch«
die aufstrebende Biologie vom Würgegriff der christlichen Dogmatik bzw. Theologie befreit hat (Abtrennung des Faktenwissens von religiösen Glaubensinhalten, s. Kapitel 3).

Wie die Abb. 10.6 zeigt, verliefen etwa 87 % der »Gesamt-Evo-
lutionszeit«, gemessen seit der Entstehung erster Ur-Bakterien,
im Präkambrium; damals gab es nur aquatische Mikroben und
später einfache, an heutige Embryonen erinnernde Tiere sowie
Algen. Darwin (1859/1872), Weismann (1904) und die Architekten der Synthetischen Theorie (Dobzhansky 1937, Mayr
1942) haben sich auf das in unserer Graphik links oben eingezeichneten Phanerozoikum konzentriert und hierbei im
Wesentlichen Populationen von Tieren und Pflanzen analysiert
(Zeitraum seit dem Kambrium bis heute, d. h. ca. 13 % der Ge-
samt-Zeitspanne seit es Zellen gibt, die sich stetig fortpflanzen). Weiterhin berücksichtigten Darwin, Weismann, Dobzhansky und Mayr nur etwa 20 % der Organismen der Erde
(Reiche 3 und 5); die Massenaussterbe-Ereignisse wie auch die
Symbiogenese waren diesen Pionieren der klassischen und
modernen Evolutionsforschung unbekannt.

Diese quantitativen Abschätzungen und Betrachtungen zeigen, dass unser Wissen unter Berücksichtigung der Befunde aus
der Zell- und Molekularbiologie sowie der Geologie bzw. Geophysik derart angewachsen ist, dass wir heute von einem neuen
Bild von der organismischen Evolution sprechen können, das
weit über Darwins klassische, Bakterien-freie, statische »Tier-
Pflanzen-Welt« hinausgewachsen ist. Dieses Synade-Modell ist
als allgemeine General-Theorie der biologischen Evolution zu
betrachten, die keine spezifischen Vorhersagen macht und zahlreiche speziellere Unter-Theorien umfasst (s. Scheiner und Willig 2008). Selbstverständlich ist auch dieser neue, integrative
Blick auf die Makroevolution aller Lebewesen der Erde (Abb.
10.5, 10.6) wieder nur eine Zwischenbilanz: Evolutionsforscher
werden auch in Zukunft unser Bild von den Entwicklungslinien
aller Lebensformen immer mehr verfeinern und neue Erkenntnisse zutage fördern, von denen *wir* heute, im »Darwin-Jahr
2009«, noch nichts wissen können.

Schlussbemerkung: Charles Darwin – der Mozart der Biologie

Wie bereits im *Vorwort* zu diesem Buch angekündigt und in Kapitel 2 kurz erwähnt, wollen wir den Naturforscher Charles Darwin in diesem *Epilog* mit dem genialen Komponisten Wolfgang Amadeus Mozart vergleichen und die beiden Giganten der Wissenschafts- bzw. Kulturgeschichte auf eine Stufe stellen. Zunächst sollen in wenigen Sätzen die Leistungen von Charles Darwin rekapituliert werden.

Als vor einigen Jahren in einem Münchener Verlag ein Lexikon der Biologie unter dem eigenartigen Titel *Darwin & Co.* veröffentlicht wurde, haben sich zwei mir persönlich bekannte Mit-Autoren über den befremdlichen Titel geärgert – auch ich habe mich damals dieser Ansicht angeschlossen. In dieser zweibändigen Monographie (Jahn und Schmitt 2001) sind Leben und Werk so bedeutender Forscher wie Julius Sachs (1832 – 1897) oder Theodosius Dobzhansky (1900 – 1975) dargestellt, deren Leistungen auch im vorliegenden Buch gewürdigt sind (über den genialen russischen Evolutionsforscher Constantin S. Merezhkowsky wurde in diesem Band nichts berichtet, da die Lebensdokumente damals noch unerschlossen waren). Was hebt nun unseren »Titelhelden« Charles Darwin dennoch über Sachs und Dobzhansky hinaus? Der zuerst Genannte war als Begründer der Pflanzenphysiologie ausschließlich Botaniker (von einer frühen Sachs-Publikation zur Anatomie des Flusskrebses wollen wir hier absehen); Dobzhansky hat als Zoologe (Käfer- bzw. Fruchtfliegen-Spezialist) und Evolutionstheoretiker grundlegende Erkenntnisse hervorgebracht – sein Satz »Nichts in der Biologie ergibt einen Sinn, außer im Lichte der Evolution« wird noch heute regelmäßig zitiert. Dennoch waren Sachs, Dobzhansky und andere bei *Darwin & Co.* vorgestellte große Biologen immer noch Spezialisten, wenn auch auf sehr hohem und breitem Niveau. Sachs hat ausschließlich die Lebensvorgänge der Pflanzen erforscht, Dobzhansky seine wichtigsten Schlussfolgerungen im Wesentlichen aus Untersuchungen an Insekten-Populationen abgeleitet.

Wir haben in Kapitel 3 ausführlich begründet, warum Charles Darwin einerseits ein Spezialist (auf verschiedenen Gebieten), andererseits aber *der Generalist* seiner Zeit war. Dies ist einer der Gründe, warum ihn A. R. Wallace einmal als den »Newton der Biologie« bezeichnet hat. Wie aus den in Kapitel 4 vorgestellten unbekannten Theorien des Biologen Charles Darwin hervorgeht, war der britische Privatgelehrte, ausgehend von seiner frühen Käfer-Sammelleidenschaft, als *Tiersystematiker* (Schwerpunkt Rankenfußkrebse), *Biogenese-Theoretiker* (erster Autor eines Urtümpel-Konzepts), *Tierpsychologe* (Emotionen-Forscher bei Mensch und Tier), *Anthropologe* (Afrika-Ursprung des modernen Menschen), Mit-Begründer der *Entwicklungsphysiologie der Pflanzen* (Postulat der Existenz von Wuchsstoffen, Wurzelspitzen-Hirn-Modell), Urvater der *Blütenbiologie* (Prinzipien der Orchideen-Bestäubung) und *Bodenbiologe* (Bedeutung der Regenwürmer, Bioturbations-Theorie) hervorgetreten. Seine *Meeresboden-Absenk-Theorie* zur Entstehung tropischer Korallenriffe, in der Darwins geologische Kenntnisse mit der Biologie verbunden sind, sei hier ergänzend in Erinnerung gerufen.

Darwin war somit ein Universal-Zoologe (von den Käfern über die Rankenfußkrebse bis zum Menschen) und -Botaniker (von der Keimlings-Physiologie zur Orchideen-Taxonomie) und daher einer der vielseitigsten und genialsten Biologen des 19. Jahrhunderts. Darüber hinaus hat Darwin mit seiner klassischen *Deszendenztheorie* das alle Teilgebiete der *Life Sciences* vereinigende Grundkonzept (organismische Evolution) als Erster fest etabliert und mit A. R. Wallace einen heute belegten Mechanismus zum Artenwandel im Tier- und Pflanzenreich postuliert (Prinzip der natürlichen Selektion). Mit der Formulierung seiner Theorie der *sexuellen Selektion* wurde Darwin nebenbei zu einem der Urväter der vergleichenden Verhaltensforschung (*Ethologie*). Diese außergewöhnlichen wissenschaftlichen Leistungen müssen wir im Lichte heutiger Erkenntnisse einer angeborenen Genialität und endogenen Motivation zuschreiben. Fazit: Der Buchtitel *Darwin & Co.* war, bezogen auf die dort behandelte Biologie des 19. und 20. Jahrhunderts, gerechtfertigt (Jahn und Schmitt 2001).

Der in Kapitel 2 vorgestellte Komponist W. A. Mozart (1756 bis 1791) war der vielseitigste und originellste Tonsetzer seiner Zeit, dessen klassische Werke noch heute weltweit aufgeführt werden. Kaum ein anderer hat in allen Musikgattungen eine derartige Vielzahl an Kompositionen von höchster Qualität hervorgebracht. Im Köchel-Verzeichnis (KV) finden wir *Geistliche Werke* wie Messen, Requien, Litaneien, Oratorien, Kantaten und Kirchensonaten; *Bühnenwerke* wie Opern, Singspiele, Ballett- und Schauspielbegleitungen; *Orchesterwerke* wie Sinfonien, Serenaden und Divertimenti; *Orchesterkonzerte* für Violine, Klavier, Flöte, Oboe und Horn; *Kammermusikwerke* wie Klaviersonaten, Variationen, Trios für verschiedene Instrumente, Streichquartette und Quintette, sowie *Vokalwerke* wie Lieder, Kanons und Gesänge. Kein Komponist der klassischen Periode hat, wie W. A. Mozart, alle Stilelemente und Werkformen seiner Zeit in dieser Art und Weise beherrscht und ein derart vielfältiges, qualitativ hochwertiges Gesamtwerk hinterlassen. Arshavsky (2003) versuchte, die neurophysiologischen Grundlagen von Mozarts Genialität zu ergründen und hat einige vorläufige Schlussfolgerungen gezogen, die jedoch wenig erhellend sind. Die von ihm aufgeworfene Frage: »Wie wurde Mozart ein Mozart?« können wir auch auf Darwin übertragen – eine vorläufige Antwort hat der bescheidene Naturforscher in den letzten Sätzen seiner *Autobiographie* gegeben (Originalzitat mit Übersetzung s. Kapitel 4, S. 129). Basierend auf den Erkenntnissen der modernen Biologie können wir schlussfolgern, dass die angeborene Genialität von Darwin und Mozart primär einer zufallsbedingten Kombination günstiger Erbanlagen des jeweiligen Elternpaares zuzuschreiben ist (genetische Rekombination und Keimbahn-Mutationen, s. Kapitel 3). Anschaulich formuliert: Hätte ein anderes (männliches) Spermium eine andere (weibliche) Eizelle befruchtet, so wären nicht diese extrem unwahrscheinlichen, seltenen Zufallsprodukte der Human-Evolution, die auf die Namen »Charles Robert« (Darwin) bzw. »Wolfgang Amadeus« (Mozart) getauft wurden, entstanden. Zufälligerweise waren dann auch noch die Umweltbedingungen (Familienverhältnisse) für die Entwicklung beider Männer günstig, so dass diese ihr genetisches

Potential optimal entfalten und ihre unsterblichen Werke verfassen konnten (s. Kapitel 1 und 2).

In der Musikgeschichte des 19. Jahrhunderts etablierten sich
Begriffe wie *Mozartiana* und *Mozartianer*, die in analoger Weise
auch in der biologiehistorischen Literatur auftreten (*Darwiniana* für Schriftensammlungen zu Leben und Werk von
Charles Darwin; *Darwinianer* bzw. Darwinisten als Bezeichnung jener Biologen, welche die Konzepte des Naturforschers verbreitet und weiterentwickelt haben). Da wir darüber hinaus seit etwa 1950 von einer weltweiten Mozart- bzw.
Darwin-»Industrie« sprechen können, wollen wir in diesem
letzten Abschnitt Charles Darwin als den *Mozart der Biologie*
des 19. und 20. Jahrhunderts bezeichnen. Von diesem späten
Ehrentitel konnte Darwin, der als junger Mann ein *Mozartianer*
war, nichts wissen, da die weltweite Langzeit-Wirkung seiner
genialen wissenschaftlichen Werke erst nach dem Tod einsetzte
und bis heute anhält.

Literatur

Abel, O. (1906) Fossile Flugfische. Jb. Geol. Reichsanstalt 56, 1 – 93.

Abel, O. (1911) Grundzüge der Palaeobiologie der Wirbeltiere. E. Schweizerbart'sche Verlagsbuchhandlung, Stuttgart.

Abel, O. (1922) Lebensbilder aus der Tierwelt der Vorzeit. Verlag von Gustav Fischer, Jena.

Abel, O. (1928) Die Festgabe der 'Palaeobiologica'. Palaeobiologica 1, 1 – 6.

Abel, O. (1939) Die Tiere der Vorzeit in ihrem Lebensraum. Verlag von Gustav Fischer, Jena.

Allegre, C. J., Manhes, G., Göpel, C. (1995) The age of the Earth. Geochim. Cosmochim. Acta 59, 1445 – 1456.

Arshavsky, Y. I. (2003) Why did Mozart become a Mozart? Neurophysiological insight into behavioural genetics. Brain and Mind 4, 327 – 339.

Atkinson, T., Leeder, M. (2008) Canyon cutting on a grand time scale. Science 319, 1343 – 1344.

Barlow, N. (Ed.) (1958) The Autobiography of Charles Darwin. Collins, St. James's Place, London.

Barlow, P. (2006) Charles Darwin and the plant root apex: Closing a gap in living systems theory as applied to plants. In: Baluska, F., Mancuso, S., Volkmann, D. (Eds.) Communication in Plants. Springer-Verlag, Berlin Heidelberg, 37 – 51.

Barnes, R. S. K. (Ed.) (1998) The Diversity of Living Organisms. Blackwell Science, Oxford.

Beierkuhnlein, C. (2007) Biogeographie. Verlag Eugen Ulmer, Stuttgart.

Benton, M. J. (2005) Vertebrate Palaeontology. 3th Ed. Blackwell Science, Oxford.

Bernstein, M. (2006) Prebiotic materials from on and off the early Earth. Phil. Trans. R. Soc. B 361, 1689 – 1702.

Bekoff, M. (2000) Animal emotions: Exploring passionate natures. BioScience 50, 861 – 870.

Bommeli, R. (1890) Illustrierte Geschichte der Erde. Verlag von J. H. W. Dietz, Stuttgart.

Botha, J., Smith, R. M. H. (2007) *Lystrosaurus* species composition across the Permo-Triassic boundary in the Karoo Basin of South Africa. Lethaia 40, 125 – 137.

Bredekamp, H. (2005) Darwins Korallen. Frühe Evolutionsmodelle und die Tradition der Naturgeschichte. Verlag Klaus Wagenbach, Berlin.

Bronn, H. G. (1860) Schlusswort des Übersetzers. In: Charles Darwin, über die Entstehung der Arten, übersetzt von H. G. Bronn nach der 2. Auflage. E. Schweizerbart'sche Verlagshandlung und Druckerei, Stuttgart.

Brown, S. (2008) Top billing for platypus at end of evolution tree. Nature 453, 138 – 139.

Browne, J. (2002) Charles Darwin. The Power of Place. 2 Vols. Knopf, New York.

Bueckers, P. G. (1909) Die Abstammungslehre. Eine gemeinverständliche Darstellung und kritische Übersicht der verschiedenen Theorien mit besonderer Berücksichtigung der Mutationstheorie. Verlag von Quelle & Meyer, Leipzig.

Bunge, M., Mahner, M. (2004) Über die Natur der Dinge. Materialismus und Wissenschaft. S. Hirzel Verlag, Stuttgart, Leipzig.

Burchfield, J. D. (1975) Lord Kelvin and the Age of the Earth. Science History Pulbications, New York.

Carroll, S. B. (2006) The Making of the Fittest. DNA and the Ultimate Forensic Record of Evolution. W. W. Norton & Company, New York, London.

Casanova, I. (1998) Clair C. Patterson (1922 – 1995), discoverer of the age of the Earth. Internatl. Microbiol. 1, 231 – 232.

Collins, L. G. (2006) Time to accumulate chloride ions in the world's oceans – more than 3.6 billion years. Creationism's young Earth not supported. Rep. Natl. Cent. Sci. Edu. 26, 16 – 24.

Cosans, C. (2005) Was Darwin a creationist? Persp. Biol. Med. 48, 362 – 371.

Cowen, R. (2000) History of Life. 3rd Ed. Blackwell Science, Oxford.

Cutler, A. (2003) The Seashell on the Mountaintop. Dutton, New York.

Dalrymple, G. B. (1991) The Age of the Earth. Stanford University Press, Stanford.

Dalrymple, G. B. (2004) Ancient Earth, Ancient Skies. The Age of Earth and it's Cosmic Surroundings. Stanford University Press, Stanford.

Darwin, C. (1839) Journal of the Researches into the Geology and Natural History of the Various Countries visited by H. M. S. Beagle. Henry Colburn, London (2. Ed., 1845).

Darwin, C. (1842) The Structure and Distribution of Coral Reefs. Smith, Elder, London.

Darwin, C. (1844) Geological Observations on the Volcanic Islands visited during the Voyage of H. M. S. Beagle, together with some Brief Notices of the Geology of Australia and the Cape of Good Hope. Being the Second Part of the Geology of the Voyage of the Beagle, under the Command of Captain FitzRoy, R. N., during the Years 1832 to 36. Smith, Elder, London.

Darwin, C. (1846) Geological Observations on South America. Being the Third Part of the Voyage of the Beagle, under the Command of Captain FitzRoy, R. N., during the Years 1832 to 36. Smith, Elder, London.

Darwin, C. (1851/1854) A Monograph of the Sub-class Cirripedia, with Figures of all the Species (Vols. 1 and 2). Ray Society, London.

Darwin, C. (1859) On the Origin of Species by Means of Natural Selection, or the Preservation of Favoured Races in the Struggle for Life. John Murray, London (6. Ed., 1872).

Darwin, C. (1862) On the Various Contrivances by which British and Foreign Orchids are fertilised by Insects. John Murray, London.

Darwin, C. (1867) The Movements and Habits of Climbing Plants (1. Ed. in Vol. 9 of the J. Linn. Soc. Bot.) (2. Ed., 1875, John Murray, London).

Darwin, C. (1868) The Variation of Animals and Plants under Domestication (Vols. 1 and 2). John Murray, London.

Darwin, C. (1871) The Descent of Man, and Selection in Relation to Sex (Vols. 1 and 2). John Murray, London.

Darwin, C. (1872) The Expression of the Emotions in Man and Animals. John Murray, London.

Darwin, C. (1875) Insectivorous Plants. John Murray, London.

Darwin, C. (1876) The Effects of Cross and Self Fertilisation in the Vegetable Kingdom. John Murray, London.

Darwin, C. (1877) The Different Forms of Flowers on Plants of the same Species. John Murray, London.

Darwin, C. (1880) The Power of Movement in Plants. John Murray, London.

Darwin, C. (1881) The Formation of Vegetable Mould, through the Actions of Worms, with Observations on their Habits. John Murray, London.

Darwin, C., Wallace, A. R. (1858) On the tendency of species to from varieties; and on the perpetuation of varieties and species by natural means of selection. J. Proc. Linn. Soc. Lond. 3, 45 – 63.

Darwin, F. (Ed.) (1909) The Foundation of the Origin of Species. Two Essays in 1842 and 1844 by Charles Darwin. Cambridge University Press, Cambridge.

Darwin, F., Acton, E. H. (1894) Practical Physiology of Plants. Cambridge University Press, Cambridge.

Dauphas, N. (2005) The U/Th production ratio and the age of the Milky Way from meteorites and Galactic halo stars. Nature 435, 1203 – 1205.

Dawkins, R. (1986) The Blind Watchmaker. W. W. Norton & Company, New York.

Dawkins, R. (2006) The God Delusion. Bantam Books, New York.

DeLaeter, J. R. (1998) Mass spectrometry and geochronology. Mass Spectrometry Reviews 17, 97 – 125.

Desmond, A., Moore, J. (1991) Charles Darwin: The Life of a Tormented Evolutionist. Warner, New York.

Deutsch, O. E., Eibl, J. H. (1981) Mozart. Dokumente seines Lebens. 2. Auflage. Deutscher Taschenbuch Verlag, München.

Dobzhansky, T. (1937) Genetics and the Origin of Species. Columbia University Press, New York.

Dobzhansky, T. (1955) Evolution, Genetics, and Man. John Wiley & Sons, New York, London.

Dobzhansky, T., Ayala, F., Stebbins, G. L., Valentine, J. W. (1977) Evolution. W. H. Freeman & Company, San Francisco.

Donoghue, P. C. J., Benton, M. J. (2007) Rocks and clocks: calibrating the Tree of Life using fossils and molecules. Trends Ecol. Evol. 22, 424 – 431.

Douglas-Hamilton, I., Bhalla, S., Wittemyer, G., Vollrath, F. (2006) Behavioural reactions of elephants towards a dying and deceased matriarch. Appl. Anim. Behav. Sci. 100, 87 – 102.

Engels, E.-M. (2007) Charles Darwin. Verlag C. H. Beck, München.

Fortey, R. (2004) Trilobiten. Fossilien erzählen die Geschichte der Erde. Deutscher Taschenbuch Verlag, München.

Fraiser, M. L., Bottjer, D. J. (2007) Elevated atmospheric CO_2 and the delayed biotic recovery from the end-Permian mass extinction. Palaeogeogr. Palaeoclimatol. Palaeoecol. 252, 164 – 175.

Frömming, E. (1956) Biologie der mitteleuropäischen Süßwasserschnecken. Duncker und Humboldt, Berlin.

Futuyma, D. J. (1998) Evolutionary Biology. 3th Ed. Sinauer Associates, Sunderland.

Gerber, P. H. (1898) Mozart's Ohr. Deutsch. Med. Wochenschrift 24, 351 – 352.

Geus, A., Höxtermann, E. (Hg.) (2007) Evolution durch Kooperation und Integration – Zur Entstehung der Endosymbiontentheorie in der Zellbiologie. Basilisken-Presse, Marburg.

Gilbert, S. F. (2003) Developmental Biology. 7th Ed. Sinauer Associates, Sunderland.

Goerke, H. C. (1966) Carl von Linné. Arzt-Naturforscher-Systematiker. Wissenschaftliche Verlagsgesellschaft, Stuttgart.

Gould, S. J. (2002) The Structure of Evolutionary Theory. Harvard University Press, Cambridge, Massachusetts.

Gradstein, F. M., Ogg, J. G., Smith, A. G. (Eds.) (2004) A Geologic Time Scale 2004. Cambridge University Press, Cambridge.

Gregory, T. R. (2008 a) Evolution as fact, theory and path. Evo. Edu. Outreach 1, 46 – 52.

Gregory, T. R. (2008 b) Understanding evolutionary trees. Evo. Edu. Outreach 1, 121 – 137.

Griffith, G. (2007) Cell evolution and the problem of membrane topology. Nat. Rev. Mol. Cell Biol. 8, 1018 – 1024.

Grimaldi, D., Engel, M. S. (2005) Evolution of the Insects. Cambridge University Press, New York.

Guo, J. (2008) Fire and Life. Nature 454, 930 – 932.

Haeckel, E. (1866) Generelle Morphologie der Organismen. Allgemeine Grundzüge der organischen Formen-Wissenschaft, mechanisch begründet durch die von Charles Darwin reformierte Descendenz-theorie. Bd. 1 und 2. DeGruyter, Berlin.

Haeckel, E. (1877) Anthropogenie oder Entwicklungsgeschichte des Menschen. Gemeinverständliche Wissenschaftliche Vorträge über die Grundzüge der menschlichen Keimes- und Stammes-Geschichte. Verlag Wilhelm Engelmann, Leipzig.

Haffer, J. (2007) Ornithology, Evolution, Philosophy. The Life and Science of Ernst Mayr 1904 – 2005. Springer-Verlag, Berlin/Heidelberg.

Hamilton, W. D. (1972) Altruism and related phenomena, mainly in social insects. Annu. Rev. Ecol. Syst. 3, 193 – 232.

Healey, E. (2001) Emma Darwin. The Inspirational Wife of a Genius. Headline, London.

Hemleben, J. (1996) Darwin. 12. Auflage. Rowohlt Taschenbuch Verlag, Reinbek.

Herbert, S. (2005) Charles Darwin, Geologist. Cornell University Press, Ithaca.

Hone, D.W.E., Benton, M. J. (2005) The evolution of large size: how does Cope's Rule work? Trends Ecol. Evol. 20, 4 – 6.

Hunt, T., Bergsten, J., Levkanicova, Z. et al. (2007) A comprehensive phylogeny of beetles reveals the evolutionary origins of a super-radiation. Science 318, 1913 – 1916.

Hoßfeld, U. (2005) Geschichte der biologischen Anthropologie in Deutschland. Von den Anfängen bis in die Nachkriegszeit. Franz Steiner Verlag, Stuttgart.

Hoßfeld, U., Brömer, R. (Hg.) (2001) Darwinismus und /als Ideologie. Verlag Wissenschaft und Bildung, Berlin.

Hughes, N. C. (2007) The evolution of Trilobite body pattering. Annu. Rev. Earth Planet Sci. 35, 401 – 434.

Huxley, J. (1942) Evolution. The Modern Synthesis. Harper & Brothers Publishers, New York and London.

Jackson, J. B. C., Erwin, D. H. (2006) What can we learn about ecology and evolution from the fossil record? Trends Ecol. Evol. 21, 322 – 328.

Jahn, I. (Hg.) (2002) Geschichte der Biologie. 3. Auflage. Nikol Verlagsgesellschaft, Hamburg.

Jahn, I., Schmitt, M. (Hg.) (2001) Darwin & Co. Geschichte der Biologie in Portraits. Bd. I und II. Verlag C. H. Beck, München.

Jeffreys, H. (1924) The Earth. Cambridge University Press, Cambridge.

Junker, T. (2004) Die zweite Darwinsche Revolution. Geschichte des synthetischen Darwinismus in Deutschland 1924 bis 1950. Basilisken-Presse, Marburg.

Junker, T. (2006) Evolution des Menschen. Verlag C. H. Beck, München.

Junker, T. (2008) Einleitung. In: Charles Darwin, Über die Entstehung der Arten im Thier- und Pflanzen-Reich durch natürliche Züchtung, oder Erhaltung der vervollkommneten Rassen im Kampfe um's Daseyn. Faksimile der ersten deutschen Ausgabe von 1860. Wissenschaftliche Buchgesellschaft, Darmstadt.

Junker, T., Paul, S. (2009) Der Darwin-Code: Evolution entschlüsselt unser Leben. Verlag C. H. Beck, München.

Junker, T., Hoßfeld, U. (2001) Die Entdeckung der Evolution. Eine revolutionäre Idee und ihre Geschichte. Wissenschaftliche Buchgesellschaft, Darmstadt.

Kemp, T. S. (2005) The Origin and Evolution of Mammals. Oxford University Press, Oxford.

Kemp, T. S. (2007) The origin of higher taxa: macroevolutionary processes, and the case of the mammals. Acta Zool. 88, 3 – 22.

Kennedy, M., Mrofka, D., Brock, C. (2008) Snowball Earth termination by destabilization of equatorial permafrost methane clathrate. Nature 453, 642 – 645.

Kerr, R. A. (2007) Two geologic clocks finally keeping the same time. Science 320, 434 – 435.

Keynes, R. (2002) Annie's Box. Charles Darwin, His Daughter and Human Evolution. Riverhead, New York.

Kiss, J. Z. (2006) Up, down, and all around: How plants sense and respond to environmental stimuli. Proc. Natl. Acad. Sci. USA 103, 829 – 830.

Kleine, T., Palme, H., Mezger, K. Halliday, A. N. (2005) Hf-W Chronometry of lunar metals and the age and early differentation of the moon. Science 310, 1671 – 1674.

Klingsolver, J. G., Pfennig, D. W. (2007) Patterns and power of phenotypic selection in nature. BioScience 57, 561 – 572.

Knoop, V., Müller, K. (2006) Gene und Stammbäume. Ein Handbuch zur molekularen Phylogenetik. Spektrum Akademischer Verlag, Heidelberg.

Köppen, L. (2004) Mozarts Tod. Ein Rätsel wird gelöst. Ludwig-Köppen-Verlag, Köln.

Kring, D. A. (2007) The Chixulub impact event and its environmental consequences at the K/T boundary. Palaeogeogr. Palaeoclimatol. Palaeoecol. 255, 4 – 21.

Kull, U. (2008) Evolution in Stichworten. Gebr. Bornträger Verlagsbuchhandlung. Berlin, Stuttgart.

Kushner, D. (1993) Sir George Darwin and a British school of Geophysics. Osiris 8, 196 – 224.

Kutschera, U. (1998) Grundpraktikum zur Pflanzenphysiologie. Quelle & Meyer Verlag, Wiesbaden.

Kutschera, U. (2001) Evolutionsbiologie. Eine allgemeine Einführung. Parey Buchverlag, Berlin.

Kutschera, U. (2002) Prinzipien der Pflanzenphysiologie. 2. Auflage. Spektrum Akademischer Verlag, Heidelberg.

Kutschera, U. (2003 a) A comparative analysis of the Darwin-Wallace papers and the development of the concept of natural selection. Theory Biosci. 122, 343 – 359.

Kutschera, U. (2003 b) Auxin-induced cell elongation in grass coleoptiles: a phytohormone in action. Curr. Topics Plant Biol. 4, 27 – 46.

Kutschera, U. (2004) Streitpunkt Evolution. Darwinismus und Intelligentes Design. Lit-Verlag, Münster (2. Auflage 2007).

Kutschera, U. (2005) Predator-driven macroevolution in flying fishes inferred from behavioural studies: historical controversies and a hypothesis. Ann. Hist. Phil. Biol. 10, 59 – 77.

Kutschera, U. (2006) Acid growth and plant development. Science 311, 952 – 953.

Kutschera, U. (Hg.) (2007 a) Kreationismus in Deutschland. Fakten und Analysen. Lit-Verlag, Münster.

Kutschera, U. (2007 b) Paleobiology: The origin and evolution of a scientific discipline. Trends Ecol. Evol. 22, 172 – 173.

Kutschera, U. (2007 c) Leeches underline the need for Linnean taxonomy. Nature 447, 775.

Kutschera, U. (2007 d) Plant-associated methylobacteria as co-evolved phytosymbionts: a hypothesis. Plant Signal. Behav. 2, 74 – 78.

Kutschera, U. (2008 a) Evolutionsbiologie. 3. Auflage. Verlag Eugen Ulmer, Stuttgart.

Kutschera, U. (2008 b) Darwin-Wallace principle of natural selection. Nature 453, 27.

Kutschera, U. (2008 c) From Darwinism to evolutionary biology. Science 321, 1157 – 1158.

Kutschera, U. (2008 d) Creationism in Germany and its possible cause. Evo. Edu. Outreach 1, 84 – 86.

Kutschera, U. (2009) Symbiogenesis, natural selection, and the dynamic Earth. Theory Biosci. 128, 191 – 203.

Kutschera, U., Epshtein, V. M. (2006) Nikolaj A. Livanow (1876 – 1974) and the living relict *Acanthobdella peledina* (Annelida, Clitellata). Ann. Hist. Phil. Biol. 11, 85 – 98.

Kutschera, U., Niklas, K. J. (2004) The modern theory of biological evolution: an expanded synthesis. Naturwissenschaften 91, 255 – 276.

Kutschera, U., Niklas, K. J. (2005) Endosymbiosis, cell evolution, and speciation. Theory Biosci. 124, 1 – 24.

Kutschera, U., Niklas, K. J. (2006) Photosynthesis research on yellowtops. Macroevolution in progress. Theory Biosci. 125, 81 – 92.

Kutschera, U., Niklas, K. J. (2007) The epidermal-growth-control theory of stem elongation: An old and a new perspective. J. Plant Physiol. 164, 1395 – 1409.

Kutschera, U., Niklas, K. J. (2008) Macroevolution via secondary endosymbiosis: a Neo-Goldschmidtian view of unicellular hopeful monsters and Darwins's primordial intermediate form. Theory Biosci. 127, 277 – 289.

Kutschera, U., Wirtz, P. (2001) The evolution of parental care in freshwater leeches. Theory Biosci. 120, 115 – 137.

Lack, D. (1947) Darwin's Finches. Cambridge University Press, Cambridge.

Lamarck, J.-B. de (1809) Philosophie Zoologique. Verdière, Paris.

Landon, H. C. R. (1992) 1791. Mozarts letztes Jahr. 2. Auflage. Deutscher Taschenbuch Verlag, München.

Levin, H. L. (2003) The Earth Trough Time. 7. Edition. John Wiley & Sons Inc., Hoboken.

Lorenz, K. (1965) Darwin hat recht gesehen. Verlag Günther Neske, Pfullingen.

Lyell, C. (1830) Principles of Geology. Being an Attempt to Explain the Former Changes of the Earth's Surface by Reference to Causes now in Operation. John Murray, London.

Macdonald, D. (Ed.) (2001) The Encyclopedia of Mammals. 2. Ed. Andromeda, Oxford.

Madigan, M. T., Martinko, J. M. (2006) Biology of Microorganisms. 11. Ed. Pearson, New Jersey.

Margulis, M. (1970) Origin of Eukaryotic Cells. Yale University Press, New Haven.

Margulis, L., Schwartz, K.V. (1998) Five Kingdoms. An Illustrated Guide to the Phyla of Life on Earth. 3rd. Ed. W.H. Freeman & Company, New York.

Margulis, L., Sagan, D. (2002) Acquring Genomes. A Theory of the Origin of Species. Basic Books, New York.

Mayr, E. (1942) Systematics and the Origin of Species. Columbia University Press, New York.

Mayr, E. (1982) The Growth of Biological Thought. Diversity, Evolution, and Inheritance. Harvard University Press, Cambridge, Massachusetts.

Mayr, E. (1991) One long Argument: Charles Darwin and the Genesis of Modern Evolutionary Thought. Harvard University Press, Cambridge, Massachusetts.

Mayr, E. (2001) What Evolution Is. Basic Books, New York.

Mayr, E. (2004) What Makes Biology Unique? Considerations on the Autonomy of a Scientific Discipline. Cambridge University Press, Cambridge.

Merezhkowsky, C. (1905) Über Natur und Ursprung der Chromatophoren im Pflanzen-Reiche. Biol. Centralblatt 15, 593 – 604; 689 – 690.

Merezhkowsky, C. (1910) Theorie der zwei Plasmaarten als Grundlage der Symbiogenesis, einer neuen Lehre von der Entstehung der Organismen. Biol. Centralblatt 30, 278 – 303, 321 – 347, 353 – 367.

Merezhkowsky, C. (1920) La plante considerée comme un complexe symbiotique. Bull. Soc. Sci. Nat. France 6, 17 – 98.

Meyer, A. (2008) Evolution ist überall. Böhlau Verlag, Wien, Köln, Weimar.

Meyer, A., Zardoya, R. (2003) Recent advances in the (molecular) phylogeny of vertebrates. Annu. Rev. Ecol. Syst. 34, 311 – 338.

Meysman, P. J. R., Middleburg, J., Heip, C. H. R. (2006) Bioturbation: a fresh look at Darwin's last idea. Trends Ecol. Evol. 21, 688 – 695.

Mohr, H. (2008) Einführung in (natur-)wissenschaftliches Denken. Springer-Verlag, Berlin Heidelberg.

Moore, G. A. (2007) Darwins Erben. Finanzbuch Verlag, München.

Naef, A. (1933) Die Vorstufen der Menschwerdung. Verlag Gustav Fischer, Jena.

Newman, W. A. (1993) Darwin and cirripedology. Crustacean Issues 8, 349 – 434.

Nichols, P. (2003) Evolution's Captain: The Tragic Fate of Robert FitzRoy, the Man who Sailed Charles Darwin Around the World. Harper Collins, New York.

Nield, T. (2007) Supercontinent. Ten Billion Years in the Life of Our Planet. Harvard University Press, Cambridge, Massachusetts.

Niklas, K. J. (1997) The Evolutionary Biology of Plants. University of Chicago Press, Chicago.

Neukamm, M. (2004) Weshalb die Intelligent-Design-Theorie nicht wissenschaftlich überzeugen kann. MIZ 33, 14 – 19.

Osche, G. (1972) Evolution. Grundlagen – Erkenntnisse – Entwicklungen der Abstammungslehre. Verlag Herder, Freiburg i. Br.

Paley, W. (1802) Natural Theology: or, Evidences of the Existence and Attributes of the Deity, Collected from the Appearances of Nature. R. Fauldner, London.

Patterson, C. C. (1956) Age of meteorites and the Earth. Geochim. Cosmochim. Acta 10, 230 – 237.

Pauly, D. (2004). Darwin's Fishes: An Encyclopedia of Ichthyology, Ecology and Evolution. Cambridge University Press, Cambridge.

Pearson, A. (2008) Who lives in the sea floor? Nature 454, 952 – 953.

Probst, E. (1986) Deutschland in der Urzeit. Von der Entstehung des Lebens bis zum Ende der Eiszeit. C. Bertelsmann Verlag, München.

Prothero, D. R. (2007) Evolution: What the Fossils Say and Why it Matters. Columbia University Press, Columbia.

Raby, P. (2001) Alfred Russel Wallace. A Life. Princeton University Press, Princeton.

Reinhardt, L. (1925) Die Geschichte des Lebens der Erde. 3. Auflage. Benjamin Harz Verlag, Berlin – Wien.

Rensch, B. (1947) Neuere Probleme der Abstammungslehre. Die transspezifische Evolution. Ferdinand Enke, Stuttgart.

Retallack, G. J., Greaver, T., Jahren, A. H. (2007) Return to Coulsack Bluff and the Permian-Triassic boundary in Antarctica. Global and Planetary Change 55, 90 – 108.

Rohland, N., Malaspinas, A.-S., Pollack, J. L., Slatkin, M., Matheus, P., Hofreiter, M. (2007) Probiscidean mitogenomics: Chronology and mode of elephant evolution using mastodon as outgroup. PloS Biology 5, 1663 – 1671.

Sapp, J., Carrapico, F., Zolotonosov, M. (2002) Symbiogenesis: The hidden face of Constantin Merezhkowsky. Hist. Phil. Life Sci. 24, 413 – 440.

Scheiner, S. M., Willig, M. R. (2008) A general history of ecology. Theor. Ecol. 1, 21 – 28.

Scherp, P., Grotha, R., Kutschera, U. (2001) Occurrence and phylogenetic significance of cytokinesis-related callose in green algae, bryophytes, ferns and seed plants. Plant Cell Rep. 20, 143 – 149.

Schmidt-Salomon, M. (2006) Manifest des evolutionären Humanismus. 2. Auflage. Alibri Verlag, Aschaffenburg.

Schopf, J.W. (2006) Fossil evidence for Archaean life. Phil. Trans. R. Soc. B 361, 869 – 885.

Schopfer, P., Brennicke, A. (2006) Pflanzenphysiologie. 6. Auflage. Spektrum Akademischer Verlag, Heidelberg.

Schneider, K. C. (1911) Einführung in die Deszendenztheorie. Fünfunddreißig Vorträge. Verlag von Gustav Fischer, Jena.

Scott, E. R. D. (2007) Chondrites and the protoplanetary disk. Annu. Rev. Earth Planet. Sci. 35, 577 – 620.

Sereno, P. (1999) The evolution of dinosaurs. Science 284, 2137 – 2142.

Shermer, M. (2002) In Darwin's Shadow: The Life and Science of Alfred Russel Wallace. Oxford University Press, Oxford.

Seward, A. C. (1909) Darwin and Modern Science. Essays in Commemoration of the Centenary of the Birth of Charles Darwin and of the Fiftieth Anniversary of the Publication of *The Origin of Species*. Cambridge University Press, Cambridge.

Shoshani, J., Walter, R. C., Abraha, M., Berhe, S., Tassy, P., Sanders, W. J., Marchant, G. H., Lipsekal, Y., Ghirmai, T., Zinner, D. (2006) A proboscidean from the late Oligocene of Eritrea, a »missing link« between early Elephantiformes and Elephantimorpha, and biogeographic implications. Proc. Natl. Acad. Sci. USA 103, 17296 – 17301.

Shubin, N. (2008) Your Inner Fish: A Journey into the 3.5-Billion-Year History of the Human Body. Allen Lane/Pantheon, London.

Simpson, G. G. (1944) Tempo and Mode in Evolution. Columbia University Press, New York.

Slotten, R. (2004) The Heretic in Darwin's Court: The Life of Alfred Russel Wallace. Columbia University Press, New York.

Smith, J. (2006) Charles Darwin and Victorian Visual Culture. Cambridge University Press, Cambridge.

Snider-Pellegrini, A. (1858) Le Création et ses Mystères dévoilés. Franck et Dentu, Paris.

Stebbins, G. L. (1950) Variation and Evolution in Plants. Columbia University Press, New York und London.

Steinmüller, A. (1985) Charles Darwin. Vom Käfersammler zum Naturforscher. Verlag Neues Leben, Berlin.

Stott, R. (2003) Darwin and the Barnacle. Faber and Faber, London.

Storch, V., Welsch, U., Wink, M. (2007) Evolutionsbiologie. 2. Auflage. Springer-Verlag, Berlin Heidelberg New York.

Tan, J. and Ren, D. (2006) New fossil Priacmini (Insecta: Coleoptera. Archostemata: Cupedidae) from the Jehol Biota of China. J. Nat. Hist. 40, 2653 – 2661.

Tarassow, L. (1998) Wie der Zufall will. Vom Wesen der Wahrscheinlichkeit. Spektrum Akademischer Verlag, Heidelberg, Berlin.

Vardiman, L., Snelling A.A., Chaffin, E. F. (Hg.) (2004) Radioisotope und das Alter der Erde. Hänssler-Verlag, Holzgerlingen.

Vardiman, L. (2007) RATE in Review: Unsolved problems. Acts & Facts 36, 6.

Viets, K. (1955/1956) Die Milben des Süßwassers und des Meeres (Teile 1 – 3). Gustav Fischer Verlag, Jena.

Voland, E. (2000) Grundriss der Soziobiologie. 2. Auflage. Spektrum Akademischer Verlag, Heidelberg.

Wallace, A.R. (1889) Darwinism: An Exposition of the Theory of Natural Selection with Some of its Applications. MacMillan & Co., London, New York.

Wallace, A.R. (1905) My Life: A Record of Events and Opinions. Chapman & Hall, London.

Wallin, I.E. (1927) Symbionticism and the Origin of Species. Bailliere, Tindall & Cox, London.

Wegener, A. (1929) Die Entstehung der Kontinente und Ozeane. 4. Auflage. Vieweg & Sohn, Braunschweig.

Weikart, R. (2004) From Darwin to Hitler: Evolutionary Ethics, Eugenics and Racism in Germany. Palgrave Macmillan, New York.

Weishampel, D.B., Dodson, P., Osmolska, H. (Eds.) (2004) The Dinosauria. 2. Ed. University of California Press, Berkeley.

Weismann, A. (1892) Das Keimplasma. Eine Theorie der Vererbung. G. Fischer Verlag, Jena.

Weismann, A. (1904) Vorträge über Deszendenztheorie. Band I und II. 2. Auflage. G. Fischer Verlag, Jena.

Whitman, W. B., Coleman, D. C., Wiebe, W. J. (1998) Prokaryotes: The unseen majority. Proc. Natl. Acad. Sci. USA 95, 6578 – 6583.

Wuketits, F.W. (2005) Darwin und der Darwinismus. Verlag C. H. Beck, München.

Internet-Adressen

1. Arbeitskreis (AK) Evolutionsbiologie im Verband Biologie, Biowissenschaften & Biomedizin in Deutschland (VBiO):
www.evolutionsbiologen.de
Vereinigung deutscher Evolutionsbiologen, gegründet im Oktober 2002 (Vorstand: Prof. U. Kutschera). Auf diesen Seiten sind aktuelle Meldungen zur Evolutionsbiologie und der Kreationismus-Debatte nachlesbar. Weiterhin werden die wichtigsten im deutschsprachigen Raum tätigen Evolutionsbiologen aufgelistet (Mitglieder-Verzeichnis), die über Links zu deren Internetseiten bzw. E-Mail-Adressen erreichbar sind. Außerdem haben wir Fachartikel zur Evolution der Organismen zum Herunterladen bereitgestellt und zahlreiche Links geschaltet, die zu weiteren Seiten zum Thema Evolution führen (z. B. www.darwin-jahr.de).

2. European Society for Evolutionary Biology (ESEB):
www.eseb.org
Offizielle Internetseite der im Jahr 1987 gegründeten Evolutionsbiologen-Vereinigung von Europa (ESEB), die u. a. die Fachzeitschrift *Journal of Evolutionary Biology* herausgibt. Auf der Seite werden regelmäßig wichtige Tagungen u. a. Veranstaltungen bekannt gegeben.

3. National Center for Science Education der USA (NCSE):
www.ncseweb.org
Organisation, die sich aktiv mit den Kreationisten im englischsprachigen Raum auseinandersetzt (Schwerpunkt USA). Auf dieser Internetseite sind zahlreiche Texte zum Thema Evolution/Kreationismus zum Herunterladen bereitgestellt. Die Zeitschrift *Reports of the National Center for Science Education* wird von dieser Vereinigung amerikanischer Evolutionsbiologen herausgegeben. Die wichtigsten Artikel aus *Reports NCSE* stehen zum Herunterladen zur Verfügung.

4. Springer-Journal: Evolution, Education & Outreach:
www.springerlink.com/content/120878/
Diese 2008 erstmals erschienene US-Fachzeitschrift (4 Ausgaben pro Jahr) wurde von Prof. N. Eldredge (American Museum of Natural History, New York) im Herbst 2007 gegründet und enthält Fachartikel zu den Themen Evolution der Organismen, Kreationismus und Wissenschaftstheorie. Die Inhalte sind über den oben angegebenen Springerlink frei verfügbar und von hoher wissenschaftlicher und didaktischer Qualität. Auf der Website sind Links zu weiteren Internetseiten geschaltet, die im Themenbereich »Evolution und deren akademische Lehre« (Sciene education) angesiedelt sind.

Register